"十三五"普通高等教育本科部委级规划教材

纺织复合材料

钱　坤　主　编

曹海建　俞科静　副主编

U0216667

中国纺织出版社

内 容 提 要

本书主要介绍了常用高性能纤维的物理及化学特性、复合材料预制件的结构和制备技术、常用聚合物基体种类及基本性能、聚合物基复合材料界面相关知识、聚合物基复合材料成型工艺，以及纺织复合材料的性能和测试方法等方面内容。在保证具有相当学术深度的同时，又具有较强的可读性和实践指导性。

本书适用于纺织科学与工程、材料科学与工程专业的本科生作为教材使用，也可供纺织复合材料相关行业、企事业单位从业人员参考借鉴。

图书在版编目（CIP）数据

纺织复合材料／钱坤主编 . —北京：中国纺织出版社，2018.4（2024.8 重印）
"十三五"普通高等教育本科部委级规划教材
ISBN 978-7-5180-4887-8

Ⅰ.①纺…　Ⅱ.①钱…　Ⅲ.①纺织纤维—复合材料—高等学校—教材　Ⅳ.①TS102

中国版本图书馆CIP数据核字（2018）第069912号

策划编辑：符　芬　　责任编辑：沈　靖
责任校对：王花妮　　责任印制：何　建

中国纺织出版社出版发行
地址：北京市朝阳区百子湾东里A407号楼　邮政编码：100124
销售电话：010—67004422　传真：010—87155801
http://www.c-textilep.com
中国纺织出版社天猫旗舰店
官方微博 http://weibo.com/2119887771
北京虎彩文化传播有限公司印刷　各地新华书店经销
2024年8月第6次印刷
开本：787×1092　1/16　印张：15.25
字数：307千字　定价：68.00元

凡购本书，如有缺页、倒页、脱页，由本社图书营销中心调换

　　纺织复合材料是一门以材料、纺织等为基础的交叉学科，涵盖多种新兴交叉学科知识。纺织复合材料的发展会对国防、航天航空与现代化建设起到重要的推动作用，对复合材料行业发展具有重要的促进作用。

　　本书为"十三五"普通高等教育本科部委级规划教材，由江南大学、南通大学的专业教师共同参与编写而成。编写以更好地服务于纺织科学与工程、材料科学与工程等专业的教育教学改革，服务于我国四个现代化建设，密切联系纺织复合材料生产的实际，大力推进精品教材的建设为主导思想。书中分别介绍了常用高性能纤维的物理及化学特性、复合材料预制件的结构和制备技术、常用聚合物基体种类及基本性能、聚合物基复合材料界面相关知识、聚合物基复合材料成型工艺，以及纺织复合材料的力学性能和测试方法等。

　　本教材的编写人员包括：

　　主　编：钱　坤

　　副主编：曹海建　俞科静

　　参　编：孙　洁　卢雪峰　张典堂

　　本书在编写、出版过程中得到了中国纺织出版社的大力支持与帮助，在此表示衷心的感谢！同时，本书中借鉴引用了其他学科著作和期刊上的资料，对这些资料的作者表示真诚的谢意！

　　由于编者水平有限，难免有错漏之处，恳请专家、读者批评指正。

钱　坤

2018年3月

Contents

目 录

第一章 绪论

第一节 纺织复合材料的概念

复合材料是由两种或两种以上的单一材料，用物理或化学的方法经过复合而成的一种固体材料。如果复合材料的组分中含有纤维、纱线或织物，则称作纺织复合材料。纺织复合材料是以纺织纤维及其结构体实现增强的先进复合材料，其制备过程包括纤维织物结构的制备和纤维与基体的复合工艺，因此，在微观结构上，它是一种不均匀材料，具有明显的纤维与基体界面。纤维与基体在界面上存在着力的相互作用。

纺织复合材料既保留了纤维和基体的主要优点，又克服或减少了纤维和基体的许多缺点，还可产生纤维与基体所没有的一些优异性能。通过不同纤维、不同纤维织物以及不同基体的选择，再加以不同的复合工艺，可以获得高性能、多功能的复合材料。

第二节 高性能纤维

复合材料主要由基体材料和增强体两大部分组成。一般来说复合材料增强体应该具有以下特征：具有能明显提高基体某种所需性能的特性；具有良好的化学稳定性；与基体之间具有良好的润湿性。

一、增强体的分类

（1）按几何形状划分。有颗粒状（简称零维）、纤维状（简称一维）、薄片状（简称二维）和由纤维编织的三维立体结构。

（2）按属性划分。有无机增强体和有机增强体，其中有合成材料也有天然材料。

二、增强纤维的特点

复合材料最主要的增强体是纤维状的，统称为增强纤维，增强纤维有如下特点。

（1）与同质地的块状材料相比，纤维状材料的强度要高得多。

（2）纤维状材料具有较高的柔曲性。

（3）纤维状材料具有较大的长径比（l/d），这使得它在复合材料中比其他几何形状更容易发挥固有的强度。

三、增强纤维的品种

复合材料中增强纤维的品种很多，其中既包括已广泛应用的玻璃纤维、各种植物纤维，也包括各种新型的高性能增强纤维，如有机纤维中的对位芳酰胺（芳纶）、聚芳酯、聚苯并噁唑（PBO）和超高分子量聚乙烯（UHMWPE）等纤维，以及无机纤维中的碳纤维、氧化铝纤维、碳化硅纤维和特种玻璃纤维等。20世纪90年代后，为满足先进复合材料高性能（高强度、高弹性模量）化、多功能化、小型化、轻量化、智能化及低成本化的发展需要，各种新技术和新设备已被开发，从而大大推动了高性能纤维的发展。

第三节　纺织复合材料预制件

以纤维束为复合材料的增强体时，通过纺织工艺将纤维束按照一定的交织规律加工成二维或三维形式的纺织结构，使之成为柔性的、具有一定外形和内部结构的纤维集合体，称之为纺织复合材料预制件。根据不同的纺织加工方法，如机织、针织、编织和非织造等，纺织复合材料预制件中的纤维取向和交织方式具有完全不同的特征，导致其所体现出的性能存在着明显的差异。为此，采用不同的纺织预制件增强所制备的纺织复合材料时，通常在其名称前标以纺织方法以示区别，如机织复合材料、针织复合材料、编织复合材料等。

根据纺织结构的几何特征，纺织复合材料有二维纺织复合材料和三维纺织复合材料两种方式。

一、二维纺织复合材料

由于纤维的交织或缠结，纺织结构在面内的两个正交方向上的尺寸远大于其在厚度方向上的尺寸，以此为增强形式所获得的复合材料称为二维纺织复合材料。二维纺织结构中，由纤维通过加捻或合并组成的纱线（称为纤维束）在平面内相互交织。

根据不同的纺织加工方法，纱线在平面内的交织方式和取向有很多种形式。对于机织结构，取向分别为0°和90°的经纬两组纱线相互交织，形成稳定的二维结构；对于针织结构，纱线之间在经向或纬向以成圈的方式相互嵌套，构成针织物；对于编织结构，纱线之间按照与织物轴向偏移一定角度的取向相互编结交织而成；而对于以非织造方法加工而成的织物，纤维通常以散纤维的状态分布在平面内的各个方向上，通过机械或黏结的方法固结成织物，面内准各向同性的特征。

二、三维纺织复合材料

对于三维纺织结构而言，厚度方向（Z向）上的尺寸和纤维交织形式不可忽略。在厚度方向上引入纱线而形成立体的纤维交织结构，从而获得优秀的结构整体性，是三维纺织结构特点。

类似于二维纺织结构，不同纺织方法所获得的三维纺织结构也具有鲜明的纺织加工特征。同时，引入Z向纤维的方式也有很大区别，如三维机织结构通过接结经纱（或纬纱）引入Z向纤维，三维针织结构通过线圈嵌套方法将层平面结构结合在一起，而三维编织结构则通过编织纱的三维空间运动而获得。根据基本的织物结构特征，三维纺织复合材料也可划分为三维机织复合材料、三维针织复合材料，三维编织复合材料等。各种类型的材料所体现出的性能也因纤维交织方式的不同而各具特点。可根据产品的性能要求，选择不同形式的三维纺织结构作为预型件，以设计出符合使用要求的纺织复合材料。

第四节　树脂基体

复合材料中除了高性能纤维，还有树脂基体。树脂基体为连续相，把单个纤维黏成一个整体，使材料中的所有纤维共同承载，发挥增强材料的特性。

一、树脂基体的作用

（1）在复合材料受力时，力通过树脂基体传递给纤维，也就是说，树脂基体起着均衡载荷、传递载荷的作用。一根绳子可以承受拉力，但不能承受压力，甚至不能立起来，纤维只有在树脂基体的支撑下才能承受压力，同时树脂基体可防止纤维屈曲。

（2）在复合材料的生产与应用中，树脂基体起着保护纤维、防止纤维磨损的作用。

二、树脂基体的种类

目前，树脂基体的种类很多，包括热固性树脂基体、热塑性树脂基体等。

三、树脂基体对纺织复合材料性能的影响

对于纺织复合材料，树脂基体的黏度、适用期直接影响增强材料的浸渍、复合材料的铺层和预浸料的储存等。此外，纺织复合材材料的力学、物理性能除了与纤维增强材料的种类及含量、纤维的排列方向、铺层次序和层数等有关外，还与所用的树脂基体密切相关。纺织复合材料的使用温度、耐环境性、力学性能和其他特定的某些功能性能（如阻燃性、抗辐射、耐腐蚀性等）等在很大程度上取决于所用的树脂基体的性能。因此，树脂基体的性能直接影响复合材料的性能，更为重要的是，复合材料的成型方法与工艺参数的选择主要是由基体的工艺性质决定的。

第五节　成型工艺

纺织复合材料的性能在纤维与树脂体系确定后，主要决定于成型固化工艺。成型固化工艺包括三个方面的内容：预浸料等半成品的制备、增强材料的预成型得到的接近制品形状的毛坯、复合材料的固化成型。在不同的工艺方法中这三个方面可能同时或分别

进行，但都要完成树脂与纤维的复合、浸渍、固化和成型；在同一个加工过程，复合材料的材料和产品（或结构）一次同时完成。由于树脂分为热塑性和热固性两种，即初始状态为固态和液态两种形式，因此，不同形式的树脂，其复合工艺不同，但都需要先将固态转变成液态，具有流动性后才能浸渍纤维。目前，纺织复合材料的复合工艺主要包括手糊法成型、真空袋成型、气压室（压力袋）成型、热压罐成型、模压成型、树脂传递模塑成型（RTM）、树脂膜熔渗成型（RFI）、吸胶成型、增强反应性注射成型（RRIM）、拉挤成型等由于不同的工艺方法采用的温度、压力等参数的差异较大，即使是同一种树脂，采用不同的复合工艺方法，其复合材料的性能也会呈现出明显的性能差异。因此，要根据材料性能、产品质量要求、生产批量大小、供应时间、预定价格和经济效益选择不同的复合成型工艺。

第六节　纺织复合材料的性能特征

在进行二维和三维机织复合材料力学性能的分析和计算时，其理论基础为经典层合理论。

一、经典层合理论

层合板是由两层或两层以上的单向板黏合在一起而形成的整体受力结构元件。各单向板的材料、厚度和弹性主方向等可以互不相同。适当的改变这些参数，就可以设计出能有效地承受各种特定外载荷的结构元件。

经典层合理论采用弹性板壳理论中的直线法假设，其理论分析结果与实际测试结果能很好的吻合。

这里的单向板指的是单向纤维经复合而成的薄板状复合材料。在宏观上，它属于各向正交异性材料。单向板的正轴弹性特性，可以通过实验测定，也可由组分材料的性能通过计算而获得，这方面的理论已很成熟。单向板的偏轴特性，可通过应力转换公式而求得，通过经典层合理论计算出层合板的力学性能。

二、二维机织复合材料的力学性能

二维机织复合材料的力学性能的计算，可采用三种模型，分别是镶嵌模型、卷曲模型和桥式模型，这三种模型均用于研究复合材料的刚度性能。

经典层合理论是其分析基础，镶嵌模型用于粗略估计复合材料的弹性性能，将连续的复合材料理想化为相互独立的复合材料集合体的串联与并联，仅用于预测复合材料刚度的范围，适应面相对较小。

卷曲模型适用于平纹织物，在平纹机织复合材料中，纱线卷曲较为剧烈，而卷曲模型所模拟的卷曲情况与实际情况甚为吻合，该种方法用于平纹机织复合材料力学性能的预测时，获得了理想的预测效果。

桥式模型适用于缎纹织物。平纹织物在交织区周围不存在直纤维区，当无弯曲时，在平纹织物的载荷方向上，每根纱线面内刚度的分布是相等的，故没有桥的作用发生，每根纱线承受一样的面内力，因此，纤维卷曲模型能提供相当好的预测结果。

三、三维机织复合材料的力学性能

（一）概述

早期的纺织复合材料多数是平面织物经层合而形成的，虽工艺简单、便于制作，但外力超过其极限强度时，最先破坏的地方总是发生在层间界面，亦即层间强度低，因而其发展前景不甚乐观。解决这一问题的最好办法之一就是利用纺织技术织造三维织物，然后进行复合。三维织物具有良好的稳定性，其破坏容限和抗冲击能力均有了显著的提高，整体性和横向抗剪切性能大大改善。由于采用了纺织工艺的成型方法，在构造上具有对较复杂外形的适应性。

在三维机织复合材料构件中，纱线配置有多种方案，如角联锁、三向正交、波形正交配置等，其分析模型主要有层合板模型、能量法模型和平均法模型。

层合板理论是预测复合材料弹性性能的经典方法，把层合板理论应用到三维复合材料，只限于分析面内弹性特性，因为该理论是在板壳理论的基础上建立起来的。在能量法中，纱线伸长、弯曲和侧向压缩所产生的应变能量，在弹性性能的预测中均予以考虑；由于该方法考虑了纱线间的相互作用，所以比复合材料的特性曲线更适合于分析其性能。在平均法中，以合适的角度进行张量转换并进行刚度平均，可以得到纱线分布于空间的复合材料的刚度；该方法最突出的优点在于它可以处理厚截面试件，也可处理纱线结构复杂的部件。

三向正交结构中，纱线的配置共有三种情况：经纱、缝经纱和纬纱，其中经纱几乎处于伸直状态。复合时由于模具的压力，经纱进一步趋于平直，纬纱基本上是垂直的，与此相反，缝经纱则完全处于卷曲状态。

（二）假设

为研究方便，作如下假设。

（1）纤维与基体间存在着理想的黏结，以至在界面上不发生滑脱；整个复合材料结构单元除了纤维外均被树脂充满，无空隙。

（2）递增的载荷作用于材料上时，材料呈线性变形。

（3）经纱为直线，纬纱为直线，缝经纱呈折线。

（4）所有纱线截面均呈圆形。

（三）力学性能的计算

通过以上假设不难看出，三维正交机织复合材料可视为横向、纵向和两个斜向的层合板组合而成的集合体。传统的层合板理论在这里推广为倾斜层合板理论，利用这一方法可以预测三向正交机织复合材料的力学性能。其他结构的机织复合材料的弹性性能的预测方法与此类似，只是层合板的交叉方法与之有所不同。

第七节　纺织复合材料的应用

不同的纺织复合材料，造价与性能不同，应用领域也不同。由碳纤维加强的复合材料，因其高昂的价格和优异的性能，主要应用于航空航天中，该领域要求构件具有最佳的质量和最优异的性能，而且对减重效果倍加重视。纺织复合材料率先在航天航空领域的应用，对在其他领域的应用起到了启迪与促进作用，到目前为止，纺织复合材料几乎渗透到所有的技术领域。

一、航空航天工业

早期的纺织复合材料主要应用于民用飞机，多用作承力不大的构件，如内装修板等。经过几十年的试验，目前飞机的许多构件都可以用纺织复合材料制作，如雷达罩、电子设备舱、前缘壁板、舱门、翼尖、尾锥、升降舵、发动机叶片、发动机外壳等。纺织复合材料减震效果好，膨胀系数小，亦适于制作喷气发动机的运动部件，轻重量的转子可降低负载，提高工作效率。用纺织复合材料制作的直升飞机桨叶，比同等价格的金属桨叶寿命高，金属桨叶的使用期限一般为1500h，而复合材料桨叶可超过3000h。利用模压技术制作复合材料桨叶，优化设计的外形可以提高气动效率。结构复杂的零件直接复合而成，可减少零件个数和联接件，降低重量，节约成本。目前航天飞机的货舱门多采用碳纤维与环氧树脂复合的蜂窝状结构材料制作。

宇宙飞船的机械手长臂用碳纤维复合材料层合板制作，在太空中，由于材料刚度较大，变形较小，保证了动作的精度。为了使长臂具有较大的扭转刚度，材料中部分纤维呈±45°排列。在太空中，一般的温度范围是$-200 \sim 80℃$，装备应该具有小的热膨胀系数，才能正常工作。在卫星上使用的天线反射器、太阳能隔栅壁板、反射镜支架、光学望远镜、工作台架等，都要求具有较低的热膨胀系数。许多研究表明，混合使用不同膨胀系数的纤维制成的复合材料具有理想的热膨胀系数。

二、船舶工业

利用纺织复合材料造船，多以玻璃纤维为原料，为了弥补玻璃纤维模量较低的不足，可以混入一定比例的碳纤维，利用玻璃纤维与碳纤维交织的织物制作复合材料，扩大了其在船舶工业中的应用。一只竞赛用的独木舟，使用227g碳纤维，舟的重量可从15.9kg降至10kg。在造船业中，分别使用或混合使用玻璃纤维、碳纤维、芳纶制作的复合材料，产品包括划艇、帆船、快艇、游艇、高速马达船、救生船、水警艇、巡逻艇、深海渔船等。纺织复合材料船体吸震性好，抗冲击能力强，耐海水及海洋生物侵蚀，且成型方便，便于维护，比钢材更适应海洋环境。

三、汽车工业

用碳纤维复合材料做车身的福特GT40型赛车在拉力赛中夺魁。此后，纺织复合材料在汽车工业领域的用量稳步上升。车身、座椅、油箱、车门的制作材料，逐渐由复合材料取代。利用层合板制作的板簧，延长了使用寿命。

用纺织复合材料制作的赛车车身及后盖，由于刚度较高，高速行驶时不易形变，能继续保持其流线型的外形。而用传统金属材料制作的车身，高速行驶时由于空气压力而产生车身变形，接口处出现缝隙，噪声增大，空气阻力增加。

四、体育用品

用挤拉法生产的复合材料制作的空心或实心渔竿，改善了渔竿的性能；用树脂浸渍织物滚压制作的渔竿，重量更轻，弹性更好。用碳纤维复合材料整体设计制作的高尔夫球杆，杆身轻而硬，重量集中在杆头部，击球时能量与弹性可以最大限度地转移到头部，使球的飞行距离增加20～30m。用碳纤维复合材料制作的网球拍、乒乓球拍、雪橇、撑杆跳高用撑杆、滑雪板、冰球杆等运动器材，使许多运动项目进入了一个新的时代。时至今日，几乎所有知名自行车运动员的用车是由纺织复合材料制作。

五、军事工业

某些纺织复合材料能被电磁波穿透，因而在潜水艇、隐形飞机上得到广泛应用。用纺织复合材料制作的潜水艇，表面没有磁性，传统的磁性水雷不会对其造成威胁。用纺织复合材料制作的导弹外壳，可以防止高速飞行时过热熔融。

目前，战火火箭、反坦克导弹、防护装甲、大口径火炮、火箭弹体、火箭发动机、发射管、坦克复合装甲、坦克负重轮等已开始用纺织复合材料制作。

用纺织复合材料制作的移动式天线，减轻了重量，提高了部队的机动能力。用纺织复合材料制作的拆装式舟桥、头盔、子弹箱等已有实战应用的例子。

六、医疗卫生行业

用玻璃纤维复合材料制作的外科夹板，可直接模塑出病人的躯干形状，减轻患者的痛苦。用层合板制作的人工呼吸器，轻便耐用。

以聚丙烯腈为原料的碳纤维具有生物相容性，可以用来修复韧带、制作假肢。碳纤维复合材料的杨氏模量与人骨相似，与血和软组织的适应性较好。

七、其他行业

纺织复合材料的应用范围涉及各行各业。纺织工业中，许多高速运动的零件可以用复合材料制作，从而降低重量，提高生产效率。如用纺织复合材料制作的纺纱转杯，转速由原来的45000r/min增至200000r/min；在剑杆织机上，用碳纤维复合材料制作的剑杆、剑带、弹簧片等，改善了织机的性能。

第二章　纺织复合材料用增强纤维

第一节　纺织纤维及其集合体的结构参数指标

一、细度指标

（一）纤维的细度指标

纤维细度是指以纤维的直径或截面面积的大小来表达纤维的粗细程度。在更多情况下，常因纤维截面形状不规则及中腔、缝隙、孔洞的存在而无法用直径、截面面积等指标准确表达，习惯上使用单位长度的质量或单位质量的长度来表示纤维。纤维的细度指标分为直接指标和间接指标两类。

1. **直接指标**　直接指标主要是指直径、截面积和宽度等纤维的几何尺寸表达。常用于羊毛及其他动物毛等圆形化学纤维的细度表达。测量时通过光学显微镜或电子显微镜观测直径d和截面积A。由于纤维很细，常以微米为单位。对近似圆形的纤维，其截面积可近似采用$A=\pi d^2/4$计算。

2. **间接指标**

（1）线密度。我国法定的线密度单位为特克斯（tex），简称特。有些品种由于纤维细度较细，用特数表示时数值过小，常采用分特（dtex）或毫特（mtex）表示纤维的细度。且$1dtex=10^{-1}tex$，$1mtex=10^{-3}tex$。

（2）旦尼尔。丹尼尔（Denier）简称旦，又称纤度N_d，纤度较多地用于蚕丝和化纤长丝的细度表示中。

（3）公制支数。按计量制不同可分为公制支数、英制支数。

（二）纤维细度不匀及其指标

1. **细度不匀**　纤维的细度不匀主要包括两方面，一是纤维之间的粗细不匀，二是纤维本身沿长度方向上的粗细不匀。

2. **细度不匀指标**

（1）不匀率指标。对细度不匀较为合理的表达应为线的直径或线密度的差异。也就是说通过纤维的平均直径及其离散指标或者平均线密度及其离散指标来表示纤维细度不匀是最有效的，相关的离散指标主要包括直径或线密度的标准差及其变异系数CV值。

（2）纤维间细度不匀的分布。在纤维分组测量的基础上，将纤维直径的测试结果用直方图表示，不但可以反应出纤维细度的分布状况，还可以计算出纤维细度的离散系数。典型的分布曲线如图2–1所示。

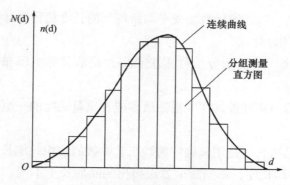

图2-1 纤维直径分布直方图及分布示意图

（三）纱线的细度指标

表征纱线细度的指标与纤维类似，有线密度Tt、旦尼尔N_d、公制支数N_m、英制支数N_e。股线的细度表示方法按表2-1所示方法表示。

表2-1 股线的细度表示方法

细度表示方法		单纱情况	表示方法	示例
定长制	线密度	线密度相同	股线公称线密度=单纱公称线密度×股数	14tex × 2
		线密度不同	股线公称线密度=各单纱公称线密度相加	（16+18）tex
	纤度	纤度相同	股线公称纤度=单丝股数/单丝公称纤度	2/20旦长丝
		纤度不同	股线公称纤度=各单丝公称纤度相加	70旦 × 1涤纶+50旦 × 1锦纶
定重制	公支或英支	支数相同	股线的公称支数=单纱公称支数/股数	72/2公支 60/2英支
		支数不同	股线公称支数=（$1/N_1+1/N_2+\cdots+1/N_k$）	（1/60+1/40）公支

（四）细度不匀率指标

（1）平均差系数U。指各数据与平均数之差的绝对值的平均值对数据平均值的百分比。

（2）变异系数CV。又称离散系数，指均方差与平均值的百分比。

（3）极差系数p。指数据中最大值与最小值之差（极差R）对平均值的百分比。

$R=x_{max}-x_{min}$；x_{max}和x_{min}分别为测试数据中的最大和最小值。

（4）纱条理论不匀。如纤维粗细不匀，则可用著名的马丁代尔（Martin-dale）纱条极限（理论）不匀率公式表示。

二、长度指标

纤维长度是确定纺纱设备和纺纱工艺参数的依据，也是决定纱线质量的重要因素，因此，纤维长度是衡量纤维品质的重要指标。化学纤维的长度可以人为控制，天然纤维的长度都是自然天成，所以尤为重要。

1. **计数加权长度** 以纤维计数加权平均所得到的长度值称为计数平均长度，此值又称豪特长度，国际上用H表示。

2. **计重加权长度** 一般由分组称重法测得，此值又称为巴布长度，国际上常用B表示。

3. **主体长度** 指一束纤维试样中根数最多或者质量最大的一组纤维的长度，称计数或计重主体长度。

4. **品质长度** 品质长度是用来确定纺纱工艺参数的纺织纤维长度指标，又称右半部平均长度或上半部平均长度，不同测试方法得出的品质长度不同，目前，主要指可见光扫描式长度分析仪测得的比平均长度长的那一部分纤维的计数加权平均长度。计重主体长度以上平均长度也称右半部平均长度。

5. **手扯长度** 在手感目测的检验方法中，用手扯尺量法测得的棉纤维长度称为手扯长度。各国的手扯长度值不同的，根据各国使用的仪器长度来定义。

三、其他指标

（一）纱线的加捻指标

1. **捻度** 加捻使纱线的两个截面产生相对回转，两截面的相对回转数称为捻回数。捻度是单位长度纱线上的捻回数。

2. **捻系数** 粗细不同的纱线，单位长度上施加一个捻回所需的扭矩是不同的，因此，捻度不能用来比较不同粗细纱线的加捻程度。加捻后表层纤维与纱条轴线的夹角，称为捻回角，捻回角虽然能表征纱线加捻紧密程度，可用于比较不同粗细纱线的捻紧程度，但由于测量、计算等都很不方便，实际中较少应用。在实际生产中，用捻系数来表示纱线的加捻程度。

3. **捻向** 纱线加捻时扭转的方向称为捻向。单纱中的纤维或者股线中的单纱在加捻后，其捻回的方向由下而上、自右向左的称为S捻（顺手捻、正手捻）。自下而上、自左而右的称为Z捻（反手捻）。

4. **捻幅** 单位长度纱线加捻时，纱线截面上任意一点在该截面上相对转动的弧长，称为捻幅。

（二）吸湿指标

1. **回潮率与含水率** 纤维及其制品吸湿后，含水量的大小可用回潮率或含水率表示。回潮率是指纤维材料中所含水分的质量占纤维干重的百分数；含水率是指纤维材料中所含水分的质量占纤维湿重的百分数。

回潮率和含水率之间的关系为：

$$W = \frac{100M}{100-M} \text{ 或 } M = \frac{100W}{100+W}$$

式中：W——回潮率；

M——含水率。

2. **标准状态下的回潮率** 在统一的标准大气条件下（我国规定温度为20℃，相对湿度为65%），吸湿过程达到平衡时的回潮率称为标准回潮率。

3. **公定回潮率** 在贸易和成本计算中，纺织材料并不处于标准状态，为了计量和核价的需要，各国依据各自的具体条件，对各种纺织材料的回潮率作统一规定，称为公定回潮率。

4. **平衡回潮率** 平衡回潮率是指纤维材料在一定大气条件下，吸湿、放湿作用大于吸湿平衡时的回潮率。

（三）化纤长丝的规格

化纤长丝的规格用线密度（tex或dtex）和组成复丝的单丝根数组合表征，如165dtex/30f，表示复丝总线密度为165dtex，单丝根数为30根。化纤长丝的总特克斯数和复丝根数都是标准化的系数数值，参见表2-2，一般，纤维生产企业不生产系列以外的产品。但产业用化学纤维却有许多其他规格，例如，复丝根数有1000、3000、6000、12000、24000等。

表2-2 常用化纤长丝的规格

线密度（dtex）	22.2、33.3、44.4、55.6、75、83.3、111.1、133.3、166.7、222.2、277.8、333.3、345、389等
复丝根数（根）	2、3、12、24、36、48、72、96、144、196、248等

（四）纤维单位体积含量

纤维单位体积含量属于复合材料概念，织物中不用纤维体积含量而用孔隙率、透孔率或者未充满系数来表示。

第二节 碳纤维

一、分类

碳纤维是由90%以上的碳元素组成的纤维。碳原子结构排列最规整的物质是金刚石，碳纤维结构近乎石墨结构，比金刚石结构规整性稍差。主要以高温下无熔点的有机纤维，通过固相碳化去除非碳元素的方法来制取。

碳纤维的种类较多，牌号繁杂，性能各异，用途不同，但是，主要按其原料种类、碳纤维性能与功能以及碳纤维束丝K数有三种分类。

（一）按原料种类分类

目前，工业生产碳纤维的原丝主要有三大类，即聚丙烯腈（PAN）原丝、沥青纤维和黏胶丝。由这三大类原丝生产出的碳纤维分别叫作PAN基碳纤维（PAN基CF）、沥青基碳纤维（Pitch基CF）和黏胶基碳纤维（Rayon基CF）。

黏胶基碳纤维是最早问世的一种，是宇航工业的关键性材料，但是其产量在碳纤维总产量中份额较少；PAN基碳纤维的产量居主流地位，综合性能最好，应用最广泛，是目前生产规模最大、需求量最大（70%～80%）、发展最快的一种碳纤维；而沥青基碳纤维是得率最高、最经济的品种。

此外，还有酚醛基碳纤维、聚乙烯醇基碳纤维、聚酰亚胺基碳纤维等，但它们都未进行工业规模的生产，仅在实验室研制。

（二）按碳纤维的性能与功能分类

碳纤维的种类不同、性能不同、功能不同，用途也不同，见表2-3。国际上的惯例是以日本东丽公司牌号的指标为参考，将碳纤维分为通用（GP）（T-300）、高性能（HP）、高强（T-1000）、高模（M40）以及高强高模（M60J）碳纤维。一些常用产品的主要技术指标见表2-4。我国碳纤维自行设定的相应牌号为CCF-1、CCF-2、CCF-3、CCF-4。为便于比较，各项指标也列举在内。

表2-3　碳纤维的种类及主要用途

碳纤维种类	主要用途
通用级碳纤维	一般符合材料的增强纤维、隔热材料、密封材料、制动材料、导电材料、文体材料、屏蔽材料、生物材料、环保材料、建筑材料、能源材料
高性能碳纤维	先进复合材料的增强纤维
活性碳纤维	吸附材料、防化材料、医用材料、电极材料、环境材料
气相生长碳纤维	导电材料、电极材料、能源材料
纳米碳纤维	储能材料、增强材料、功能材料

表2-4　常用碳纤维的主要技术指标

牌号	抗拉强度（MPa）	抗拉模量（GPa）	断裂伸长率（%）
T-300	3530	230	1.5
T-700S	4900	230	2.1
T800-H	5490	294	1.9
Y-1000G	6370	294	2.2
M40	2740	392	0.7
M60J	3920	588	0.7
CCF-1	3500	≥230	≥1.5
CCF-3	4900	≥230	≥2.1
CCF-4	5500	≥290	≥1.9
CCFM-2	3500	≥350	≥1.4

（三）按碳纤维束丝K数分类

目前，按照碳纤维束丝K数分类还没有严格的定义和分类方法，一般把1～24K的碳纤维叫作小丝束碳纤维，而把48～480K以上的碳纤锥叫作大丝束碳纤维。

碳纤维具有高比强度和高比模量。耐高温，使用温度高达2000～3000℃，非氧化气氛中可以不熔不软；耐强酸、强碱及强有机溶剂的侵蚀。热膨胀系数小，约等于0℃；具有高热导率，为10～140W/（m²·K）；摩擦系数小，有自润滑作用；碳纤维电导率为102～104S/cm。除此之外，碳纤维的吸附性高，比表面积可达2000～3000m²/g。

碳纤维的应用范围极为广泛，被称为"未来材料革命的梦幻材料"，是"新技术革命"的重要材料之一。碳纤维主要用作航空航天、工业、体育休闲器械的材料，随着碳纤维复合材料应用的迅速发展，全球碳纤维需求量迅速增加。目前，世界碳纤维的年产量约4万吨。2003年以来，由于以A-380和B-787为代表的新一代飞机对碳纤维复合材料的大量需求，风力发电叶片压力容器及建筑补强材料市场的不断扩大，碳纤维需求的年平均增加率约为15.8%。

随着我国军用飞机、支线飞机ARJ21以及大型商用客机和航天事业的发展，碳纤维的用量逐步增加；在民用工业，如风机叶片、建筑物防震加固工程、碳纤维输电导线内芯；在能源交通和运输工具，如高速列车、高档汽车的刹车盘、CNG燃料碳纤维压力容器、汽车零部件、高档车外壳、传动轴、发动机架以及内饰等部件，都已经开始应用碳纤维，未来增长速度将更快。

二、碳纤维的制备加工

（一）聚丙烯腈基（PAN基）碳纤维

从原料聚丙烯腈（PAN）到PAN基碳纤维，工艺过程将近三十余个步骤，图2-2简单表示了其中主要的流程。制备中的关键步骤包括聚合、纺丝、预氧化及碳化。

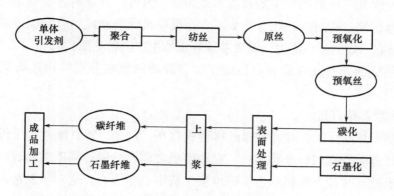

图2-2 聚丙烯腈基碳纤维（PANCF）制备工艺流程简图

图2-3是PAN原丝到碳纤维的微观结构变迁。由图可以看出，原丝中的线性分子从分子内及分子间的环化开始，逐渐向碳网平面过渡，由于分子间的交联，形成了二维有序、C轴无序的乱层准石墨化片晶结构。原丝、碳纤维中都有原纤、结晶、微孔结构，但与原丝的形态、超分子结构密切相关。

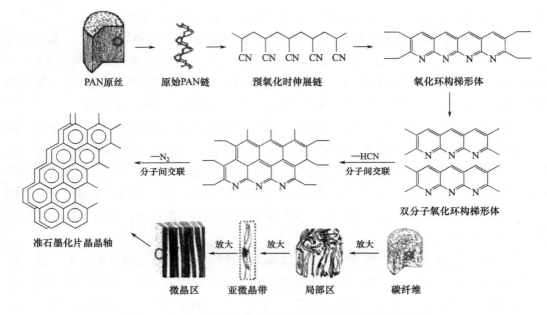

图2-3 从PAN原丝到碳纤维的整个微观过程中结构的变迁

（二）沥青基碳纤维

沥青基碳纤维的原料是具有较高芳香度的重质油或沥青，如石油沥青、催化裂化油浆、催化裂化澄清油、乙烯裂解焦油、煤焦油等。一般来说，芳香度高的原料比较好，但在中间相沥青的制备过程中，原料中大π键共轭体系结构间的相互作用力较大，可引起软化点升高，黏度加大，不易纺丝。因此，要求制备中间相沥青的原料含有一定量的氢，即结构中含有一定量的环烷基和脂肪基侧链。另外，其原料还要满足喹啉不溶物的含量少，含氮、氧、硫的杂环化合物少，含金属有机化合物或络合物少，活性组分不宜太多，但要具有一定的反应能力。沥青基碳纤维的生产流程见图2-4。

生产通用型沥青基碳纤维和高性能沥青碳纤维的原料分别使用乙烯裂解焦油和煤焦油。

（三）黏胶基碳纤维

纤维素是天然高分子，并常常以纤维形式存在。例如，棉纤维就属于纤维素，它是首先被用来制造碳纤维的纤维素之一，它在熔融之前会分解。高度结晶的碳沿纤维轴方向的取向度极低，并且不能得到连续纤维束，成本也相当高，这对于制造高模量的碳纤维是不适宜的。但是，这些问题在人造黏胶丝中已不存在。人造黏胶丝是以木材、棉短绒或甘蔗渣等天然纤维素为原料，经提纯后采用一步法或连续法制得；再通过湿法纺丝得到连续纤维束。

人造黏胶是热固性聚合物。将黏胶丝转化成碳纤维所涉及的工艺与PAN系相似。即首先将黏胶原丝在氮气流中热解，以10～50℃/h的速度升温至100～400℃，在空气或氧气气氛中完成稳定化处理，再以100℃/h的速率加热至900℃，然后以更高的升温速率加热至接近1500℃进行碳化处理，再加热至2500℃以上进行石墨化处理。这样得到的碳纤维，当直径为5～7μm时，拉伸强度为770～900MPa。欲得到高力学性能的碳纤维，关键是在2800℃的高温下热处理时对纤维进行牵伸。

黏胶丝在稳定化阶段中会出现各种反应，产生彻底的还原作用，并放出气体H_2O、CO、CO_2和焦油。稳定化处理若在活性气氛中进行，就能够抑制焦油的产生，并增加产率。由于在此阶段中出现链的碎化或解聚作用，黏胶先驱丝稳定化处理中不施加牵伸。

黏胶纤维在热解时通常伴随着大量的质量损失，由于纤维素分子的重复单元中含有相当于5个水分子的氧和氢，理论上不可避免地要失去55.5%的质量，为了提高碳化收率，可以使用防燃剂，除去纤维素中的羟基以形成具有稳定化能力的交联结构。

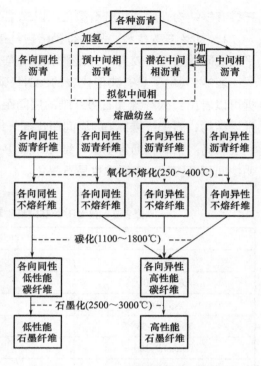

图2-4　沥青基碳纤维的生产流程

在大约1000℃的氮气中进行碳化，在2800℃和牵伸力下进行石墨化。在高温下施加牵伸力，借助于多重滑移系的运动和扩展引起塑性变形。

由黏胶丝制得的碳纤维，其横截面大多数呈齿轮状。经过生产工艺的革新，高温石墨化段的牵伸使纤维的石墨微晶沿纤维轴取向，并使微晶尺寸增大，孔隙率减小，从而提高了碳纤维的密度。黏胶基碳纤维的强度和模量分别为2.8GPa和350GPa，断裂伸长率为0.5%左右。碱金属含量低（小于$100×10^{-6}$），而PAN基碳纤维的碱金属含量高[$（1～10）×10^{-3}$]，黏胶基碳纤维的产率在15%～30%（质量分数），比PAN基碳纤维的产率（约50%）低。

三、碳纤维的结构与性能
（一）碳纤维的结构

由有机PAN纤维、沥青纤维和黏胶纤维经过一系列热处理转化为含碳量在90%以上的脆性无机碳纤维。由于有机纤维的组成和结构的不同，转化为相应的碳纤维结构也不同。不可能用同一结构模式来表征它们的结构特性。即碳纤维的结构是多种多样的，但大致可归纳为几种类型，碳有三种基本结构，即石墨结构、乱层结构和三维有序结构，碳纤维的结构往往是这三种结构的混杂物。一般碳纤维以乱层石墨结构为主，石墨纤维以三维有序结构为主，热处理温度越高，二维乱层石墨结构向三维有序结构转化的程度也越高。如上所述，中间相沥青属于软碳，PAN和黏胶属于硬碳；前者易石墨化转变为三维有序结构，后者较难石墨化而以二维乱层石墨结构为主。

1. **乱层石墨结构**　乱层石墨结构是指石墨网平面大致沿纤维轴取向排列，但石墨网平面之间的层间距较大，与石墨结晶结构有很大差异。

表2-5列出了具有典型代表的PAN基碳纤维和中间相沥青基碳纤维的结构参数。由数据可以看出：碳纤维和石墨纤维的层间距$d_{\infty 2}$与理想石墨晶体的层间距有较大差距，属于乱层结构；石墨纤维M40的层间距比碳纤维T300的小，堆叠层较厚（L_c大），表明石墨化程度较高。中间相沥青基碳纤维Thomel. P-100不仅$d_{\infty 2}$小，而且L_c比PAN基的L_c大得多，表明中间相沥青比PAN纤维更易石墨化。

表2-5　典型PAN基碳纤维和中间相沥青基碳纤维的结构参数

	层间距$d_{\infty 2}$（nm）	轴向结晶厚度L_c（nm）
东丽T300	0.345	2.19
东丽T800	0.3440	2.87
东丽M40	0.3429	5.87
Thomel.P-55	0.3432	12.8
Thomel.P-100	0.3381	30.0
石墨晶体	0.3354	—

2. **碳纤维结构的不均匀性（多相性）**　碳纤维结构的不均匀性主要是因为存在皮（Sheath）芯（Core）结构，即表层的石墨微晶较大（L_a），沿纤维轴较致密的排列，芯部不仅微晶尺寸小，而且排列紊乱。皮芯结构的引入从PAN基原丝开始就存在，预氧化过程和碳化过程又加深了皮芯结构，导致碳纤维也存在皮芯结构。在纺制PAN原丝时，凝固过程受双扩散的控制，表层成纤快，芯部慢，形成了皮芯结构，这已用SEM照片得到证实。在预氧化过程中也是一个双扩散过程，皮层首先环化和交联，形成了耐热梯型结构；较致密的梯型结构层阻碍氧向芯部扩散，致使芯部的氧化程度较低；在碳化阶段，芯部未环化和交联的部分以小分子逸走，使芯部的孔洞多，排列紊乱，致使力学性能差。图2-5是碳纤维模量的径向分布图，芯部（中心）模量仅为表层的一半左右。碳纤维模量只是一个表层模量与芯部模量的平均值。

减轻或消除皮芯结构是提高碳纤维拉伸强度等力学性能的主要技术途径之一。均质化（主要指径向结构）已成为科学工作者关注的热点课题。制造结构均匀（质）的碳纤维需从原丝开始，控制预氧化反应，使用合理的碳化工艺。纤维直径细且尼尔化是制取均质结构碳纤维的另一有效技术途径，也是制取高性能碳纤维的发展方向。因为纤维直

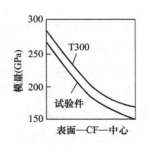

图2-5　碳纤维模量的径向分布

径细，可减缓纺丝凝固过程和预氧化过程中双扩散的体积效应。

碳纤维和石墨纤维的基本结构是石墨微纤（丝）结构，基本结构单元是由缩合多环芳烃组成的石墨片，宽度为60~100nm，长度为数百纳米，且沿纤维轴向排列。石墨层片彼此堆砌成微原纤，由数个或数十个微原纤组成原纤，其直径大约为500nm，可用显微镜观察到：由原纤相互堆叠、缠结而构成石墨的网状平面结构，且沿纤维轴排列，组成一根宏观的碳纤维单丝。条带模型（Ribbon model），是高模量碳纤维（即石墨纤维的结构模型）；石墨微丝沿纤维轴取向排列，L_a（石墨微晶沿纤维轴向的基面宽度）较大，赋予其高模量（因为模量主要取决于石墨网平面的大小和择优取向），存在皮芯结构和沿纤维轴排列的针形孔隙。还有一种是高强型碳纤维的模型，微纤（丝）基本上沿纤维轴排列，也有相当的原纤缠结和扭曲，彼此用束缚键使微纤连接，交联密度较高；同时，针形孔洞沿轴向排列，但比高模量碳纤维孔洞要小，这也是强度较高的原因之一，也符合最弱连接理论。还有一种是通用级碳纤维的结构模型，石墨微晶不发达；排列紊乱，孔隙多，择优取向差，因而拉伸强度和弹性模量都低。

（二）碳纤维的性质

碳纤维有许多优异性能，是当今五大增强纤维（CF、BF、KF、AF、SF）之首。它的性能不断提高，新的功能在不断开发，应用领域与日俱增，仍是21世纪的新材料。

1. **拉伸强度**　碳纤维属于脆性材料，拉伸强度是各类缺陷及其分布的函数。拉伸强度与缺陷尺寸的关系可用经典的Griffith经验式表达，即在外力作用下，缺陷的临界尺寸c会扩展，最终导致断裂。表2-6列出了根据Griffith经验式计算的碳纤维的拉伸强度σ与临界缺陷（裂纹）尺寸的关系（表2-6），裂纹越小，强度越高（大尺寸的缺陷对拉伸强度的影响是主要的）。裂纹等缺陷在碳纤维里是随机分布，可用Weibull统计处理方法及最弱连接理论（Weakest link theory）来解释。脆性材料的体积V越大，包含大缺陷的概率也越大，可用下式表示：

$$p=1-\exp\left[-V(\sigma/\sigma_0)^m\right]$$

对于碳纤维来说，当长度L一定时，拉伸强度σ与单丝直径D的关系可用下式表示：

$$\lg\sigma=-1/m\lg D+\lg2/m+\lg\sigma_0$$

表2-6　碳纤维强度与缺陷关系

材料性能	拉伸强度σ（GPa）	弹性模量E（GPa）	表面能γ_1（J·m²）	临界缺陷C（nm）	断裂伸长率σ（E）
理想石墨结晶	100	1000	9.7	（0.26）	0.1
石墨晶须	20	680	4.2	4.5	0.02
碳纤维（计算值）	5.47	304	4.2	13.6	0.018
	6.69	304	4.2	9.1	0.022
	7.60	304	4.2	7.0	0.025

注　理想石墨结晶的拉伸强度σ和弹性模量E一般公认数值分别是180GPa、1020GPa。

所以，碳纤维直径越细，包含大缺陷的概率越小，拉伸强度越高。这就是当前碳纤维细旦化的理论基础。

当碳纤维的直径D一定时，拉伸强度σ与长度L的关系式为：

$$\lg\sigma=-1/m\lg L+\lg 2/m+\lg\sigma_0$$

这是测试长度L的理论依据。单丝法测量碳纤维拉伸强度时的有效跨距长度为20mm，束丝法为200mm，以消除长度的影响，即消除体积效应的影响。

碳纤维的拉伸强度和弹性模量等性能固然是一重要的指标，但是它们的变异系数（CV值）也是一个不可忽视的性能指标。表2-7列出了碳纤维T300的CV值。显然，不论是批内或批间的CV值都比较小，设计时碳纤维拉伸强度等的利用率高，充分发挥其增强效果。

表2-7　T300特性的统计数据

T300-300-40A	平均值	批内CV（%）	批间CV（%）
拉伸强度（GPa）	3.35	3.8	3.2
弹性模量（GPa）	230	1.9	1.3
纤度（g/1000m）	198	1.0	0.8

2. **弹性模量**　碳纤维的弹性模量（拉伸模量）主要取决于石墨层对碳纤维轴的择优取向。择优取向是指石墨微晶在空间的轴向分布状态，其大小可用石墨微晶片层的法线与纤维轴之间的夹角来表示。择优取向度越高，模量也越高。理想石墨的理论模量值为1020GPa。中间相沥青基石墨纤维的弹性模量已达到930GPa，是理论值的91%左右；PAN基石墨纤维也达到700GPa，是理论值的69%左右。显然，这与它们的原纤结构紧密相关。

3. **压缩强度**　碳纤维复合材料的压缩强度是一项重要的设计参数和实用指标，但它受碳纤维自身压缩强度的影响。测量碳纤维的自身压缩强度比较困难，一般采用环形法，认为纤维直径方向的压缩强度与复合材料的压缩强度有关；碳纤维的石墨微晶越大，石墨层片堆叠越整齐，L_c越大，模量越高，则石墨层片压缩强度越低。碳纤维T800的L_c为2.87nm，石墨纤维M40为5.87nm，因此，T800的压缩强度显著高于M40。中间相沥青基石墨纤维的模量高于PAN基石墨纤维，前者的L_c大于后者。因此，高模量沥青基碳纤维的压缩强度要比PAN基碳纤维的低。所以，在生产碳纤维和石墨纤维过程中控制微晶尺寸的细晶化一直是人们关注的热门课题，也是亟待解决的难题。相关研究指出，碳纤维表面处理后可增加不饱和的边缘活性碳原子数目，是表层细晶化的结果，有利于改善压缩强度。

4. **耐腐蚀性**　碳纤维的耐腐蚀性能比较好，可在酸、碱环境中使用。表2-8～表2-10列出了碳纤维的耐腐蚀性能。显然，基本性能变化不大，特别是在室温下更为稳定。因此，碳纤维可用来增强水泥（碱性）或树脂，广泛用于土木建筑、基础设施和石油化工的耐腐蚀容器、管道等。

表2-8　碳纤维与玻璃纤维耐腐蚀性能比较

试剂种类	强度保持率（%）	
	碳纤维	玻璃纤维
10% HCl	100	约15
10% HNO$_3$	100	约40
30% H$_2$SO$_4$	100	约35
5% CH$_3$COOH	100	约90
10% HF	100	约5
10% NaOH	100	约90
10% NH$_4$OH	100	约90
10% NaCl	100	约90

表2-9　通用级沥青基碳纤维的耐腐蚀性能（浸渍后的强度保持率）

试剂	浸渍条件			通用级沥青基碳纤维（%）	PAN基预氧化丝[1]（%）	芳纶（%）	石棉（%）
	浓度（%）	温度（℃）	时间（h）				
盐酸	35	室温	150	100	80[2]	82	50
硝酸	60	室温	150	87	0	18	95
硫酸	95	室温	150	100	0	溶解	50
磷酸	85	室温	150	100	13[2]		60
氢氧化钠	30	室温	150	100	85[2]	100	90

①预氧化到300℃。
②浸渍时间为20h。

表2-10　高强型PAN基碳纤维的耐试剂性（浸渍后强度保持率）

试剂	浸渍条件			碳纤维（PAN高强型）（%）	E-玻璃纤维（%）
	浓度（%）	温度（℃）	时间（h）		
硫酸盐酸	30	25	168	100	31
硝酸	10	25	168	100	43
盐酸	10	25	168	100	12
氟酸	10	25	168	100	3
氢氧化钠	5	25	168	100	85
氢氧化钠	10	25	168	100	85
氨水	10	100	168	100	6
氨水	10	25	168	100	85
食盐水	10	100	148	100	49

试剂	浸渍条件			碳纤维（PAN高强型）（%）	E-玻璃纤维（%）
	浓度（%）	温度（℃）	时间（h）		
甲苯	10	25	148	100	83
二氧乙烷	100	25	168	100	100
丙酮	100	25	168	100	100
醋酸乙烯	100	25	168	100	100

5. 热性能 碳纤维的热性能主要包括热氧化、热导率和热膨胀系数等。

（1）热氧化与热烧蚀。碳纤维的石墨化程度越高，抗氧化性能越好。但碳纤维中碱、碱土金属的含量对氧化性能有着重大影响，特别是钠等是碳的氧化催化剂，加速了热氧化的速度。如T300的碱金属含量比其他的高，热失重比T800大。同时，碳纤维中含硼量或含磷量对其热氧化性能也产生影响，含硼（或磷）量越高，抗氧化性能越好。在生产碳纤维过程中掺硼石墨化可一举两得，即既可实现催化石墨化降低石墨化温度，又可得到含硼抗氧化的石墨纤维。所以，在生产碳纤维过程中从聚合的单体开始就需纯化，尽可能降低碱、碱土金属杂质的含量，有利于碳纤维性能的提高和应用领域的扩大。高模型碳纤维的抗氧化性能优于高强型碳纤维，因前者的石墨化程度比后者高。生产碳纤维T300的碳化温度大约为1450℃和在高纯氮气保护下进行。但它在空气氧化介质中的热损失比较严重。在315℃热空气中处理500h，质量损失40%。热氧化温度越高，质量损失越大。所以，碳纤维在空气中的安全使用温度应该在300℃以下，在惰性介质中的温度可达到2000℃左右，且拉伸强度不下降。

（2）热导率。碳纤维的热导率直接与石墨晶格原子的热振动有关，靠晶格波进行热传导。格波能量是量子化的，格波量子叫作声子，热导率与声子的平均自由行程密切相关，热导率用下式表示：

$$\lambda = 1/3 C_v \overline{V} L$$

式中：C_v——单位体积声子的热容；

$\overline{V}$——声子运动的平均速度；

L——声子的平均自由行程。

声子的平均自由行程直接与石墨网平面大小L_a有关，L_a越大，L也越大，热导率越高。石墨层发达的碳纤维（如VGCF），且沿纤维轴取向排列，声子的平均自由行程大，其导热率数值比铜还要大得多。通常，碳纤维的热导率随其模量的提高而增加，也与其结构参数及各种缺陷息息相关，点缺陷、线缺陷、面缺陷和气孔等都会引起声子的散射而使热导率下降。如碳纤维（T300）与石墨纤维（MJ）热导率的比较，显然后者大大高于前者。高性能中间相沥青基碳纤维的模量高，热导率大，是其一大特点。Thomel·P-75的热导率相当于金属铝，P-100相当于金属铜，比黄铜、青铜和钛还高；P-120的热导率比铜高1.5倍，P-140是铜的2倍。由它们所制的构件可在温度交变的环境中保持尺寸的稳定性。

（3）热膨胀。碳纤维等碳材料属于乱层石墨结构或石墨结构。当其受热时，石墨层面中的碳原子在层面上下方向来回振动，产生膨胀，在层面方向由于其上下振动而产生收缩，如图2-6所示。碳纤维的石墨化程度越高，热膨胀系数越小。碳纤维低的热膨胀系数使制件在使用的变化环境中保持尺寸的相对稳定，是其他材料无法比拟的。

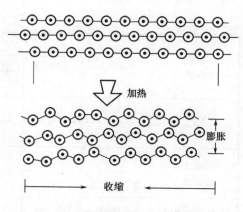

图2-6 石墨结构在加热时的膨胀和收缩

碳纤维的热膨胀系数不仅随着不同类型、不同品牌而变化，而且也随着温度变化。所以在设计构件时应考虑到所用碳纤维的热膨胀系数的具体数值。表2-11列出了碳纤维的比热容。对于PAN基碳纤维，通用级、高强型和高模型的比热容大致相同；沥青基碳纤维的比热要比PAN基的大。

表2-11 各种纤维的比热容

碳纤维种类	比热容［kJ/（kg·K）］
高强型PAN基碳纤维T300	0.71
高模型PAN基碳纤维M40	0.71
高模型沥青基碳纤维P55	0.925
超高模型沥青基碳纤维P75	0.850

石墨的层状结构不仅赋予其力学性能具有显著的各向异性，而且热性能和电性能也显示出各向异性，见表2-12和图2-7，因此，在使用碳纤维进行性能设计时要考虑到各向异性的影响。

表2-12 碳纤维的热性能和电性能

性质种类	方向	沥青基				PAN基	
		通用级碳纤维	通用级石墨纤维	高模量石墨纤维	超高模石墨纤维	高强型碳纤维	高模型石墨纤维
比热［kJ/（kg·K）］		—	—	0.7~0.9	0.7~0.9	0.93	0.85
热导率［W/（m·K）］	纤维轴	5~10	100	100	150	7	85
	垂直纤维轴	—	—	—		1	3.3

性质\种类	方向	沥青基				PAN基	
		通用级碳纤维	通用级石墨纤维	高模量石墨纤维	超高模石墨纤维	高强型碳纤维	高模型石墨纤维
热扩散率 $10^{-1}m^2/s$	纤维轴	—	—	5.3	66	—	—
	垂直纤维轴	—	—	0.8	2.5	—	—
线膨胀系数 $(10^{-6}/K)$	纤维轴	3~5	1.7	−0.1~−0.5	−0.5~−1.0	−0.9	−1.1
	垂直纤维轴	—	—	+5.5	—	—	—
体电阻率 $(10^{-4}\Omega \cdot cm)$	纤维轴	15~30	5~7	7~8	5	15~30	7~8
	垂直纤维轴	—	—	—	—	—	—

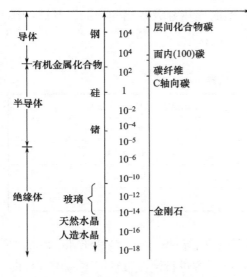

图2-7 各种材料的导电率 σ（S/cm）

6. **导电性** 碳纤维属于乱层石墨结构，导电率具有显著的各向异性。在同一石墨层面（001）内，p电子的数目多，显示出高的导电性；在石墨层之间存在弱的范德华力，垂直于层面方向的导电率仅为1/100以下；当在弱的石墨层之间插入 AsF_5 等后形成石墨层间化合物，呈现出相当高的导电性，为超级导体。显然，石墨层间化合物（Graphite Intercalated Compound，GIC）的导电率高于金属铜（5.8 $\times 10^5 \Omega^{-1} \cdot cm^{-1}$）。特别是金属卤素化合物插层的石墨层间化合物是电子受体，具有高的导电率。石墨层间化合物的导电率也具有各向异性，a轴方向的导电率比c轴方向大得多。纳米碳管和纳米碳纤维是碳家族中的新丁。由于它具有离域电子（Delocalizedn-electrons）形成的大 π 电子离域体系，赋予其高的导电性能，它们将是新一代的导电材料。

7. **抗磁性** 碳纤维是具有一定二维有序的乱层石墨结构，抗磁性与其微结构相关。随着热处理温度的提高，碳纤维的模量和抗磁性率都随之提高，热处理温度低于1400℃时，抗磁性率很弱；热处理温度大于1700℃后，抗磁性率迅速提高。

8. **吸水性** 虽然碳纤维的比表面积小（一般在1m²g以下）和表面活性低，但仍有一定的吸水性。因此，在复合前进行干燥处理脱掉吸附的水。否则，在固化过程中，水的逸出会残留孔隙，严重影响碳纤维增强复合材料（CFRP）的性能。表2-13列出了各种碳纤维的吸水性。显然，高性能碳纤维的吸水性低于通用级的碳纤维。

表2-13　碳纤维的吸水性

种类	通用级碳纤维				高性能碳纤维		
	PAN基		沥青基		PAN基		沥青基
	碳纤维	石墨纤维	碳纤维	石墨纤维	HT型	HM型	HM型
吸水性	约10	约1.5	12	<0.5	0.03~0.05	0.03~0.05	<1

第三节　芳香族聚酰胺纤维

全芳香族聚酰胺英文名为Aramid，是美国联邦通商委员会于1974年定名的，泛指至少含有85%的酰胺键和两个芳环相连的长链合成聚酰胺，由此类聚合物制得的纤维称为芳香族聚酰胺纤维（Aramid fiber），这就是全芳香族聚酰胺区别于通常的脂肪族聚酰胺（如锦纶）之处。在我国，此类纤维被称作芳纶。芳香族聚酰胺纤维具有优异的耐热性、耐化学性，一些芳香族聚酰胺纤维还具有出色的机械性能。

与脂肪族聚酰胺纤维类似，芳纶可分为两大类。

一类是由对氨基酰氯缩聚而成，通式为：

$$NH_2—Ar_1—COCl \longrightarrow \left[NH—Ar_1—CO \right]_n +HCl$$

如聚对苯甲酰胺纤维（PBA）。

另一类是由芳香族二胺和芳香族二酰氯缩聚而成，通式为：

$$NH_2—Ar_1—NH_2+ClCO—Ar_2—COCl \longrightarrow \left[NH—Ar_1—NH—CO—Ar_2—CO \right]_n +2HCl$$

其中Ar_1和Ar_2可相同或不同，可以是苯环、萘环甚至杂环，其中最重要的是间苯二甲酰间苯二胺（PMIA）纤维和对苯二甲酰对苯二胺（PPTA）纤维，上述两种纤维在我国分别被称为芳纶1313和芳纶1414。

19世纪60年代，杜邦公司的纺织纤维前沿实验室致力于低温溶液聚合过程的研究，这种聚合方法特别适用于以胺类或胺+盐类无水溶剂为反应介质的芳香族聚酰胺的制备。最初的芳香族聚酰胺以高熔点、低结晶度和耐溶剂性为主要特征，以间位聚合物为主，1962年实现了Normex®的工业化，此纤维的纺织性能与棉纤维相似，但因其优异的耐热、耐燃性而广泛应用于消防服、高温过滤材料和电绝缘纸等领域。

此后，制备同时具有优异耐燃性和力学性能的纤维，成为科学家们努力的目标。其中，各向异性芳香族聚酰胺的发现成为关键。1965年，美国杜邦公司的科学家Kwolek S.L.在研究聚对苯甲酰胺时发现：当聚合物溶液浓度在10%~15%时流动性变好，搅拌时有乳光，完全不同于黏稠的各向同性溶液，用干喷湿纺法纺丝，无需拉伸就可得到高取向度的纤维，经过热处理成为高强高模的耐高温纤维。这种液晶纺丝法得到了广泛的应用，其中，最为人们所熟悉的是由Herbert Blades发现的聚对苯甲酰胺（PBA）和聚对苯二甲酰对苯二胺（PPTA）。此后，杜邦公司开始了液晶纺丝法制芳香族聚酰胺的工业化进程，最初的PBA和PPTA统称为B纤维。1971年建成年产250吨中试厂。从此，以Kevlar®为商品名的PPTA纤维蓬勃发展。荷兰阿克苏公司的Twaron®纤维也属此类，主要品种及其分子式见表2-14。

表2-14　芳香族聚酰胺的主要品种

名称	分子式
聚对苯二甲酰对苯二胺（PPTA）	$\left[\text{NH}\!-\!\langle\bigcirc\rangle\!-\!\text{NH}\!-\!\text{CO}\!-\!\langle\bigcirc\rangle\!-\!\text{CO}\right]_n$
聚间苯二甲酰间苯二胺（PMIA）	$\left[\text{NH}\!-\!\langle\bigcirc\rangle\!-\!\text{NH}\!-\!\text{CO}\!-\!\langle\bigcirc\rangle\!-\!\text{CO}\right]_n$
聚对苯二甲酰对苯二胺/3,4'-二氨基二苯醚（PPD/POP-T）	$\left[\text{NH}\!-\!\langle\bigcirc\rangle\!-\!\text{NHOC}\!-\!\langle\bigcirc\rangle\!-\!\text{CO}\right]_m\left[\text{NH}\!-\!\langle\bigcirc\rangle\!-\!\text{O}\!-\!\langle\bigcirc\rangle\!-\!\text{NHOC}\!-\!\langle\bigcirc\rangle\!-\!\text{CO}\right]_n$
聚对苯甲酰胺（PBA）	$\left[\text{NH}\!-\!\langle\bigcirc\rangle\!-\!\text{CO}\right]_n$
聚对苯二甲酰-4,4'-二苯砜胺纤维	$\left[\text{NH}\!-\!\langle\bigcirc\rangle\!-\!\text{SO}_2\!-\!\langle\bigcirc\rangle\!-\!\text{NH}\!-\!\text{CO}\!-\!\langle\bigcirc\rangle\!-\!\text{CO}\right]_n$

液晶纺丝法工艺流程长，须对聚合物再溶解，而且以发烟硫酸为溶剂，设备要求高。所以，各国的研究人员开始探索如何由聚合反应溶液直接纺丝法制备PPTA纤维，即改善聚合体在聚合反应溶剂中的溶解性能，通常是引入第三单体降低PPTA分子链的线性，所得纤维经过高倍热拉伸而得到高强高模的高性能纤维，其代表纤维是日本帝人公司的Technora®。1990年，德国Hoechst公司采用由聚合物溶液直接纺丝生产出的新型对位芳纶纤维，在力学性能方面可与PPTA纤维相媲美，但密度比PPTA小，特别是耐酸碱性能远优于PPTA。

一、对位芳香族聚酰胺纤维

（一）PPTA纤维的制备

1. **聚合物制备**　PPTA的制备有界面缩聚和低温溶液缩聚两种，工业生产上使用后者。其生产工艺流程如图2-8。在研究初期，所用酰胺类溶剂为六甲基磷酰胺（HMPA），但在19世纪70年代后期，发现HMPA有致癌作用，且溶剂回收困难；随后改用N-甲基吡咯烷酮（NMP），然而NMP的溶解性能比HMPA差，为改善其溶解性能，通常加入LiCl、CaCl$_2$等盐类，溶剂分子与金属阳离子的络合提高了体系溶剂化作用，从而增加了PPTA在其中的溶解性能。

2. **纺丝**　PPTA不溶于有机溶剂，但可溶解于浓硫酸。PPTA/H$_2$SO$_4$溶液体系中，质量分数为20%的溶液在80℃下从固相向列型液晶相转变，到140℃时又向各向同性溶液相转变。因此，PPTA的液晶纺丝喷丝板的温度必须控制在80～100℃，而且为了使液晶分子链通过拉伸流动沿纤维轴向取向，必须具有足够大的纺丝速度。要满足这两个要求，采用在喷丝板与凝固浴之间设置空气层的干湿法纺丝最为有利，如图2-9所示。凝固浴的凝固剂（水）温度应控制得较低（0～4℃），以利于PPTA大分子取向状态的保留和凝固期间纤维内部孔洞

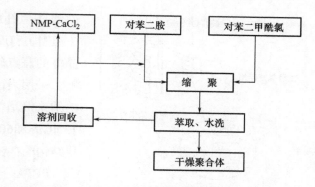

图2-8　PPTA低温溶液缩聚工艺示意图

的减少，空气层的存在允许高温原液和低温凝固浴的独立控制，可以使得水温与纺丝温度之间保持较大的温差，同时也有利于提高纺丝速度。利用这一工艺可制造出强度和初始模量比传统纺丝纤维高2～4倍的纤维。

干湿法纺丝中聚合物分子取向机理如图2-10所示。各向异性的液晶溶液从喷丝板的细孔中挤出时，由于细孔中的剪切，液晶区在流动的方向上取向，因为溶液的出口膨胀，细孔中出口处液晶区的取向略有散乱，然而这种散乱在空气间隔层随纺丝张力引起的长丝变细而迅速恢复正常。变细的长丝保持高取向分子结构被凝固，从而形成高结晶、高取向性的纤维结构，使纤维具有优良的力学性能，而不需要对其进行后拉伸就可使用。PPTA卷绕丝经过高温紧张热处理，可以进一步提高结晶度。

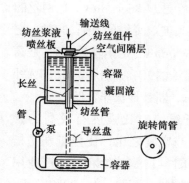

图2-9　干湿法纺丝工艺图

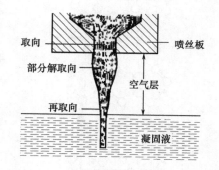

图2-10　干湿法纺丝过程中的分子取向模型

（二）PPTA纤维及其结构与性能

1. **PPTA纤维的结构**　图2-11为PPTA纤维的结构示意图，可以看出，由于分子链内相邻共轭基团间的相互作用，使酰胺基和对苯二甲基能在一个平面内稳定地共存，由氢键联结的聚酰胺分子平行堆砌成片状微晶，相邻的氢键平面由范德华力结合在一起，这样氢键平面好似最紧密堆砌的金属晶格一样起着滑移面的作用，使之易于剪切和拉伸流动取向而形成液晶。

具有代表性的PPTA纤维结构模型主要有褶片层结构模型和皮芯层结构模型，它

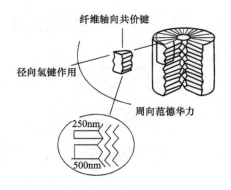

图2-11　聚对苯二甲酰对
苯二胺纤维的结构

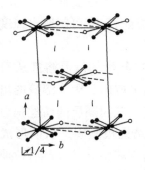

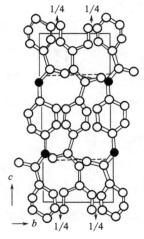

图2-12　聚对苯二甲酰对
苯二胺的晶格结构

们都认为纤维有表皮层存在。通过原子力显微镜（AFM）和反相气相色谱（IGC）的观察，发现PPTA晶体的斑点较少且分布比较均匀，基本在矩形网络上；采用表面力显微镜（IFM）通过测量PPTA纤维的纳米级力学性能，分别测得皮层和芯层的模量为13.4GPa和60.2GPa，也有效地证明了PPTA纤维皮芯层结构的存在。

PPTA分子的结晶单元结构如图2-12所示，其结晶单元尺寸为a=7.87Å，b=5.19Å，c=12.9Å，c轴的尺寸表明PPTA分子链在结晶区域内是完全伸直的。其链段和c轴之间的取向角为6°，和对苯酰基段之间为14°，酰胺基和相邻聚合物链的羰基之间的距离约为3Å，NH—O之间的夹角为160°，这种结构使得相邻分子链之间产生很强的氢键。酰胺键平面和对苯二胺段的亚苯基平面的夹角为38°，键的自由旋转受阻，分子链表现出刚性棒状特征。

2. PPTA纤维的性能

（1）力学性能。图2-13是杜邦公司的Kevlar®PPTA纤维和其他产业用纺织纤维的应力应变曲线比较，PPTA纤维的断裂强度是24.86cN/dtex，是钢丝的5倍，是锦纶、聚酯纤维和玻璃纤维的2倍；同时，它的模量也很高，达到537cN/dtex，是钢丝的2倍，是高强聚酯的4倍，是高强锦纶的9倍。高模型的PPTA纤维的模量高达1100cN/dtex，断裂伸长非常低。

作为产业用纺织纤维，对比强度有较高的要求。比强度为抗拉强度与密度之比，比模量则是指抗拉模量与密度之比。图2-13是芳纶和其他产业用纤维比模量和比强度的比较，可见Kevlar 29和Kevlar 49的比模量介于玻璃纤维和高模量硼纤维和石墨纤维之间，比强度高于其他大部分产业用纤维。

为了适应不同用途的需要，美国杜邦公司和荷兰阿克苏公司分别开发了不同的PPTA品种，已工业化生产的PPTA纤维的主要种类与性能见表2-15。

（2）热性能。PPTA纤维的玻璃化温度为345℃，分解温度为560℃，极限氧指数为28%～30%。PPTA纤维的强度和初始模量随温度的升高而降低，但它在300℃下的强度和模量比其他的常规纤维（如聚酯、锦纶等）在常温下的性能还好。在干热空气下，

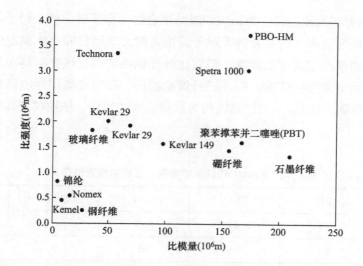

图2-13　不同增强纤维的比模量和比强度比较

表2-15　聚对苯二甲酰对苯二胺纤维的主要种类与性能

PPTA 纤维种类	线密度 （dtex）	密度 （g/cm³）	抗拉强度		抗拉模量		伸长率 （%）	吸湿率 （%）
			cN/dtex	GPa	cN/dtex	GPa		
Kevlar	1.66，2.5	1.44	20.5	2.9	496	70	3.6	5~7
Kevlar 29	1.66，2.5	1.44	20.5	2.9	496	70	3.6	5~7
Kevlar 49	1.66	1.45	19.7	2.8	696	99	2.4	3~4
Kevlar 119	1.66，2.5	1.44	21.9	3.1	380	54	4.4	5~7
Kevlar 129	1.66	1.44	24.1	3.4	700	99	3.3	4~6
Kevlar 149	1.66	1.47	23.4	3.3	1000	145	1.5	1.5
KevlarKM₂	1.66	1.44	23.4	3.3	300	42	3.3	5~7
Twaron SM1000	1680/1000f	1.44	19.1	2.7	467	66	3.4	7.0
Twaron HM1055/6	405/250f 8050/5000f	1.45	19.7	2.8	880	125	3.5	7
Twaron HM2200	1680/1000f	1.45	19.7	2.8	704	100	2.7	5.5
Twaron Hs2000	3360/2000	1.44	26.9	3.8	638	90	3.5	5.5
Twaron SM1041	1680/1000	1.44	19.1	2.7	425	60	3.5	7

180℃，48h的强度保持率为84%，400℃下为50%，零强温度为455℃。同时，它的耐低温性能也好，在-196℃下，Kevlar 49纤维不发脆、不分解。

（3）压缩和剪切性能。芳纶为轴向伸展的聚合物，分子链的构象给予纤维高的纵向弹性模量，芳香族环及电子的共轭体系赋予纤维高的力学刚性和化学稳定性；横向以氢键相结合，氢键使酰胺基具有稳定性，但它比纤维轴向的共价键要弱得多，因此，芳纶纵向强度较高，而横向强度较低。Kevlar®纤维的拉伸、压缩和剪切性能见表2-16，可见抗拉强度约为抗压强度的5倍，抗拉强度约为抗剪强度的17倍，抗拉模量和切变模量之比约为70：1。

表2-16　Kevlar 49纤维的抗拉、压缩和抗剪性能

	拉伸	压缩	剪切	拉伸/压缩比	拉伸/剪切
强度（GPa）	3.4	0.7	0.18	5	17
断裂伸长（%）	2.5	0.5	10	5	0.25
模量（GPa）	130	130	1.8	1	70

（4）耐疲劳性能。PPTA纤维因为压缩性能较差，所以耐疲劳问题较突出。选择纤维/橡胶复合材料为试样，进行弯曲、拉伸、压缩及剪切的疲劳试验，然后测定帘线的强力保持率，结果锦纶帘线强力保持率为100%，而芳纶帘线为70%～78%，芳纶/锦纶复合帘线为85%，显然，芳纶帘线的耐疲劳性能较差。

（5）耐紫外光性能。在吸收光谱中，芳纶在紫外线区间约250nm处有一个强的吸收峰，低而宽的吸收峰集中在330nm周围，这就造成了芳纶使用上的缺陷。芳纶纤维不仅须防止紫外光照射，而且不可暴露于阳光中。芳纶在空气中吸收来自于太阳光的300～400nm波长的辐射，导致强力性能严重下降。

二、间位芳香族聚酰胺纤维

（一）聚合物及纤维的制备

1. 聚间苯二甲酰间苯二胺纤维的制备　PMIA通常由间苯二胺（MPD）和间苯二甲酰氯（IPC）缩聚而成：

近半个世纪，世界各地的科学家对聚间苯二甲酰间苯二胺的聚合方法进行了深入的研究，和脂肪族聚酰胺一样，PMIA由缩聚反应生成，但因为其熔融温度高于分解温度，不能采用熔融缩聚的方法，主要的缩聚方法是溶液聚合、界面聚合、乳液聚合和气相聚合。时下工业化生产的是溶液聚合和界面聚合，与界面聚合相比，溶液聚合的产物可直接用于纺丝，省去了聚合物洗涤、再溶解和维持溶液稳定性的问题。两种聚合方法的工艺流程如图2-14所示。

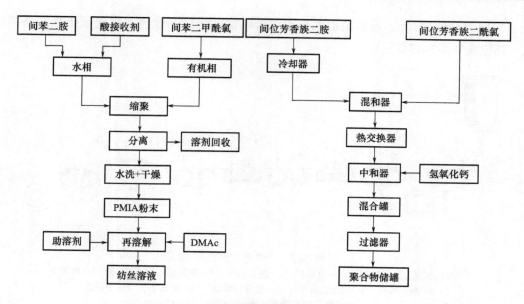

图2-14 界面聚合和溶液聚合的工艺流程

2. 聚间苯二甲酰间苯二胺纤维的纺丝成型 聚间苯二甲酰间苯二胺的纺丝成型可以采用干法纺丝、湿法纺丝、干喷湿纺法和热塑挤压法。前两种方法已实现工业化，Nomex®是按干法制得的，Conex®是由湿纺法生产的，苏联的Fenilin®是用热塑挤压法生产的，干喷湿纺由美国孟山都公司申请了专利。

（1）干法纺丝。干法纺丝的流程为将低温溶液缩聚用氢氧化钙中和后的纺丝液，得到约含20%聚合物及9% $CaCl_2$ 的黏稠液，经过滤后加热到150～160℃进行干法纺丝，得到的初生纤维因带有大量无机盐，需经多次水洗后在300℃左右进行4～5倍的拉伸，或经卷绕后的纤维先进入沸水浴进行拉伸、干燥，再于300℃下紧张处理1.1倍。干法纺丝产品有长丝和短纤维两种。

（2）湿法纺丝。湿法纺丝的纺丝原液是由界面聚合得到的聚合物粉末再重新溶解于溶剂中得到的，此纺丝原液中通常的助溶剂盐的含量在3%以下。低温溶液聚合所得的纺丝溶液因为盐含量过高，一般不适合于湿法纺丝。纺丝原液温度控制在22℃左右，原液进入密度为1.366的含二甲基乙酰胺和 $CaCl_2$ 凝固浴中，浴温保持60℃，得到的初生纤维经水洗后在热水浴中拉伸2～3倍，接着再进行干燥，干燥温度为130℃，然后在320℃的热板上再拉伸约1.5倍而制得成品。Conex®的产品主要为短纤维，有以下几个品种：普通短纤维、原液染色短纤维、毛条短切纤维和高强度长丝。高强PMIA纤维的湿法纺丝流程为：浆液→凝固浴→洗涤→第一次湿拉伸→第二次湿拉伸→干燥→干拉伸→后处理。

这样制得的纤维抗张强度可达8.4～9.2cN/dtex，伸长率为25%～28%，300℃时的热收缩为5.6%～6.0%。高强Nomex的纤维性质与其超分子结构中的高结晶以及高取向是分不开的。高强Nomex的结晶度高达50%～53%，结晶尺寸较小为37～41Å，结晶取向度为92%～94%，而普通纺纤维的结晶度为41%，结晶尺寸为48Å，结晶取向度为88%。

（3）干湿法纺丝。美国孟山都公司综合干纺和湿纺的优点，提出了干喷湿纺的工艺，其流程如图2-15所示。

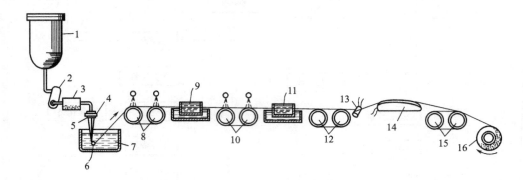

图2-15　干喷湿纺流程图

1—浆液储桶　2—计量泵　3—过滤器　4—喷丝组件　5—喷丝帽　6—导丝辊　7—凝固浴
8—第一导辊　9—热水拉伸浴　10—喷淋拉伸辊　11—整理浴　12—干燥辊
13—加热销　14—热管　15—拉伸辊　16—绕丝筒

采用这种工艺，纺丝拉伸倍数大，定向效果好，耐热性高。如湿纺纤维在400℃下热收缩率为80%，而干喷湿纺纤维小于10%，湿纺的零强温度为440℃，干纺为470℃，而干喷湿纺可提高到515℃。

（二）PMIA纤维的结构与性能

1. **PMIA纤维的结构**　PMIA纤维大分子中的酰胺基团以间位苯基相互连接，其共价键没有共轭效应，内旋转位能相对对位芳香族聚酰胺纤维低一些，大分子链呈现柔性结构，其强度与模量和常见的聚酯、锦纶相当。PMIA纤维结晶区域中的分子构象推测为如图2-16所示的结构。

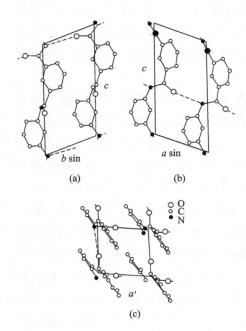

图2-16　PMIA纤维的结晶结构

PMIA纤维的结晶结构如图2-16（c）所示，为三斜晶系，亚苯基环的两面角从酰胺平面测量为30°，这是分子内相互作用力下最稳定的结构。PMIA单元的结晶尺寸为：$a=5.27$Å，$b=5.25$Å，$c=11.3$Å，$\alpha=111.5°$，$\beta=111.4°$，$\gamma=88.0°$，$Z=1$。c轴的长度表明它比完全伸直链短9%。亚苯基—酰胺之间和C—N键旋转的高能垒阻碍了PMIA分子链成为完全伸直链的构象。它的晶体里的氢键作用强烈，使其化学结构稳定，赋予PMIA纤维优越的耐热性、阻燃性和耐化学腐蚀性。

2. **PMIA纤维的性能**

（1）力学性能。PMIA纤维常温下的力学性能和通常的服用纤维相近，因此，它的纺织加工性能也和它们相近。Nomex®纤维（美国杜邦公司的PMIA纤维品牌）的力学性能见表2-17，Conex®（日本帝人公司的PMIA纤维品牌）纱线的性能见表2-18。

表2-17 Nomex®纤维的力学性能

产品型号	430		450	455/462	N301
线密度（dtex）	1200/600	1600/600	1.5dpf	1.5dpf	1.5dpf
密度（g/cm³）	1.38	1.38	1.37	—	—
回潮率（%）	4.0	4.0	8.2	8.3	8.3
强度（cN/dtex）	5.4	5.3	3.2	2.8	3.1
断裂伸长（%）	30.5	31.0	22	21	19
初始模量（cN/dtex）	102	92.5			
钩结强度（cN/dtex）	4.5	4.3	—		
纤维截面形状	椭圆至犬骨形	椭圆至犬骨形	椭圆至犬骨形	椭圆至犬骨形	椭圆至犬骨形
长径（μm）均值（范围）	20（17~22）	—	17（15~18）	18（15~20）	18（15~20）
短径（μm）均值（范围）	11（9~13）	—	10（8~12）	10（8~12）	10（8~12）

表2-18 Conex®纱线的力学性能

纱线支数	20.2	30.2	40.5
回潮率（%）	5.2	5.0	5.0
捻数（捻/m）	15	18	21
单纱强力（g）	776	492	315
伸长（%）	22	21	17

（2）耐热性能。PMIA纤维的玻璃化温度为270℃，热分解温度为400~430℃。Nomex 455型纤维无论是在氮气还是空气氛围中，在400℃时纤维的失重小于10%，在427℃以上开始快速分解。Nomex®纤维不熔融，没有明显的熔点。Nomex®纤维的一些热性能指标见表2-19。

表2-19 Nomex®纤维的热性能

产品型号	430		450	455/462	N301
线密度（dtex）	1200/600	1600/600	1.5 dpf	1.5 dpf	1.5 dpf
燃烧热（J/g）	28.1×10^6	—	28.1×10^6	28.1×10^6	28.1×10^6
比热［cal/（g·℃）］	0.30		0.30	0.26	0.29

产品型号	430		450	455/462	N301
沸水收缩率（%）	1.3	1.1	4.0	0.5	
285℃、30min干热收缩率（%）	4.0	4.0	—	—	—
热导率［W/（m·K）］	0.25	—	—	—	—
线膨胀系数［cm/（cm·℃）］	1.8×10^{-5}	1.8×10^{-5}	1.8×10^{-5}	1.8×10^{-5}	1.8×10^{-5}

PMIA纤维暴露在高温下，仍能保持一定的强度。在200℃温度下，工作时间长达20000h，仍可以保持强度的90%，在260℃的干热空气中连续工作1000h，强度保持原来的65%～70%，明显好于常规的化学纤维。

（3）耐焰性能。PMIA纤维有很好的耐焰性能，极限氧指数为29%。在火焰中不会发生熔滴现象，而且如果在会熔滴的化学纤维中混纺少许的PMIA纤维也能够防止熔滴现象。PMIA纤维离开火焰会自熄，在400℃的高温下，纤维发生碳化，成为一种隔热层，能阻挡外部的热量传入内部，起到有效的保护。同时，PMIA纤维在高温下分解产生的烟气较少，对人体的危害较小。

（4）耐腐蚀性能。PMIA的化学结构相当稳定，赋予纤维优良的耐化学腐蚀性能，其中耐有机溶剂和耐酸性优于锦纶，但比聚酯纤维略差，常温下的耐碱性很好，但在高温下强碱中容易分解。

昆虫无法消化Nomex®纤维，也不会侵袭它。根据ASTM G21-80《合成聚合物材料抗菌检测标准》测试，Nomex®射流喷网非织造布具有抗菌能力。

（5）耐紫外光性能。长时间暴露在紫外光下会使PMIA纤维从白色或近似白色的原色变成深青铜色，有色PMIA纤维也会褪色或变色。这是因为纤维分子链中的酰胺键在紫外光的作用下会发生断裂而形成发色基团所致。

（三）主要品种及特点

1. **Nomex T430纤维** Nomex T430型纤维是一种长丝，其长丝纱强度和耐化学腐蚀性较短纤纱高。一般，T430用于消防服及其配套设施、涂层布、电绝缘材料、暖气管、工业洗涤免烫材料等。因其较难染色，且染色不匀，所以T430纤维及其织物常用其本色。

2. **Nomex T450纤维** Nomex T450是一种短纤维，主要用于要求高强度，具有化学稳定性、热稳定性的场合，如缝纫线、拉链布、消防服面料。一般用其本色针织产品，如帽兜、内衣。T450纤维及其织物虽然能染色，但染色性比T455和T462差。

3. **Nomex T455纤维** Nomex T455纤维是一种短纤维，是由Nomex和Kevlar混合的一种专利产品，用于高性能热防护服。T455短纤维织成的织物商品名为Nomex Ⅲ，无论是纱线还是织物都较T450有提高。但由于T455纤维结晶度较T450低，其纱线或织物的强度较T450稍微低些。

4. **Nomex T462纤维** Nomex T462是Nomex、Kevlar以及P140的混合短纤维（其中

P140是一种抗静电的专利纤维），其织物商品名为Nomex ⅢA，用于热防护服。Nomex ⅢA具有T455的所有性质，并具有很高的消静电性。P140能够消除产生于织物之间或织物与肌肤之间摩擦产生的静电，使服装静电带来的危害减小到最低程度，并能减小静电场力，去除静电。T462短纤维具有可染性，其纱线可以筒纱染色，用于针织品或缝纫线，也可以匹染用作工作人员防护服。除了消静电性外，其所有特征与Nomex T455纤维制成的Nomex Ⅲ基本一致。

5. **原液染色的Nomex纤维**　原液染色的Nomex短纤维和长丝有多种颜色，与T430和T450类似，结晶度很高，只是它们在纺丝液中直接加入染料，因此，色牢度高，色泽均匀，其纱线和织物的强度也比非原液染色的相应产品高。它们主要用于军用防护服，当然也能用于一般的工作人员防护服或其他用途。而面向客户的颜色则丰富多彩，基本不受限制。

6. **Nomex CGF和Nomex THERMACOLOR纤维**　Nomex CGF和Nomex THERMACOLOR是杜邦公司为它的色固纤维和易染色纤维注册的商标。前者是一种色彩丰富的原液染色短纤维，而后者则是一种能够自然着色的短纤维，纤维的染色过程无需任何载体，也无需加压就能染成各种颜色。杜邦公司开发这两类产品是为了满足运输及服务市场的需求，生产出具有优异的色牢度和耐热性能的产品。

7. **Nomex OMEGA**　Nomex OMEGA实际上是一种消防人员防护服的注册商标。此类防护服外层面料用杜邦Z200纤维，中间有防水层，还有Nomex E89的射流喷网织物作为热防护层，里料是110dtex的Nomex长丝织物。其中Z200是杜邦公司专为防火服研制的纤维。

三、超高性能的PBO纤维

（一）纤维的制备

（1）单体4,6-二氨基1,3-间苯二酚盐酸盐的合成。

①间苯二酚法。其反应式如下：

此法是早期传统的合成方法，技术比较简单，但由此制备的PBO聚合度相对较低，不能满足纺丝的工艺要求，不能充分发挥干喷湿纺法的优势。且在制备4,6-二硝基1,3-间苯二酚时，硝化反应会在2、4、6位同时发生，产生多种副产物，影响反应产率，此外，2位硝基的硝化产物还易引起爆炸。

②三氯化苯法。其反应式如下：

这是道化学20世纪80年代末所改进的方法。反应产物经过过滤、洗涤、减压干燥，即得4,6-二氨基1,3-间苯二酚盐酸盐单体。此法采用催化脱氧，价格便宜、副产物少、产率高、产品纯，但是三氯化苯毒性大，对环境污染较为严重。

（2）PBO聚合体的合成。

①对苯二甲酸法。4,6-二氨基1,3-间苯二酚盐酸盐单体与对苯二甲酸在多聚磷酸（PPA）溶剂中缩聚反应得到PBO。其反应式如下：

②对苯二甲酰氯法。4，6-二氨基1，3-间苯二酚盐酸盐单体与对苯二甲酰氯（TPC）在甲磺酸（MSA）溶剂和P_2O_5（质量分数为40%～50%）中加热反应制得PBO。该反应时间短、产率高，但聚合物平均聚合度不高。聚合反应式如下：

（3）PBO纤维的纺制。PBO与聚对苯二甲酰对苯二胺（PPTA）同属于溶致性液晶高分子聚合物，PBO纤维的纺制方法原则上类似于对位芳纶（Kevlar纤维）的液晶纺丝技术——干喷湿纺法。

纺丝所选用的纺丝溶剂有多聚磷酸（PPA）、甲磺酸（MSA）、MSA/氯磺酸、硫酸、三氯化铝和三氯化钙/硝基甲烷等，一般多选用PPA为纺丝溶剂。PBO在PPA溶剂中的质量分数通常调整在15%以上，采用干喷湿纺液晶纺丝装置。80～180℃的纺丝浆液通过喷丝孔进入空气层中形成长丝条，干纺区空气层高度随纺丝孔数不同而不同，通常约1m。空气层温度为50～100℃，空气层的流速应足以均匀地降低液晶细流的温度。喷丝孔径为0.13～0.2mm（多孔纺丝，孔密度应大于2f/cm²）或0.25mm（单孔纺丝）。纺丝过程中，当丝束在稍有拉伸时，纺丝浆液在纺丝的挤出应力下很容易实现高度的沿应力及纤维长轴的分子链取向，形成刚性伸长原纤结构。挤出丝条进入PPA水溶液凝固浴中再凝固成型、水洗，在一定的张力下干燥并经500～600℃的高温热处理，以定型微纤维结构，并消除微纤维间的空隙，使结构更加紧密，结晶更趋于完整。纤维的卷绕速度一般为100～200m/min，拉伸比控制在11～20（多孔纺丝）或20～40（单孔纺丝）。如此可得到强度约37cN/dtex、模量约为1370cN/dtex、表面呈金黄色金属光泽的PBO纤维。

（二）纤维的结构与性能

1. PBO纤维的结构　液晶纺丝所制备的PBO纤维最显著的特征是大分子链、晶体和微纤/原纤均沿纤维轴向呈现几乎完全的取向排列，形成高度取向的有序结构。微纤由几条分子链结合形成，通过分子间力结合在一起构成纤维。

通过PBO分子链构象的分子轨道理论计算结果表明，PBO分子链中的苯环与苯并二噁唑环是共平面的。从空间的位阻效应和共轭效应角度分析，PBO纤维分子链间可以实现非常紧密的堆积，而且由于共平面的原因，PBO分子链各结构成分间存在更高程度的共轭，从而导致其分子链更高的刚性。PBO分子结构上的苯环与芳杂环组分，限制了分子构象伸长的自由度，增加了主链上的共价键结合能以及分子链在液晶纺丝时形成高度取向的有序结构。

聚合物溶液中，大分子链的刚直程度，可用特征相关长度（Persistence length）定量地表示，对于给定长度的分子链，其在溶液中的构象用蠕虫状链模型（Wormlike chain）来描述：

$$\overline{h^2}=2aL\left[1-\left(1/x\right)\left(1-e^{-x}\right)\right]$$

式中：$\overline{h^2}$为均方末端距；a为特征相关长度；$x=L/a$；h为链末端距。

当x值很大时，即$L>a$时，$\overline{h^2}\approx2La$是高斯链；x值很小时，即$L\approx a$时，$h=L$是完全伸直链（完全刚性链），因此，特征相关长度a可以定量描述大分子链的刚性程度，表2-20列出了PBO与PPTA等多种聚合物的特征相关长度的比较。从表中可以看出，PBO特征相关长度为84nm，刚性链聚合物的特征相关长度还是比较长的，如X500的相关长度较小，因此没有液晶性。

表2-20　PBO的特征相关长度

聚合物	特征相关长度（nm）	聚合物	特征相关长度（nm）
PBO	84	X500	7.5
PBA	40	PBZT	120
PPTA	20	PE	0.6

PBO的纺丝原液具有向列性液晶性质，在凝固成型时，其结构变化如图2-17所示，初生丝结晶大小约为10nm，纤维经过热处理，结构进一步致密，结晶也更加完整，晶粒尺

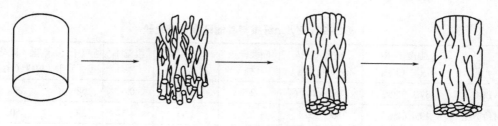

图2-17　纤维构造形成模型图

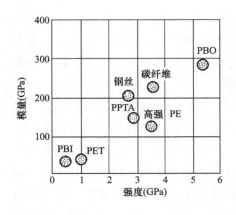

图2-18 PBO与其他几种纤维强度和模量的比较

寸增长到20nm，所以纤维模量增加很多。

2. PBO纤维的性能　PBO纤维的强度、模量、耐热性和抗燃性均优于传统的有机纤维。由于有机纤维的密度仅为钢纤维的1/5，故其比强度、比模量（单位重量的强度和模量）高于钢纤维，甚至也高于碳纤维（图2-18）。

现在，东洋纺公司的Zylon纤维有两个品种。一种称为AS型，是纺织型的丝；另外一种叫HM，它是为提高弹性模量而经过热处理的丝，Zylon纤维的最大特征是高的强度和弹性模量，它们的物理性能见表2-21。

表2-21　PBO纤维的物理性能

项目	PBO-AS	PBO-HM
单丝线密度（dtex）	1.67	1.67
密度（g/cm³）	1.54	1.54
抗拉强度（cN/dtex）	37.1	37.1
拉伸模量（cN/dtex）	1150	1760
断裂伸长（%）	3.5	2.5
吸潮率（%）	2.0	0.6
热分解温度（℃）	650	650
极限氧指数（%）	68	68
线膨胀系数（$\times 10^{-6}$/℃）	—	–6
介电常数（$\times$100kHz）	—	3
介电损耗	—	0.001

（1）力学性能。PBO纤维具有优异的力学性能，其抗拉强度高达5.8GPa（37.1cN/dtex）、抗拉模量为280 GPa（1760cN/dtex），均为对位芳纶的2倍左右；其模量被认为是直链高分子聚合物的极限模量。表2-22是Zylon纤维与其他纤维的性能比较。

表2-22　Zylon纤维与其他纤维性能比较

项目	强度（cN/dtex）（GPa）	模量（cN/dtex）（GPa）	断裂伸长（%）	密度（g/cm³）	吸湿率（%）	LOI（%）	熔融（碳化）温度（℃）
PBO	37.1（5.8）	1760（280）	2.5	1.56	0.6	68	650
对位芳纶	19.4（2.8）	750（109）	2.4	1.45	4.5	29	550
间位芳纶	4.7（0.65）	124（17）	22	1.38	4.5	—	400

续表

项目	强度（cN/dtex）（GPa）	模量（cN/dtex）（GPa）	断裂伸长（%）	密度（g/cm³）	吸湿率（%）	LOI（%）	熔融（碳化）温度（℃）
钢丝	3.5（2.8）	256（200）	1.4	7.80	0	—	—
碳纤维	20.3（3.5）	1307（230）	1.5	1.76	—	—	—
UHMWPE	35.3（3.5）	1150（110）	3.5	0.97	0	16	150
PBI	2.7（0.4）	39.7（5.6）	30	1.40	15	41	550
聚酯	7.9（1.1）	110（15）	25	1.38	0.4	17	260

（2）耐热性和耐火焰性。PBO纤维的耐热性也可以从力学性能看出来。即便是在400℃，Zylon-HM的弹性模量还是室温情况下的70%，由此可见在400℃下结晶区域的弹性模量没有太大变化，在500℃的情况下，纤维的强度还是室温下的40%，这对于有机纤维来说，是非常罕见的。

PBO纤维没有熔点，即使在高温下也不会熔融。根据热重量分析所测得的在空气中的热分解温度为650℃，比对位芳纶高出约100℃。图2-19可以看出，极限氧指数为68%，在有机纤维中仅次于聚四氟乙烯纤维（95%），高于聚丙烯腈预氧化纤维（52%～62%）和聚苯并咪唑纤维PBI（41%）。对位芳纶只有26%，而间位芳纶只有28%～32%。PBO纤维经过垂直燃烧实验证实，它在接触火焰时不收缩，移去火焰后基本上无残焰，布料的柔软性基本不变，其碳化长度在5mm以下，与芳纶织物的比较见表2-23。特别是在燃烧过程中，一氧化碳、氰化氢等有毒气体的排放量非常少（表2-24）。PBO纤维性能虽然接近无机纤维，但不脆，耐屈折性好。

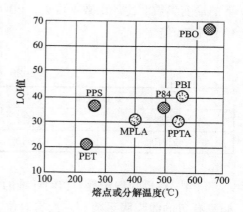

图2-19 耐热性与LOI值比较

表2-23 PBO织物按照垂直法燃烧实验结果

项目	PBO		对位芳纶		间位芳纶	
	T	W	T	W	T	W
碳化长度（cm）	0	0	3	2	6	6
燃烧后（s）	0	0	0	0	0	0
灼烧后（s）	1	1	16	16	2	2
极限氧指数（%）	68	68	29	29	—	—

注 具有29tex细纱的普通织物。

表2-24　PBO纤维燃烧时的发烟密度与有毒气体的排放量

项目	发烟密度	CO（ppm）	HCN（ppm）	NOx（ppm）	SO2（ppm）	HCl（ppm）	HF（ppm）
PBO	2	60	无	1.8	无	无	无
Eypel TM-A[①]	70	158	6	9	无	无	无
Pyropel TM[②]	4	100	4	3	0	0	0
美国联邦航空管理局的限量	200	3500	150	100	100	500	200
美国海军的限量 MIL-STD-X108（SH）	100	200	30	—	—	—	—

①氟代烷氧基聚磷腈类阻燃材料。
②聚酰亚胺纤维板绝热材料。

（3）尺寸稳定性。高模PBO纤维在50%断裂载荷下100h的塑性形变不超过0.03%。蠕变参数指时间对数—应变曲线的斜率。表2-25是对位芳纶和Zylon纤维在50%断裂载荷下的蠕变参数对比。由数据可见，PBO纤维在50%断裂载荷下的耐蠕变值是同样条件下对位芳纶的2倍。

表2-25　PBO纤维的尺寸稳定性

Zylon纤维		对位芳纶纤维	
AS型	HM型	普通型	高模型
3.2×10^{-4}	1.1×10^{-4}	5.0×10^{-4}	2.5×10^{-4}

（4）热尺寸稳定性。PBO纤维的热尺寸稳定性与其他具有伸展链结构的超级纤维一样具有负的线膨胀系数。它没有对位芳纶那种因吸潮引起的尺寸变化，热以及水分对它的影响极其小。例如，Zylon纤维在300℃热空气中无张力下处理30min，收缩率仅0.1%左右，在同样的条件下，共聚对位芳纶和对位芳纶的热收缩率分别为0.7%与0.45%。

（5）耐化学稳定性。PBO纤维的耐化学稳定性很高，在几乎所有的有机溶剂及碱中都是稳定的，其强度几乎毫无变化。因用酸作为纺丝溶剂，所以其耐酸性不是很高，在室温下随着时间的延长，其强度下降，其耐酸度接近芳纶。PBO的耐化学稳定性见表2-26。芳纶在漂白剂中数十小时就会完全分解，而PBO在500h后仍保持90%以上的强度。

表2-26　PBO纤维在漂白剂中500h后的化学稳定性

溶剂	强度保持率（%）	
	PBO-AS	PBO-HM
甲基醚酮	100	99
二甲基甲酰胺	100	97

溶剂	强度保持率（%）	
	PBO-AS	PBO-HM
甲醇	100	99
汽油	100	95
汽车刹车油	100	96

（6）PBO纤维的不足之处。

①孔洞。PBO纤维中孔洞的多少决定着纤维的密度。以PPA为溶剂时孔洞数极少，而以MSA为溶剂时孔洞较多；所以，PBO纤维结构不仅与凝固速度有关，而且和纺丝溶剂有关。

②皮芯结构。有研究结果表明，液晶芳族聚苯并咪唑类纤维还存在皮芯结构。例如，在线密度为1.7dtex，密度为1.56g/cm³的日本东洋纺公司的Zylon中就观察到皮芯结构，其皮层极薄，约为0.2μm，且无任何微孔；芯层则存在沿着纤维轴向拉伸形成的长条状微孔，孔径2~3nm。

③耐光性、黏结性和染色性差。PBO纤维的耐光性与对位芳纶相似，暴露于紫外光至可见光区会引起强度下降，所以在室外需要谨慎使用，一般需要涂层保护；再者是与树脂基体的黏结性能较差，限制了PBO纤维在先进结构复合材料中的应用。至于PBO纤维的染色性能，因其分子非常刚直且结构密实，染料难以向纤维内部扩散，目前染色有困难，一般只可以利用颜料印花着色。

（三）纤维的用途

PBO纤维作为有机纤维，除了长丝外还可以加工成短纤维、细纱、毡片、短切纤维，其用途广泛。按其用法大致可以分为两类，一类是主要利用其耐热特性的耐热材料应用领域。例如，在耐热难燃材料方面，铝型材以及铝合金；玻璃制品成型时，初制品的表面温度高达500℃以上，冷却移动过程中很容易碰伤磨毛，需要耐高温、柔软的衬垫保护，目前使用的PPTA纤维与预氧化纤维混合的针刺毡，但耐热性不够理想，寿命较短，如果使用PBO纤维作衬垫，就能提高使用寿命，延长更换衬垫的时间；在消防服方面，现在还缺少进入火海作业的防护服，用高强度、高耐热性的PBO纤维，可以制造性能更优异的消防服。另一类是主要利用其力学特性的拉力材料应用领域。PBO在力学性能上的优势，在超级纤维复合材料上表现得更突出，其耐冲击强度远远高于碳纤维复合材料，也高于PPTA增强复合材料。

PBO纤维在强度和模量、耐热难燃性以及轻量化上的优点，使人们期待着开发更高性能的先进复合材料，在下一世纪的新型高速交通工具、宇宙空间器材和深层海洋的开发上得到应用。

1. **增强复合和防弹抗冲击材料**　在橡胶增强领域中，PBO纤维可以代替钢丝作为轮胎的增强材料，使轮胎轻量化，有助于节能；另外可用作高性能同步传送带等的增强纤维材料。

PBO增强复合材料的抗冲击强度远远高于碳纤维增强复合材料，也高于PPTA增强复合材料，是新世纪新型高速交通工具、深海洋开发的理想材料。同时也是混凝土构筑物的增强、修补加固和燃气罐等压力容器的有效增强材料。

PBO是军民两用材料，在国防军工上应用十分广泛。如用作防弹衣、防弹头盔等防弹材料、舰艇的结构材料、降落伞用材料、飞机机身材料等。

在宇航应用方面，为了减少发射时的有效载荷，需选用高强度比、高模量比的材料，PBO正是适合这些用途的首选材料。据报道，有计划将引星机械装置送往金星，并使用气球探测。金星表面温度为460℃，上空的硫酸雾又是在−10℃范围的温度区，作为可供使用的材料只有PBO。

2. 高强缆线和高性能帆布　在多媒体通信的今天，光纤通信网迅猛发展，PBO可望作为光纤的增强材料，在软线、多股复线方面，有效地利用PBO纤维的高强度、高模量、低蠕变、绝缘（低介电损耗）等性能，可消减缆线直径或在相同的直径下增加通信容量。

斜拉桥的特征是将桥梁的跨度伸展宽广，但跨度超过4km以上的桥梁，使用钢材时的自重问题变得十分显著，不得不寻求比强度高的取代材料。如世界上最大的桥梁直布罗陀海峡最窄部分的悬索桥，PBO的缆索复合物被认为可能是最合适的。

3. 特种防护材料

（1）高温绝热材料。PBO纤维既具有石棉的耐热性、耐磨性，又具有有机纤维的柔软、弹性、不产生粉尘等特性的优质纤维。

PBO纤维的热分解温度为650℃，接近市场销售的PAN基碳纤维的耐热性。并且在超过400℃时的失重率比其他纤维低，是目前可替代石棉的最佳材料，所以，市场的期望值很高。PBO毡、织物、带等可以替代石棉，用于铝挤压工序、玻璃加工中的输送带、金属热处理用的层压垫子、钢板及铁板电镀用的滚筒表面绝热材料等。

（2）高温防护服。消防服的材料最早使用的是经过防火处理后的棉或羊毛等天然原料，之后被芳香族聚酰胺取代了。因PBI的极限氧指数（LOI）值高达68%，具有高阻燃性能，从而被有效地利用。特别在美国，PBI纤维/Kevlar纤维混纺织物制成的消防服正被广泛地使用。PBO的极限氧指数（LOI）值大大高于PBI纤维，而且接触火焰后碳化长度非常小，耐火性能和安全性高，加上其优异的力学性能，日本小林防火服公司、日本仓本产业公司将以PBO纤维作为主流原料制作消防服的表面织物，以适应ISO的规范。

PBO纤维还可作为石油化工厂等可燃场所的防护服，钢铁、有色金属制造业的高热工作场所的炉前高温防护服以及宇宙、航空用防护服等。

（3）其他应用。PBO纤维还可用作警察用防切割防护服、高温非织造过滤材料、高温密封材料、高温绝缘材料等。

（四）改性PBO纤维的应用

1. 薄膜与纤维业　改性PBO具有的高强度、刚性、耐氧化性、耐潮湿性与耐紫外线性能、绝缘性等特别适用于生产薄膜与纤维制品。用于制成的高品级纤维远远优于聚酯、锦纶及聚烯烃纤维。改性PBO的耐燃性比PBO还要好，在接触火焰时不收缩，其耐燃性优于无机纤维。耐曲折性好，可用于生产短纤维、短切纤维，纺织成丝、毡与编织物等。

2. **宇航业**　改性PBO复合材料特别开拓的应用领域是飞机、宇宙航空、航天业，如宇宙飞船的结构材料与电子器部件等。

3. **改性复合材料**　改性PBO作为高抗张性、高热稳定性与轻质性材料，与环氧树脂的相容性好，因此，特别适用于复合材料的增强。改性PBO在较高的温度如640℃下强度保持率高，可用于制作火箭与发动机的绝缘部件，也可用于增强水泥等。

4. **碳纤维母体**　用改性PBO纤维可直接连续化生成碳纤维。由于改性PBO所具有的特异性能使其导热性能更为优异，并最终提高了碳纤维的力学性能。其有序下更高的层面间距使其晶格呈现高的水平，电阻值更低。

第四节　超高分子量聚乙烯纤维

超高分子量聚乙烯纤维是以重均分子量大于10^6纤维的粉体超高分子量聚乙烯为原料，采用凝胶纺丝方法，再加上超倍拉伸技术制得的纤维。凝胶纺丝法兼具熔融纺丝和干法纺丝的特点，是高分子量聚合物经凝胶状态使大分子链充分解缠而达到高强度、高模量纤维的纺丝方法的总称。20世纪80年代中期，美国Allied公司购买了DSM公司的专利，并对有关技术进行了改进，实现了世界上第一个生产该种纤维的中试装置的商品化生产。20世纪80年代初，国内也有几个单位按不同的工艺路线研制超高分子量聚乙烯纤维。中国纺织科学院最早在国家"八五"攻关立项。1994年4月建成工业化实验生产线，1996年经国家科委验收。超高分子量聚乙烯纤维的比强度和比模量均很高。从海上油田的系泊绳到高性能复合材料方面显示出极大的优势。

一、制备

从理论上说由于分子截面小、呈平面锯齿形，规整性高、没有大的侧基等，由超高分子量聚乙烯（UHMWPE）完全可能制得高强高模纤维。对超高分子量聚乙烯的制备，人们进行了大量不懈的努力，开发了很多方法。20世纪70年代以来，国际上先后出现了如高压固态挤出法、增塑熔融纺丝法、表面结晶生长法、区域超拉伸或局部超拉伸法和凝胶纺丝—热拉伸法等制备技术。其中凝胶纺丝—热拉伸法已成为成熟的工业化生产的技术。下面对所说的几种方法分别进行简单介绍。

（一）高压固态挤出法

该方法是将一定量的超高分子量聚乙烯置于耐高压挤出装置内加热熔融，然后以每平方厘米数千公斤的压力将聚乙烯熔体从喷孔挤出，随即进行高倍拉伸。在高剪切力和拉伸张力的作用下，UHMWPE大分子链得到充分伸展，以此来获得纤维的高强度。由于在固相取向过程中难于形成贯穿于结晶间的分子链束，因而限制了纤维的高度拉伸，纤维强度也相应受到限制，并且对设备耐压要求很高，因而这种方法难于实现工业化生产。

（二）增塑熔融纺丝法

将超高分子量聚乙烯和较低熔点的固体石蜡用双螺杆在一定的条件下捏合，再将捏合物通过模口挤出，冷却和固化后进行拉伸制得高强高模聚乙烯纤维。如15~80份特性黏度为≥5dL/g的超高分子量聚乙烯，和85~20份熔点为40~120℃、分子量≤2000的固体石蜡用双螺杆进行熔融捏合，螺杆温度为190~280℃，然后通过温度为210~300℃的模口挤出。挤出物被冷却固化后在60~140℃温度下进行拉伸，拉伸倍数>10。制得强度>20cN/dtex，模量>700cN/dtex的UHMWPE纤维。

（三）表面结晶生长法

如图2-20（a）所示，将聚乙烯、聚丙烯等结晶高分子用如二甲苯等溶剂加热溶解成浓度为0.4~1.0wt%的溶液，温度为110℃。然后将溶液置于由两个同心圆柱所构成的结晶装置内，均匀转动装置内的转子，同心圆柱间隙尽可能小，转子表面最好稍有毛糙，则可在转子表面生成PE或PP的凝胶膜。接着向纺丝溶液中投入晶种，诱导结晶生成和长大，同时进行拉丝，拉丝速度要和结晶速度匹配，并使串晶结构转化为伸直链结构，从而赋予纤维很好的强度与模量。另一种方法是将一段高强聚乙烯纤维（种子纤维）通过聚乙烯/二甲苯过饱和溶液，并以一定的角度和200cm/min的速度从溶液的表面拉出纤维，并卷绕成卷。这是一种新型的纺丝技术，但由于结晶生长速度缓慢，纤维线密度控制等方面存在难度而难于实现工业化生产。

（四）区域超倍拉伸法

将初生纤维在接近熔点的温度下，在一个极小的区域内进行的超倍拉伸，如图2-20所示。在这极小的区域内，折叠链结构被迅速融化解体，大分子链迅速重排形成伸直链结晶结构，从而获得高强高模聚乙烯纤维。该方法在高强锦纶制备上已获得成功，但由

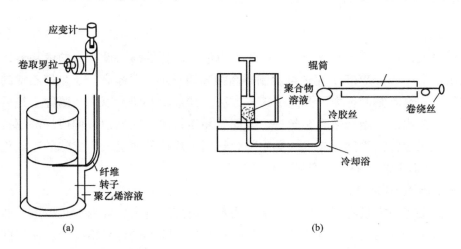

图2-20 界面结晶生长法（a）和凝胶纺丝法（b）示意图

于受使用分子量的限制，分子量不能太大，并且仅靠拉伸方法使纤维强度提高是有局限性的。

（五）凝胶纺丝—热拉伸法

如图2-20（b）所示，以十氢萘、矿物油或煤油为溶剂，将UHMWPE配制成半稀溶液，经喷丝孔挤出后骤冷成凝胶原丝，再对初生凝胶原丝用低沸点第二溶剂进行萃取，然后经干燥和多级超倍拉伸制得UHMWPE纤维。超倍拉伸不仅提高纤维的结晶度和取向度，而且使呈折叠链的聚乙烯片晶（Folded-chain iamellae）结构转化成伸直链（Extended-chain crystal）结构，从而极大地提高纤维的强度和模量。

二、结构与性能

（一）结构

由齐格勒—纳塔催化体系低压乙烯或茂金属催化聚合制得分子量在 100 万以上的超高分子量聚乙烯，大分子为高度线性的乳白色粉状物；结构规整，分子链呈平面锯齿形的简单结构，没有庞大的侧基（图2-21），分子链间无强的结合键，分子链中不含极性基团，易结晶；平均分子量高，分子量分布窄，支链短而少，结晶度高。

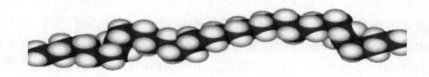

图2-21　聚乙烯大分子分子式及结构模型

因此，从分子结构看，UHMWPE纤维是接近理论极限强度的最理想的高聚物。这种结构决定其具有突出的高韧性、高耐磨性、优良的自润滑性。

另一方面，聚乙烯大分子链为极"柔性"的高分子材料。聚乙烯的均方末端距和链段长度均最小，分别仅为1.83和21.3Å。因此，也决定了其制品纤维柔软、玻璃化温度较低、熔点较低以及蠕变较大等缺点。

（二）UHMWPE纤维的性能

UHMWPE 纤维具有独特的综合性能，其密度小于1，能浮于水，是目前强度最高的纤维之一，比强度能达到优质钢的15倍，模量也很高，仅次于特种碳纤维。断裂伸长率较其他特种纤维高，断裂功大。此外，该纤维还具有耐紫外线辐射、耐化学腐蚀、比能量吸收高、介电常数低、电磁波透射率高、摩擦系数低以及突出的抗冲击、抗切割等优异性能见表2-27。

UHMWPE的耐磨性在已知的高聚物中名列第一，比聚四氟乙烯高6倍，耐冲击性能比聚甲醛高14倍，比ABS高4倍；消音性能好，吸水率在0.01以下；耐化学药品性能、抗黏结性能良好，耐低温性能优良，电绝缘性能好。但UHMWPE的耐热性比较差，长期使用温度一般在100℃以下。

表2-27　UHMWPE 纤维综合性能表

性能	指标	性能	指标
回潮率（％）	无	沸水收缩率（％）	<1
亲水性（％）	无	耐酸碱和化学试剂性	优
耐紫外光	好	熔点（℃）	135～145
导热率（纤维轴向）［W/（m·k）］	20	电阻（ohm）	$>10^{14}$
介电强度	9000	介电常数（22℃，10GHz）	2.25
蠕变（25℃，20%断裂负荷）（％）	每天1×10^{-2}	损耗角正切	2×10^{4}
轴向抗张模量（GPa）	165	轴向抗张强度（GPa）	4
轴向抗压模量（GPa）	100	轴向抗压强度（GPa）	0.1
横向模量（GPa）	3	横向抗张强度（GPa）	0.03

　　1. 力学性能　UHMWPE 纤维的强度在 2.8～4.2GPa，断裂伸长在3%～6%，与碳纤维、玻璃纤维和芳纶相比，纤维的断裂功大。如果再考虑密度的话，它是一种非常独特的纤维，在保持良好性能的同时，还能大大减少重量。UHMWPE纤维的密度为$0.97g/cm^{3}$，只有芳纶的 2/3 或高模碳纤维的1/2，轴向拉伸性能很高。其比拉伸强度是现有高性能纤维中最高的，比拉伸模量较高模碳纤维，比芳纶高得多。表2-28列出了UHMWPE纤维与常见纤维的比抗张强度、比抗张模量和断裂伸长率的比较。可见UHMWPE纤维的比模量接近于号称"纤维之王"的PBO纤维，而比强度居所有纤维之首，甚至超过PBO纤维。

表2-28　UHMWPE纤维与常见纤维的比抗张强度、比抗张模量和断裂伸长率的比较

	密度（g/cm³）	抗张强度（GPa）	初始模量（GPa）	比抗张强度	比抗张模量	断裂伸长率（％）
UHMWPE纤维	0.97	4.00	165	4.12	170	≤5.0
常规PE纤维	0.94	0.77	8.64	0.47	9.2	≤20
高强聚酯	1.38	0.86	19.59	0.62	14.2	≤13
高强聚酰胺	1.14	0.85	5.20	0.75	4.6	≤20
聚丙烯	0.90	0.97	9.65	0.88	10.7	≤20
高强PVA	1.32	2.10	46.0	1.59	34.9	≤4.9
钢丝	7.86	1.70	210.0	0.22	26.7	≤1.1
PPTA	1.44	2.9	132	1.86	91.7	≤2.5
PBO	1.59	5.5	280	3.46	176.1	≤2.5
聚芳酯	1.42	4.1	134	2.89	94.4	≤3.0
碳纤维	1.78	2.10	230	1.18	129.2	≤1.4

UHMWPE纤维有质量小、比强度和比模量高的特点。用这种纤维制作防弹衣、防弹头盔和防暴盾牌等人体防护制品时，具有优异的防弹性能。材料的防弹性能可以用该材料对弹丸或碎片能量的吸收程度来衡量。纤维的密度、韧性、模量及断裂伸长率等都将会影响纤维织物的防弹效果。纤维的防弹性能可以由下式表征：

$$R^2 = W \cdot C$$

式中，R为防弹性能指标；W为断裂能量吸收率，由纤维的韧性和模量决定，模量越高，韧性越好，吸收率越大；C为纤维中的声速，与纤维中大分子取向度和结晶度有关，取向度和结晶度越大，声速也越大。

表2-29列出了UHMWPE纤维的力学性能对防弹效果的影响。从表可看出，纤维力学性能对防弹效果有较大的影响。随纤维强度和模量的增加，V50值和SEA值均增大，说明纤维防弹性能提高。

表2-29　UHMWPE纤维性能对材料防弹性能的影响

UHMWPE纤维		弹道性能	
强度（cN/dtex）	模量（cN/dtex）	V50值（m/s）	SEA值［（J·m²）/kg］
25	932	623	34.9
28.9	1233	656	38.2
35.2	1520	725	48.5

注　1. V50值指有50%的弹丸击穿试样时的弹丸速度。
　　2. SEA值为比吸能性，即单位面密度吸收的能量。

随纤维强度和模量的增加，纤维防弹性能增大。另外，在制成防弹复合材料时，复合材料的制作方法对防弹性能也有影响，通常情况下，无纬布和缎纹布比平纹布的防弹性能好，而无捻纤维织物比有捻纤维织物防弹性能好。

图2-22是几种纤维比强度、比模量的比较。从图中可以看出，UHMWPE纤维的比强度和比模量明显高于其他纤维，因此，在相同质量的材料中，UHMWPE纤维的强度最高。纤维的强度还可用自由断裂长度来表述，自由断裂长度理论值与纤维品种和纤维特性有关，高强高模聚乙烯纤维的自由断裂长度理论值可达336km，约为芳纶的1.4倍。几种不同纤维的自由断裂长度见表2-30。

2. 优良的耐冲击性能　UHMWPE纤维是玻璃化转变温度很低的热塑性纤维，韧性很好，在塑性变形过程中吸收能量大，因此，只要基体材料或黏结剂选择恰当，用它制成的复合材料在高应

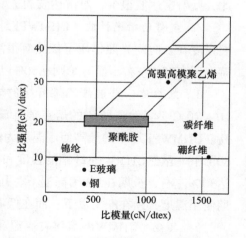

图2-22　几种纤维比强度、比模量的比较

变率和低温下仍具有良好的力学性能，特别是抗冲击能力比碳纤维、芳纶及一般玻璃纤维复合材料高。UHMWPE纤维复合材料的防弹能力比芳纶装甲结构的防弹能力高2.6倍。图2-23是几种纤维的耐冲击性的比较。

表2-30　不同纤维自由断裂长度比较

名称	UHMWPE纤维	芳纶	碳纤维	玻璃纤维	聚酯	钢丝
自由断裂长度（km）	336	235	195	135	85	25

3. 极好的弯曲性　进行任何形式的织造，制成针织线圈或打结，而玻璃纤维、碳纤维和芳纶的弯曲性能较差。UHMWPE纤维的成圈性能和成圈牢度都比芳纶好。

4. 优良的耐化学腐蚀性　UHMWPE纤维的耐化学腐蚀性能极好，经高倍拉伸和充分结晶，具有高度的分子取向和结晶，纤维及其制品具有优秀的耐溶剂、酸、碱、海水性能。UHMWPE纤维在多种介质中，如水、油、酸和碱等溶液中浸泡半年，强度不受影响。

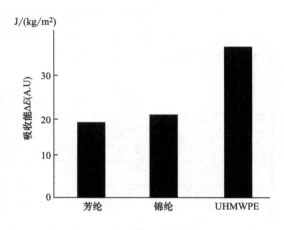

图2-23　几种纤维的耐冲击性的比较

5. 优越的耐磨性能　材料的耐磨性一般随模量的增大而降低，UHMWPE纤维则相反，这是由于其摩擦系数低所致。UHMWPE纤维绳子的破断循环数比芳纶高8倍，耐磨性和耐弯曲疲劳也比芳纶高。由于纤维柔顺性、耐候耐寒、耐化学品性和易加工性，在工业方面有很好的应用前景。

6. 良好的电绝缘性　UHMWPE纤维增强复合材料的介电常数和介电损耗值低，因此，反射雷达波很少，对雷达波的透射率高于玻璃纤维复合材料，几乎为100%。

7. 良好的耐光性能　UHMWPE纤维的耐日晒性是纤维中最好的，与芳纶相比，其断裂强度在长时间光照作用下依然有很高的保持率。经过1500h的光照之后，纤维的强度保持率还有75%左右，而芳纶则在50%以下。

8. 热性能　普通聚乙烯纤维的熔点为134℃左右，而UHMWPE纤维的熔点要高出10~20℃。当然，所测的熔点值与施加在被测纤维上的张力有关，张力越大熔点也越高。UHMWPE纤维的最高使用温度为80~100℃。纤维力学性能与使用加工温度有关。在80℃下，虽然UHMWPE纤维的强度和模量的保持率几乎达100%，但在长期使用下，下降达30%左右，长期在120℃高温下，几乎失去作为高性能纤维必需的力学性能，因此，长期使用温度必须在80℃以下；而在低温（如-30℃）下强度和模量随之升高。

9. 其他　UHMWPE纤维在高温和张力下使用会发生蠕变。蠕变行为的大小与冻胶纺丝中使用的溶剂种类有关，若使用的溶剂为石蜡油、石蜡，则由于溶剂或增塑剂不易挥发或脱除而残存于纤维内，使纤维蠕变倾向显著；当用挥发性溶剂如十氢萘时，由于十氢萘容易脱出而使所得纤维的蠕变性能极大地改善。

另外，UHMWPE纤维质轻（特别低的比重），是世界上唯一一种密度比 1.0还低的超级纤维，其密度为0.97g/cm³，因此，也非常适合于特殊场合需要。此外，UHMWPE 具有良好的疏水性和较长的挠曲寿命，低温性能突出，是一种理想的低温材料。其缺点是熔点低、耐热性能差、高温蠕变性能差和界面黏接性能不好。

第五节　玻璃纤维

玻璃纤维是由熔融态玻璃制造的，分为连续纤维和棉状纤维两种。古埃及人在石英沙和石灰石熔浆中快速拉出玻璃细丝，主要用于装饰陶瓷用品。20世纪50年代，玻璃纤维进入高速发展时期。

在世界范围内玻璃纤维工业保持向上的发展趋势，美国和加拿大是最大的玻璃纤维生产国，欧洲是传统的玻璃纤维生产大国，这与美国、加拿大和欧洲航空航天工业和军工等产业的需求密切相关。北美和欧洲不仅是玻璃纤维生产的大国，而且是玻璃纤维生产的强国。亚洲是近年来玻璃纤维生产增长最快的地区，我国已成为玻璃纤维第三生产大国。玻璃纤维的加工方法包括坩埚法和池窑法，池窑法的劳动生产率高，单位能耗低。国外普遍采用生产规模在1万～5万吨/年的池窑法生产工艺。国外厂家大量开发异形截面、卷曲、复合等特种性能的新产品。

一、制备

就纺丝方法而言，玻璃纤维又可以分为直接纺和间接纺，其加工原理和涤纶的直接纺和切片纺相似。

1. **直接纺**　直接纺通常是池窑法拉丝，以其自身的生产特点，直接用生产玻璃球的配合料作为原料熔融纺丝，其装置见图2-24。

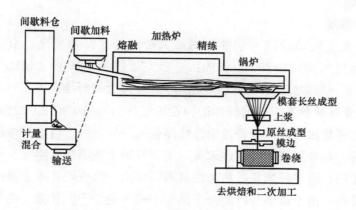

图2-24　直接纺装置图

2. 间接纺 间接纺通常是坩埚法拉丝，即以坩埚法生产玻璃球，再以玻璃球为原料熔融纺丝，其装置见图2-25。

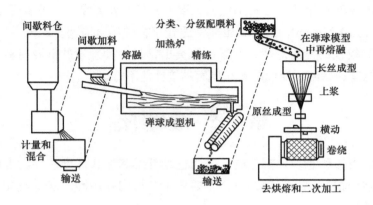

图2-25 间接纺装置图

二、结构与性能

玻璃纤维是由硅酸盐的熔体制成，各种玻璃纤维的结构组成基本相同，都是由无规SiO_2组成。纯SiO_2是由共价键联结的晶体，熔点在1700℃以上。加$CaCO_3$和Na_2CO_3可以降低熔融温度，所以玻璃纤维中含Na_2O和CaO等碱金属和碱土金属氧化物。SiO_2构成了纤维骨架，其他氧化物位于骨架的空隙中，也有取代SiO_2位置。

（一）外观和密度

玻璃纤维是个光滑的圆柱体，它的横截面几乎是完整的圆形。由于其表面光滑，故纤维间的抱合力小，也不利于与树脂的黏合，同时由于截面为圆形，故一束纤维间填充就比较密实。玻璃纤维的单丝直径一般为$3 \sim 10\,\mu m$，玻璃纤维增强塑料用的纤维多为$13\,\mu m$，$15\,\mu m$、$24\,\mu m$的单丝也在纤维缠绕、挤拉成型等方面应用。玻璃纤维密度为$2.4 \sim 2.7 g/cm^3$，比棉纤维（$1.5 \sim 1.6 g/cm^3$）、羊毛纤维（$1.28 \sim 1.33 g/cm^3$）、锦纶纤维（$1.14 g/cm^3$）等要大得多。

（二）力学性能

1. 拉伸强度 玻璃纤维力学性能的最大特点是拉伸强度高，直径$3 \sim 9\,\mu m$的玻璃纤维其拉伸强度可高达$1470 \sim 4800 MPa$，远高于腈纶（$490 \sim 680 MPa$）、人造纤维（$340 \sim 440 MPa$），与常规碳纤维的强度相当，但密度比碳纤维高。

2. 弹性模量和延伸率 玻璃纤维的弹性模量约为$7 \times 10^4 MPa$（275.6cN/dtex），约与金属铝的弹性模量相当，只有普通钢弹性模量的三分之一。玻璃纤维的弹性模量与纤维直径大小无关，与表面磨损程度也无关，主要取决于玻璃结构本身，不同直径的玻璃纤维弹性模量相同。玻璃纤维是一种弹性材料，应力—应变图基本上是一条直线，无明显的塑性变形阶段。由于玻璃纤维的分子结构中硅氧键结合力较强，受力后不易引起错动，故其延伸率很低，一般只有3%左右；但与纤维的直径大小有关，当直径为$9 \sim 10\,\mu m$

时，其最大延伸率为2%左右，直径为5μm时，其延伸率为3%~3.5%，这较一般的天然纤维、合成纤维及金属材料的延伸率低得多，因而玻璃纤维仍表现出一定的脆性。

3. 耐磨性和耐扭折性　玻璃纤维的耐磨和耐扭折性很差，摩擦和扭折很容易使纤维受伤断裂，这是玻璃纤维的缺点。表面吸附水分能加速纤维受摩擦和扭折时的微裂纹扩展，使耐磨性和耐扭折性降低。玻璃纤维的上述缺点给纤维加工带来了困难，为了提高耐磨性和耐扭折性能，可以采用适当的表面处理方法。如经2%阳离子活性剂水溶液处理后，玻璃纤维耐磨性比未处理的高200多倍；经A-172硅烷偶联剂适当处理，其耐扭折性能也可大幅度提高。

（三）热性能

1. 导热性　玻璃纤维的导热性非常小，在室温下，其热导率约为0.027W/（m·K）。随着温度的提高，玻璃纤维的热导率也会有变化，如玻璃棉在200~300℃时，其导热率也不超过0.06~0.08W/（m·K），因此，玻璃纤维是一种耐高温的隔热材料。

2. 耐热性　玻璃纤维的耐热性较高，其线膨胀系数为$4.8 \times 10^{-6} K^{-1}$，比热容为0.795kJ/（kg·K），软化温度为550~850℃。玻璃纤维的软化温度因玻璃成分而异，一般无碱玻璃的软化点约为845℃，中碱玻璃约为764℃。无碱纤维的使用温度可高达600~700℃，而有碱纤维则为500~550℃，当在无碱玻璃成分中加入10%~15%的氧化锆、氧化钛或氧化铝后，可使该玻璃纤维的使用温度提高至700~800℃。在30s内短期作用下，无碱玻璃纤维耐热性达1000℃，而石英和高硅氧纤维可高达2000℃。玻璃纤维是一种无机纤维，它本身不会引起燃烧。玻璃纤维在较低的温度下受热，其性能虽变化不大，但会发生收缩现象，即使在100℃左右时也会有收缩倾向。因此，在制造玻璃纤维增强塑料（玻璃钢）时，如果纤维与树脂黏结不良，就会由于加热和冷却的反复而发生剥离现象，导致制品强度下降。

（四）介电性能

玻璃纤维同玻璃一样，在外电场作用下，由于纤维内的离子产生迁移而导电。玻璃纤维的介电性能与其化学组成、环境的湿度和温度有关，碱金属离子（K^+、Na^+）最易迁移而导电，因此，玻璃纤维成分中这种碱金属含量越高，其介电性能越差。玻璃纤维及其织物的导电性属表面导电，在潮湿环境中玻璃纤维表面会吸附一层很薄的水膜，从而降低其表面电阻率。石英纤维与高硅氧纤维具有良好的介电性能，室温下其电阻率为$10^{16}~10^{17}\Omega \cdot cm$，当温度达700℃时其介电性能无变化，这在高温电绝缘应用方面具有重要意义。若在玻璃纤维中加入大量的Fe_2O_3、PbO、Bi_2O_3或V_2O_5，则会使纤维具有半导体性能。在玻璃纤维表面上涂以金属或石墨，则能获得导电的玻璃纤维。

（五）光学性能

玻璃是优良的透光材料，但制成玻璃纤维及其织物后，其透光性能远不如玻璃。在一般情况下，玻璃布的反射系数与织纹特点、密度及厚度有关，平均均为40%~70%。玻璃布的透射因数与织物的厚度及密度有关。因为玻璃纤维具有优良的光学性能，故可制作透明玻璃钢用作屋面采光材料，并可用作制造光导纤维管，它是现代通讯中的重要材料。

（六）化学稳定性

玻璃纤维的化学稳定性与玻璃一样，取决于其化学组成、介质性质、温度和压力等条件。但玻璃纤维的比表面积比玻璃要大得多，故玻璃纤维的耐腐蚀性远不如玻璃。

三、典型的玻璃纤维及其特点

（一）无碱（E）玻璃纤维

无碱成分是指碱金属氧化物含量小于1%的铝硼硅酸盐玻璃成分。国标上通常叫作E玻璃。最初是为电气应用研制的，但现在E玻璃的应用范围已远远超出了电气用途，成为一种通用配方。国际上玻璃纤维有90%以上用的是E玻璃成分。

E玻璃成分的基础是SiO_2、Al_2O_3、CaO，在此基础上，添加B_2O代替部分SiO_2，添加MgO代替部分CaO，形成了现在通用的E玻璃成分，各国生产的E玻璃大体相仿，仅在不大的范围内稍有小变动，范围大致如下：SiO_2为55%~57%；CaO为12%~25%；Al_2O_3为10%~17%；MgO为0~8%。

E玻璃熔制温度在1580℃以上，转变温度在630℃以上，软化点在800℃以上。线膨胀系数较小，为$50 \times 10^{-7}℃^{-1}$。它有良好的耐水性，属一级水解级，但耐酸性较差，往往在酸的作用下，除SiO_2外的所有组分都会被溶蚀掉，剩下多孔的SiO_2骨架。可利用这个特性来制造耐高温的高硅氧纤维。

E玻璃电绝缘性能和介电性能优良，是层压板、绝缘带、云母布等电气绝缘材料的主要增强基材。电子级E玻纤布更是制造印刷线路板先进复合材料的主要材料。

E玻璃纤维强度（3058MPa）和弹性模量（71.5GPa）比较高，是交通、能源、建筑、化工、航空、国防等工业中理想的结构增强材料。20世纪90年代以来，用E玻璃纤维增强树脂棒代替钢筋，制得的混凝土更耐腐蚀，可以广泛应用在化工厂、水处理、近海码头、桥墩、采油平台等建筑，也可制作磁共振成像设施、防雷达干扰材料、地磁观测站等。为了减少大气的污染和燃料成本，以压缩天然气为动力的汽车正受到世人的关注，用E玻璃纤维缠绕金属内胆的汽车用天然气瓶的市场正在开发初期，具有很大的发展潜力。

由于E玻璃纤维不耐酸，限制了它的增强材料在酸性环境中的应用，而名为ECR的E玻璃纤维在保持了E玻纤使用性能的同时，提高了4倍的耐酸性，在耐腐蚀及高应力腐蚀地区的绝缘材料、压缩天然气瓶等方面替代了传统的E纤维，取得良好的经济效益。

（二）高强度、高弹性模量玻璃纤维

20世纪60年代初，美国首先研制成S-994HTS高强度玻璃纤维，新生态单丝强度高达4600MPa，由于它的高比强度（$18.8 \times 10^6 cm$）和比模量（$35.1 \times 10^7 cm$）而受到军事部门重视。1964年，S玻璃纤维首次在"赛跑者"导弹上应用成功。继美国之后，法国、日本等国纷纷宣布生产高强度玻璃纤维。我国从20世纪60年代中后期起，开始研究高强度弹性模量纤维。

20世纪90年代，南京玻璃纤维研究设计院又研制成高强4#玻璃纤维，其新生态单丝

强度比2#提高14%，弹性模量提高7%，密度为2.53g/cm³。该纤维性能已达到国外90年代同类产品的先进水平，生产工艺稳定。

美国OCF公司研制成Zen Trom牌号的新型S玻璃纤维，强度比美国S玻璃还高15%，冲击强度高5%～10%。为了保护纤维，改善纤维制品的加工性能，满足用户的使用工艺要求，提高纤维与树脂的结合性能，在生产纤维的同时均匀地涂上各种类型的浸润剂。目前高强玻璃纤维浸润剂有FE-5、JF-45、FJA、B、B-2等牌号，属增强型，无需后处理而可直接使用。这些浸润剂中JF-45适合酚醛、环氧等树脂。FJA 适合聚酯、环氧、酚醛，其他均适合环氧、酚醛、锦纶等树脂。因此，在选用高强2#和4#玻纤产品时，必须同时提出产品品种和适合的浸润剂牌号，充分发挥纤维增强的作用，制成高性能的复合材料。

（三）耐高温玻璃纤维

军事工业的发展需要有能耐1000℃以上高温的玻璃纤维，制造诸如火箭喷火口、航天热防护装置等。

普通的多元玻璃纤维，包括无碱（E）电绝缘玻璃纤维，由于其黏滞态区域很大，软化温度比结晶相熔化温度要低600～700℃，因此，它们均不能满足要求。纯氧化物如SiO_2、Al_2O_3等，它们的熔化温度在1700～3000℃，且有不少并不具备拉制高性能玻璃纤维的成形性能，因为它们不仅结晶速度快，而且黏滞区域窄小。所以到目前为止，只有数量有限的几种难熔氧化物才能制造玻璃纤维制品。石英玻璃纤维与在分相研究基础上发展起来的高性能玻璃纤维是较好的耐热玻璃纤维品种。它们不仅耐高温，而且有优良的介电性能、光学性能，随着生产规模的扩大、成本的降低，目前应用已扩大到普通工业领域。

1. 石英玻璃纤维　石英玻璃纤维具有很高的纯度，其二氧化硅（SiO_2）含量达到99.9%以上，因而石英玻璃纤维具有很多优异的性能，如高纯度、耐高温、耐烧蚀、低导热、抗热雾、优良的介电性能和良好的化学稳定性等。石英玻璃纤维的主要性能见表2-31。

表2-31　石英玻璃纤维的性能

纯度	$SiO_2 \geqslant 99.9\%$
密度（g/cm³）	2.2
拉伸强度（GPa）	3.6
弹性模量（GPa）	78
硬度	6～7
耐温（℃）	1200
软化点（℃）	1730
热膨胀系数（℃⁻¹）	轴向：5.4×10^{-7} 径向：5.4×10^{-7}

纯度	SiO$_2 \geqslant 99.9\%$
电阻率（$\Omega \cdot m$）	20℃，10^{19} 800℃，2×10^7
介电常数	3.78
损耗角正切值	0.0001

石英玻璃纤维生产方法特殊，有熔融拉丝法即将水晶或纯净的二氧化硅熔融成玻璃态，并通过漏嘴拉制成纤维，还有棒法拉丝法即在真空加压下将原料熔融，制成直径为2mm的石英玻璃棒，然后再用氢氧火焰加热熔化拉成直径为6mm的原丝，同时涂上浸润剂，原丝经纺织加工制成纱或布等产品。由于二氧化硅熔融温度高达1700℃，且纤维成型工艺复杂，因此，石英纤维产品的价格很高，为E纤维的35～60倍。

石英玻璃纤维品种有布、带、纱、短切纤维、无捻粗纱、绳、毡、纸、缝线、棉、编织套管、针织物、针织带等。

2．**高硅氧玻璃纤维**　由于石英玻璃纤维价格昂贵，难以大批量生产和应用，因此，在研究玻璃分相的基础上，生产了耐温性和介电性能接近石英纤维的高硅氧玻璃纤维产品。高硅氧玻璃纤维的制造方法是选用合适的原始玻璃成分，按照普通玻璃纤维生产工艺制成布、纱等各种制品，经过酸沥滤，将玻璃中溶于酸的组分沥滤出来，使SiO$_2$富集量达96%以上，再经过热烧结定型，即得到耐温性能接近石英纤维的高硅氧玻璃纤维产品。我国生产高硅氧纤维的原始玻璃组分以SiO$_2$-B$_2$O$_3$-Na$_2$O三元系统为主，同时为降低成本，满足高性能与特种用途的需要，也采用E玻璃和SiO$_2$-Na$_2$O二元系统玻璃为原始组分。它们也是目前美国、英国和俄罗斯等国生产高硅氧纤维的主要成分。SiO$_2$-Na$_2$O系玻璃与SiO$_2$-B$_2$O$_3$-Na$_2$O系和E纤维相比，由于沥滤物少而SiO$_2$含量高，因此，其高硅氧纤维产品性能好。

高硅氧玻璃纤维的主要物理性能：单纤维直径为6～10μm，纤维中含SiO$_2$＞94%，密度为1.74g/cm³，软化温度接近1730℃，耐热温度为1000～1200℃，介电性能接近石英纤维。

3．**石英玻璃和高硅氧玻璃纤维制品的应用**　两种纤维尤其是高硅氧纤维已在民用上获得了快速的发展。例如，高硅氧网状织物，采用"纱罗"或"充纱罗"组织，涂以酚醛树脂和耐高温无机涂料，用于轻金属、合金（铝、镁等）和钢及磁硬合金的过滤，不仅可以减少浇铸废品60%以上，而且可提高金属的物理、力学和工艺性能。再如，高硅氧织物的耐温特性可以充分发挥其热屏蔽作用而作森林防火隔断材料、800℃气体过滤收尘袋、高层建筑中电缆电线保护套管等。

（四）低介电玻璃纤维

低介电玻璃纤维（简称D玻璃）是一种低密度、低介电常数和损耗，且介电性能受频率、温度变化影响小的特种玻璃纤维，具有宽频带高透波的特性。广泛用于飞机雷达罩、电磁窗和高级印刷线电路板等。美国研制成的D_{556}纤维已被广泛应用，尤其是战斗机雷达罩，大大提高了作战能力。

按照玻璃结构及影响介电常数和损耗因素的研究结果，纯SiO_2或B_2O_3均能获得最佳介电性能，但是由于纯SiO_2纤维生产工艺复杂，成本太高，而纯B_2O_3纤维化学稳定性差，无实用性，因此，使用的低介电玻璃中，一定含有较多的SiO_2或B_2O_3，同时加入能显著改善工艺性能又不致恶化介电性能的氧化物，如CaO、Al_2O_3等。

虽然D玻璃纤维具有优异的介电性能，但由于玻璃中高含量的SiO_2或B_2O_5均能造成生产工艺性差，覆铜板钻孔性能较差，成本高等缺点，难以在民品中大量应用。因此，国外和南京玻璃纤维研究设计院正在研制新型的低介电玻璃纤维，研究表明新型玻纤具有与E纤维相当的工艺性能，覆铜板钻孔性佳，而介电常数比E玻璃低1/3，为4.6左右，损耗$d \leqslant 0.0036$。优良的介电性能和良好的工艺性，有比D玻纤好的性价比，为制造高性能印刷线路板提供了又一种理想的增强材料，是发展无线电通信、数字模拟和高速数字信息处理等新一代技术的基础。

第六节　其他纤维

一、陶瓷纤维

具有陶瓷化学组分的纤维称为陶瓷纤维。陶瓷纤维是先进复合材料高性能增强纤维的重要品种。陶瓷纤维是一种纤维状轻质耐火材料，具有重量轻、耐高温、热稳定性好、导热率低、比热小及耐机械震动等优点，因而在机械、冶金、化工、石油、交通运输、船舶、电子及轻工业部门都得到广泛的应用，在航空航天与原子能等尖端科学技术部门的应用亦日益增多，发展前景十分看好。陶瓷纤维按组分分类可分为氧化物系和非氧化物系。氧化物系主要品种有氧化铝、氧化锆、氧化铍、氧化镁、氧化钛等纤维；非氧化物系主要品种有碳化硅、氮化硼、二硼化钛、硼及碳（石墨）等纤维。陶瓷纤维可广泛应用于增强金属、增韧陶瓷和强化树脂等。陶瓷纤维在我国起步较晚，但一直保持着持续发展的势头，我国已发展成为世界陶瓷纤维生产大国。

（一）制备

陶瓷纤维应用范围的扩大，促进了陶瓷纤维品种和陶瓷纤维制备工艺的发展。不同种类和性能的陶瓷纤维的制备方法也不尽相同，下面是几种典型的陶瓷纤维的制备方法。

1. **电弧法喷吹成纤法**　电弧法喷吹成纤工艺路线见图2-26，电弧法喷吹成纤工艺仅能生产单一的普通硅酸铝非晶质纤维棉，硬质黏土熟料为其唯一的原料。

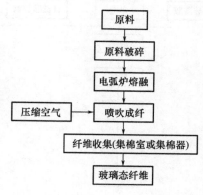

图2-26　电弧法喷吹成纤工艺

53

2. 电阻法 电阻法喷吹和甩丝成纤工艺见图2-27，电阻法喷吹和甩丝成纤工艺不仅可以天然硬质黏土熟料为原料制备低档标准型硅酸铝纤维，又能以工业氧化铝粉、硅石粉、锆英砂等粉料组成的合成料制备低档高纯硅酸铝纤维、中档高铝型、含锆型硅酸铝纤维。

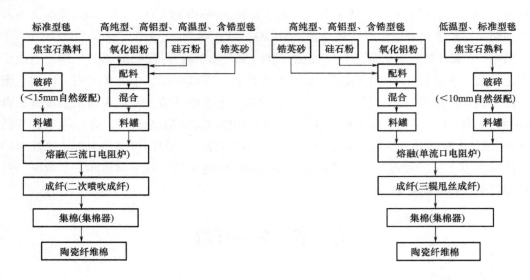

图2-27 电阻法喷吹和甩丝成纤工艺

3. 胶体法 胶体法亦称挤压法，其工艺流程见图2-28。美国3M公司开发的一种方法。在含有HCOO⁻、CH2COO⁻等离子的氧化铝凝胶中混入适量的硅溶胶和硼酸，浓缩成纺丝溶液，直接挤出成纤维，在1000℃以上于张力下烧成连续氧化铝纤维。

4. 模板法 模板法又称浸渍法，其工艺流程见图2-29。模板法制备陶瓷纤维工艺是一种非常有效的制备金属氧化物陶瓷纤维的方法。以有机纤维为模板，通过浸渍将金属

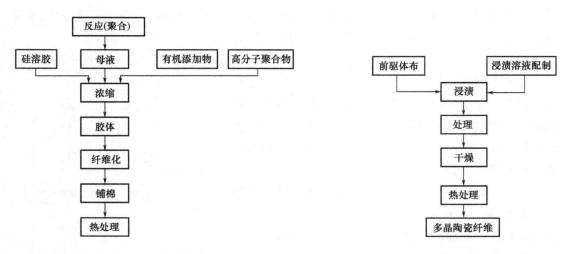

图2-28 胶体法制备陶瓷纤维工艺　　　　　图2-29 模板法制备陶瓷纤维工艺

离子浸入高分子的非晶区，经过热处理，将有机高分子除去，将金属离子烧结为金属氧化物陶瓷。该方法工艺简单，成型温度低。东华大学利用上述方法，制备了一系列氧化反应（聚合）。所制备的氧化锆纤维布用作大功率镍氢电池隔膜，氧化钛布作为光催化材料，高纯氧化铝布作为隔热材料等。

（二）结构和性能

陶瓷是由两种或两种以上的元素组成，大部分陶瓷是金属和非金属化合物。原子间作用力是由纯离子键或全共价键或者离子键和共价键共同组成。具体有什么价键取决于原子的电负性。虽然陶瓷材料的原子间作用力主要来自原子，但晶体的结构取决于组分原子的电价；金属离子（或者阳离子）显正价，而非金属离子（阴离子）显负价。组分正负离子的电荷数和相对尺寸大小影响着晶体的结构。稳定的陶瓷晶体结构的配位数跟阳阴离子的半径比相关。

（三）典型的陶瓷纤维与特点

1. **氧化铝纤维**　氧化铝纤维是Al_2O_3多晶连续纤维。Al_2O_3纤维的种类有$\alpha-Al_2O_3$、$\gamma-Al_2O_3$和$\delta-Al_2O_3$连续纤维以及短纤维。除优异的力学性能、稳定的化学性质外，还有优越的热性能，多用于高温结构材料和高温绝缘滤波器材料。其应用前景广阔，尤其在航天航空领域大有前景，氧化铝纤维的主要成分为Al_2O_3，有的还含有SiO_2和B_2O_3等成分，使用温度在1500~1600℃，是新型超轻质高温耐火纤维材料，具有优异的高温力学性能、良好的抗化学侵蚀能力；与碳纤维和金属纤维相比，可以在更高温度下保持很好的拉伸强度；热伸缩系数低，易制作尺寸稳定的产品；其表面活性好，易与金属和陶瓷基体复合；另外，还具有热导率小等优点。由于Al_2O_3的熔点高（约2100℃），且熔化后的黏度很低，用传统的熔融纺丝法无法制备氧化铝纤维。其生产工艺有淤浆法、溶胶—凝胶法、预聚合法、基体纤维浸渍溶液法等。1979年，美国DuPont公司利用淤浆法最早生产出含Al_2O_3 99.9%、直径为20μm、商品牌号为FP的氧化铝纤维。由于该纤维的断裂伸长率仅为0.29%，限制了其应用，最终停止了生产。目前，已经商品化生产的连续氧化铝纤维有日本Mitsui Mining公司的Almax、日本Sumitomo公司的Altex和美国3M公司生产的Nextel系列产品。表2-32是美国3M公司利用溶胶—凝胶法生产的Al_2O_3基Nextel系列纤维的基本性能。

表2-32　美国3M公司Nextel系列纤维的基本性能

性能	Nextel-312	Nextel-440	Nextel-550	Nextel-610	Nextel-720
化学组成（%）	62.5A	70A	73A	>99A	85A
	24.5B	28.5B	27B		15B
	13C	1.5C			
熔点（℃）	1800	1800	1800	2000	1800
单丝直径（μm）	10~12	10~12	10~12	10~12	10~12
密度（g/cm³）	2.70	3.05	3.03	3.90	3.40

性能	Nextel–312	Nextel–440	Nextel–550	Nextel–610	Nextel–720
折射率	1.568	1.614	1.602	1.74	1.67
拉伸强度（GPa）	1.7	2.0	2.0	3.1	2.1
拉伸模量（GPa）	150	190	193	380	260
膨胀系数 $\times 10^{-6}$（℃$^{-1}$）（100～1100℃）	30	5.3	5.3	8.0	6.0
使用温度（℃）	1200～1300	1430	1000	1000	1150

（1）工业高温领域的应用。氧化铝短纤维具有突出的耐高温性能，主要用作绝热耐火材料，在冶金炉、陶瓷烧结炉或其他高温炉中作护身衬里的隔热材料。氧化铝纤维在高温炉中使用节能效果比一般的耐火砖或高温涂料好，节能量远大于散热损失量，其原因不仅是因为减少了散热损失，更主要的是强化了炉气对炉壁的对流传热，使炉壁能得到更多的热量，再通过辐射传给物料，从而提高了物料的加热速度和生产能力。由于其密度小、绝热性好、热容量小，不仅可以减轻炉体质量，而且可以提高控温精度，节能效果显著。多晶氧化铝纤维在高档耐火材料领域及烘干烘烤等行业的市场潜力巨大，这主要是利用它超高的使用温度、优良的隔热保温性能，可明显提高燃烧效率并节约能源。在这些领域，多晶氧化铝纤维的附加值相当高。

（2）增强复合材料领域的应用。由于氧化铝纤维与金属基体的浸润性良好，界面反应较小，其复合材料的力学性能、耐磨性、硬度均有提高，线胀系数降低。氧化铝纤维增强的金属基复合材料已在汽车活塞槽部件和旋转气体压缩机叶片中得到应用。又由于氧化铝纤维与树脂基体结合良好，比玻璃纤维的弹性大，比碳纤维的压缩强度高，所以，氧化铝树脂复合材料正逐步在一些领域取代玻璃纤维和碳纤维。特别是在文体用品方面，可制成各种颜色的高强度钓鱼杆、高尔夫球、滑雪板、网球拍等。氧化铝长纤维增强金属基复合材料主要应用于高负荷的机械零件和高温高速旋转零件以及有轻量化要求的高功能构件，如汽车连杆、传动杆、刹车片等零件及直升飞机的传动装置等。

（3）其他相关领域的应用。由于良好的耐化学腐蚀性能，氧化铝纤维可用于环保和再循环技术领域。如焚烧电子废料的设备，历经多年运转，氧化铝纤维仍显示出优良的抗腐蚀性能，也可用于汽车废气设备上作陶瓷整体衬，其特点是结构稳定。Safil氧化铝纤维可用于铝合金活塞，它的优点是当温度上升时膨胀较小，比纯合金减少约25%，使活塞和汽缸之间吻合好，可节省燃料。莫来石纤维是氧化铝基纤维的主要品种，在结构上主要是以莫来石微晶相的形式存在。与一般氧化铝基纤维相比，莫来石纤维具有更好的耐高温性，使用温度在1500～1600℃，特别是高温抗蠕变性和抗热震性均有很大提高。莫来石短纤维作为耐热材料，在航天工业上已得到重要应用。美国航天飞机已采用硼硅酸铝纤维来制造隔热瓦和柔性隔热材料。莫来石纤维与陶瓷基体界面热膨胀率和导热率非常接近，莫来石纤维的加入可以提高陶瓷基体的韧性、冲击强度，在耐热复合材料的开发中发展很快。采用连续莫来石纤维增强的金属基与陶瓷基复合材料，可用于超音速飞机，也可制造液体火箭发动机的喷管和垫圈，能在2200℃以上使用。

2. 碳化硅纤维　碳化硅纤维是典型的陶瓷纤维，在形态上有晶须和连续纤维两种。

（1）碳化硅纤维的制备方法。

①化学气相沉积法。其生产原理是：通过甲基氯硅烷（如甲基三氯硅烷）类化合物气体与氢气混合，在一定温度下发生化学反应，生成的SiC微晶沉积在细钨丝或碳纤维等基体上，再经过热处理从而获得含有芯材的复合SiC纤维。其反应机理是：使化合物以气态形式同被处理的部件接触，在一定条件下，气相中的化合物发生热解或彼此间发生化学反应，反应物以固态形式沉积在被涂件表面上成为涂层。

最基本的化学气相沉积装置包括两个加热区域：第一个区域温度较低，维持涂层材料源蒸发并保持其蒸汽压不变；第二个区域是高温区，使气体中的化合物发生分解和反应，载流气体携带材料源蒸汽从蒸发区进入反应区。基体是指沉积物附着的固体，其材料要求能耐沉积温度，不和气态物反应，沉积物厚度较小时能附在基体上，作为基体的涂层，这时要求沉积物和基体有着良好的附着力；而当沉积物厚度较大时，作为独立的部分能从基体剥离，这时可以选择比沉积物的膨胀系数大的材料作基体。

②有机合成物烧结法。先驱体转化法是以有机聚合物（一般为有机金属聚合物）为先驱体，利用其可溶、可熔等特性成型后，经高温热分解处理，使之从有机化合物转变为无机陶瓷材料的方法。典型的工艺路线见图2-30。

由于先驱体法制备的连续SiC纤维比CVD法的制备成本低、生产效率高，更适用于工业化生产，因此，先驱体法制得的SiC纤维正逐渐成为研究与应用的主流。先驱体聚合物的性质对纤维的性能有着重要的影响。好的先驱体应具有以下特点：流变性好，具有一定的活性基团，裂解后基本无杂质，陶瓷产率和密度较高，具有裂解产物微观结构的可控性和可选择性。

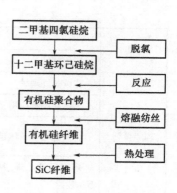

图2-30　SiC纤维制备工艺图

③活性炭纤维转化法。利用气态的二氧化硅与多孔活性炭纤维反应转化生成SiC纤维。

（2）碳化硅纤维的性能。由于碳化硅纤维是由均匀分散的微晶组成，内聚力极大，应力能沿着致密的粒子界面消散，因此，纤维的抗拉强度和拉伸模量大，用先驱体法制得的纤维抗张强度为2.5GPa，模量为200GPa；而用CVD法，纤维的抗张强度为3.4GPa，模量为400GPa。目前，Nippon Carbon公司生产的Nicalon碳化硅纤维主要有3个品种（表2-33）。

（3）SiC纤维的应用。SiC由于其优异的性能，在耐热材料和复合材料方面有重要的应用。一般SiC纤维可以在1000℃下长期使用，在1200℃下短期使用。优异的耐热性，使得SiC纤维成为航空航天等领域的关键耐热材料（表2-34）。

表2-33 SiC纤维的性能

性能	Nicalon NL 200	Hi-Nicalon	Hi-Nicalon Type S
单丝直径（μm）	14	14	12
单丝根数（每股纱）	500	500	500
线密度（1000m/g）	210	200	180
拉伸强度（GPa）	3.0	2.8	2.6
拉伸模量（GPa）	220	270	420
断裂伸长率（%）	1.4	1.0	0.6
密度（g/cm³）	2.55	2.74	3.10
比电阻（Ω·cm）	$10^3 \sim 10^4$	1.4	0.1
Si	56.6	62.4	68.9
C	31.7	31.7	30.9
O	11.7	0.5	0.2
C/Si（原子比）	1.31	1.39	1.05

表2-34 SiC纤维在耐热方面的应用

分类	用途		使用形态
	应用领域	具体用途	
耐热材料	连续热处理炉	网状袋	布
	输送高温物质用	传送带	布
	金属的精炼、压延铸型、焊接工作	耐热帘、金属溶液过滤器、隔热材料	布、绳、网
	环境保护（排烟中的脱尘、脱硫、脱NO₂装置）	衬垫、过滤器、袋式受尘器	毡、布
耐热材料	化学工业、原子能	过滤器	毡、布
	汽车工业（排气处理）	催化剂载体	毡、布
	燃烧器械	喷灯嘴	毡、布
	宇航	航天飞机柔性防热材料	毡、布
	检测元件	红外敏感元件	毡、布

美国宇航局（NASA）将Nicalon纤维的织布用作航天飞机外壁防热瓦的耐热密封材料。采用这种材料替代别的耐热材料，有效地解决了航天飞机进入大气层时受热膨胀使防热瓦剥离的问题。

Nicalon增强铝基复合材料的特性。研究表明，即使纤维体积含量为30%的Al基复合材料，其弯曲强度仍为超硬铝的1.8倍，拉伸强度为超硬铝的1.3倍。作为结构材料用至少减重40%，而且在400℃以下材料的强度降低幅度不大，而特超硬铝随温度升高，强度明显下降，在200℃时是常温强度的1/5以下。实际上Nicalon/Al—Ni合金复合材料直到400℃其抗拉强度仍未下降。由热压铸造的方法制得的铝基复合材料可以制作飞机、小汽车部件、普通机械零件及体育用品等。

Nicalon纤维增强Al基复合材料很有希望用作飞机结构材料，目前用钛制作的某些构件可以用纤维增强铝复合材料构件来代替，使机体轻量化，降低燃料消耗。当马赫数为2.5，发动机、机翼以及起落架机体表面温度升高达210℃时，无法应用铝合金，必须采用钛合金，增加了重量（Ti的比重是4.5，超硬铝是2.7），因此，在100～300℃使用钛合金的部位改用Nicalon/Al复合材料，除减重外，还可耐热。法国的研究者用Nicalon SiC纤维及其编织物增强Al作微波吸收材料，该材料轻质高强，耐热性好，是一种很有前途的吸波材料。英国航天工业局（AEA）将40vol%的连续SiC纤维增强陶瓷基复合材料用于新型航天飞行器获得成功，该材料用热压或热等静压成型，既轻又坚固，能承受强大的空气动压力，还能经受航天器重返大气层时的极高温度，能满足航天器的严格要求，且成本低廉，使用方便，是钛合金和镍基耐热合金的理想替代物。美国德克斯特朗特种材料公司生产的SiC/Si_3N_4陶瓷材料在1370℃时抗拉强度超过276MPa，用于火箭发动机航天飞机等的隔热瓦等。法国"幻影"2000战斗机的M53发动机鱼鳞板内侧也采用了SiC/Si_3N_4陶瓷基复合材料。

SiC纤维增强聚合物复合材料的研究也取得了较大进展。Nicalon单向增强环氧树脂复合材料特性见表2-35。与碳纤维FRP（纤维增强聚合物）相比，Nicalon FRP具有较高的压缩强度、较高的冲击强度和优异的耐磨损性。

表2-35　SiC/Al单向增强环氧树脂复合材料的特性

拉伸模量（0°方向）	100～110GPa
拉伸强度（0°方向）	800～900MPa
拉伸强度（90°方向）	70～80MPa
弯曲强度（三点弯曲）	1000～1100MPa
弯曲疲劳强度（10^7循环）	400GPa
热膨胀系数（0°方向）	$3.2 \times 10^{-6}/℃$
热膨胀系数（90°方向）	$25 \times 10^{-6}/℃$
密度	$2.6g/cm^3$
泊松比	0.18

3. **硼纤维**　硼纤维是应航空航天领域对材料日益严苛的要求而发展起来的，它是最早应用于高级复合材料的增强体。硼纤维的特点在于：它比玻璃纤维的弹性模量高5～7倍，而且拉伸强度和压缩强度也高；不仅可以以纤维形式使用（如硼纤维与锦纶或芳纶的编织罩），而且可以作为环氧树脂、铝和钛的增强体。硼纤维的主要问题是价格昂贵，因为CVD法制造纤维的生产率很低。另外，硼纤维是对表面损伤非常敏感的脆性纤

维，且易氧化分解，需在纤维表面进行某些特殊的处理。

纤维状的硼首先是由Weintrub通过卤化硼与氢在加热的钨丝载体上反应的方法获得的。直到1959年Tally使用卤化物反应的工艺获得了高强度的无定形硼纤维，才带动了硼纤维制造的真正推动力。这种工艺是以氢气为还原剂，由三氯化硼还原出硼沉积并包裹在移动的炽热载体上，形成硼纤维。通过化学气相沉淀制备硼纤维包括氢化硼热分解法和卤化硼发应法两种方法。

硼纤维的结构和组织取决于硼的沉积条件、温度、气体的成分、气态动力学等。反应室中的温度梯度和气体中的微量杂质，将不可避免地引起工艺过程的波动。电压的起伏、气流的不稳定或者其他操作的变化，都会引起工艺过程的不一致性，从而对硼纤维的结构和组织产生显著影响。

硼纤维的模量比S玻璃纤维高4~5倍。通常生产直径为100 μm和142 μm的硼纤维，拉伸强度为3.8GPa左右；一些特制的、特大直径的硼纤维在化学抛光之后性能有所改善。如果进一步将硼纤维表面轻微化学抛光，硼纤维的弯曲强度可提高近1倍（约14GPa）。

硼纤维复合材料（主要包括硼纤维增强塑料和硼纤维增强金属）最初用于罗克韦尔国际公司的B1轰炸机和格拉玛公司的F14战斗机（水平尾翼），B/Al的韧性是铝合金的3倍，重量仅是铝合金的2/3。

硼纤维与铝复合时一般带有SiC涂层，以避免硼纤维与铝、镁等基体之间产生有害界面反应。硼纤维增强铝复合材料板材和型材通常采用扩散结合工艺制造。硼纤维增强钛时需经B_4C涂层，基体通用Ti–6Al–4V或Ti–15V–3Cr–3Sn–3Al。硼纤维增强钛复合材料主要用于制作航空发动机压气机叶片和工作温度为550~650℃的耐热零件。然而硼纤维受其价格高的限制而未获得更广泛的应用。

二、天然纤维

天然纤维复合材料由天然纤维和树脂基体组成，天然纤维是细长形的细胞集合体，包括矿物、动物和植物纤维，性能好的天然纤维都用来制作复合材料，木质微粒板和刨花板是最早广泛使用的天然纤维复合材料，至今为止在应用和科研方面都是相当成功的，然而，环境生态平衡要求较高的森林覆盖率，而人们的日常生活需要大量的木材，迫使森林面积逐年减少，原木紧缺成了世界性问题。

人们希望将绿色复合材料作为传统强化材料（如不饱和聚酯玻璃纤维强化材料等）的替代品。但竹、麻纤维内还含有很多纤维素以外的物质，导致其实际强度和弹性模量比玻璃纤维低。如果将未经处理的竹、麻纤维直接应用于绿色复合材料，将很难提高强化材料的性能。因此，绿色复合材料的开发方针是寻求天然纤维的改性方法，以使其达到或接近玻璃纤维的特性。

总的来说，开发和研究可降解复合材料，除了可以缓解石油短缺和环境污染问题外，其还具有如下特点：增强体植物纤维和树脂基体基质来源广泛，而且是可再生资源，材料的成本低；改善了材料的性能，拓宽了应用领域；废弃后可自行降解，甚至可以在一定的生物和温湿度条件下，加快降解速度，对环境不会产生负担，有助于环保；质量轻，有助于降低能源的消耗，比如应用于汽车与飞机内饰，降低质量对汽车与飞机运行的成本控制起到很大的作用，同时能减少能源的消耗。

天然植物纤维如麻纤维、椰壳纤维、稻草纤维、甘蔗渣、麦秆纤维、竹和棉纤维等作为增强材料，以其质轻、价廉、可再生和可生物降解等特点，充分体现了环境友好性和人类亲和性。从资源利用及环境保护的角度考虑，不但可以作为木材的替代品，还可以部分取代玻璃等合成纤维。特别是在民用方面，天然纤维复合材料作为结构材料和非结构材料已占有一定的地位，并且还将有广阔的发展前景。

（一）天然植物纤维的性能

天然植物纤维的主要组分是纤维素、半纤维素和木质素。

麻系纤维和竹系纤维等纤维素含量较高的纤维，其微纤丝的取向角较小；而纤维素含量较低的椰子纤维，其微纤丝的取向角较大。常用于制作服装、床上用品的亚麻、苎麻等纤维的木质素含量较少，而常用于制作绳子、麻袋的剑麻、黄麻等纤维的木质素含量较多。

表2-36是各种天然植物纤维的力学性能。所有构成天然植物纤维的物质中，纤维素的强度最高，且纤维素含量越高，纤维的强度越高，但由于微纤丝沿细胞轴呈螺旋状排列，纤维的强度随取向角的变化而变化。纤维素含量越高、微纤丝取向角越小，纤维的强度越高。由表2-36还可以知道，不仅仅是强度，纤维的杨氏模量也与微纤丝取向角密切相关。苎麻、大麻和竹等纤维的杨氏模量较大，可与玻璃纤维相匹敌。虽然部分纤维强度不够，但可以作为低强度强化塑料的替代品。

表2-36　主要天然植物纤维的机械性能

	比重	平均直径（mm）	拉伸强度（MPa）	比强度（10^6mm）	杨氏模量（GPa）	比弹性模量（10^9mm）	断裂伸长率（%）
竹	0.80	0.187	465	59.2	18.0 ~ 55.0	2.29 ~ 6.81	1.0 ~ 2.0
亚麻	1.50	—	345 ~ 1100	23.5 ~ 74.8	27.6	1.88	2.7 ~ 3.2
大麻	—		690	—	70	—	1.6
苎麻	1.16	0.034	560	49.2	24.5	2.15	2.0 ~ 3.0
黄麻	1.30	0.01	394	30.9	55.0	4.28	1.2 ~ 1.5
马尼拉麻	1.30	0.20	792	62.1	26.6	2.09	—
剑麻	1.46	0.05 ~ 0.2	468 ~ 640	33.0 ~ 45.0	9.4 ~ 22	0.66 ~ 1.55	3.9 ~ 7.0
洋麻	1.04	0.078	448	44.0	24.6	2.41	—
椰子纤维	—	—	131 ~ 175	—	4.0 ~ 6.0	—	15.0 ~ 40.0
E玻璃纤维	2.56	0.013	1400 ~ 2500	55.8 ~ 99.7	76	3.03	2.0 ~ 3.0

一般来说，天然植物纤维是亲水的，而聚丙烯PP（Polypro-pylene）和聚乙烯PE

（Polyethylene）等热塑性树脂则是疏水的，因此，两者间缺乏亲和性导致黏附力欠佳。以往的研究中，在以纤维素为主要组分的纸浆与聚丙烯的合成过程中，以无水马来酸酐改性聚丙烯（Maleic anhydride modified polypropylene，MAPP）为黏合剂，界面的黏附性有显著提高。在Felix的研究中，将纤维素浸渍在以甲苯为溶剂的5% MAPP中，处理后的纤维与PP通过注射模塑成型方式进行复合。结果表明，由于MAPP的官能团与纤维表面的羟基发生反应，40%的纤维含量就可使复合材料的拉伸强度增加为原先的两倍。对天然植物纤维也沿用此方法，可改良其与PP树脂间的黏附性，从而提高天然纤维复合材料的实用性。据报道，亚麻纤维经此处理后，亚麻/PP复合材料的拉伸强度提高了50%，断裂强度提高了约100%。

碱处理可大大提高亚麻/PP复合材料的抗弯强度。碱处理对热塑性树脂也很有效，能增强亚麻/环氧树脂复合材料的抗弯强度，以及洋麻和大麻/聚酯复合材料的强度和刚性。硅处理也可以增强大麻或黄麻/MAPP复合材料的界面断裂强度，同时也可提高赫纳昆纤维/聚乙烯复合材料的强度和刚性。此外，经等离子体表面改性可改善木质纤维/PP复合材料的强度和刚性。天然植物纤维作为绿色复合材料的组成要素，其与可生物降解材料间的相容性，比其与PP等合成树脂材料间的相容性要好。这是因为可生物降解材料是亲水性的，尤其是多乳酸类树脂。目前，关于洋麻/PLA复合材料、亚麻/PLA复合材料及竹/PLA复合材料的结构性能，纤维素/PLA复合材料和黄麻/PLA复合材料的制备方法，以及麻蕉（马尼拉麻）/PLA复合材料的可生物降解性的报道较多。也有许多关于木质纤维素类、大豆蛋白类（Soy protein isolate–based resin，SPIR）、玉米淀粉类（Cornstarch–based resin，CSR）等复合材料的应用实例。对于玉米淀粉类材料，其水分散型微粒子可渗透进入纤维内部，而后通过模压成型达到很好的黏附性。如苎麻/玉米淀粉类复合材料和马尼拉麻/玉米淀粉类复合材料经强碱处理后，这种黏附性会更强。碱处理会增强天然植物纤维的延展性。天然植物纤维经浓碱处理（丝光处理）后，可以大幅提高其断裂伸长率。如将大麻、苎麻经丝光处理后，其断裂伸长率可增加2～3倍。丝光处理不仅可以增强纤维的延展性，还可以降低纤维整体的弹性模量，表2-37是纤维素各晶型的弹性模量。

表2-37　纤维素各晶型的弹性模量

纤维素晶型	I	II	III$_I$	III$_{II}$	IV
弹性模量（GPa）	138	88	87	58	75

丝光处理会使天然纤维发生很大变化，导致纤维韧性和断裂伸长率等力学性质的变化，由此可以挖掘绿色复合材料的新特性。

（二）应用举例

1. **麻纤维**　在各种天然纤维中，麻类纤维除同样具有价格低廉、可再生性好、分布广等特点外，还具有高的拉伸强度，可称为高性能天然纤维。同时，麻纤维微观结构独特，连续长度较长，具有较好的加工和工艺性，这些都是其受到重视的原因。麻最早产于我国，是我国著名的传统特产和重要的经济作物，品种有100余种之多，世界上主要麻类作物在我国均有种植，并且形成北有亚麻，南有剑麻，东有大麻，西有罗布麻，中有苎麻，大部分地区有洋麻、黄麻的格局。麻类纤维包括一年生或多年生草本双子叶植物的韧皮纤维（如芝麻、亚麻等）和单子叶植物的叶纤维（如剑麻、凤梨麻等）。麻纤维结构具有独特性，它的横截面为有中腔的腰圆形或多角形，纵向有横节和竖纹。

麻纤维具有较高的比强度和比模量，适合作为复合材料的增强体。表2-38列出了天然纤维和其他传统增强纤维的性能比较。

表2-38　天然纤维与传统增强纤维的性能比较

性能	纤维									
	亚麻	大麻	黄麻	苎麻	椰壳纤维	剑麻	蕉麻	E玻纤	芳纶纤维	碳纤维
密度（g/cm³）	1.4	1.48	1.46	1.5	1.25	1.33	1.5	2.55	1.40	1.70
断裂伸长（%）	1.2~1.6	1.6	1.8	2.0	15~25	2~3	—	3.0	3.3~3.7	1.4~1.8
拉伸强度（MPa）	800~1500	550~900	400~800	500	220	600~700	980	2000~3500	3000~3150	4000
弹性模量（GPa）	60~80	70	10~30	44	6	38	—	73	63~67	230~240

国外对麻纤维复合材料及其制品的研究开发工作开展较早、较多，目前已经把麻类纤维大量用作木材、玻璃纤维的替代品来增强聚合物基体，用作建筑工业中的防火隔声材料、装潢材料、水泥模板，包装工业中的生态包装材料、缓冲材料，汽车工业中的内装饰板材、车用零部件等材料，以及其他功能材料等。其中对麻纤维在汽车加固材料上的应用的研究已经取得了较大进展，并逐步走向产业化。

麻类纤维增强复合材料主要用于汽车行业，比如Bnez和Ford等汽车公司，亚洲以印度等国的研究工作为主，采用黄麻、剑麻、亚麻纤维及竹纤维作为增强材料，与热固性和热塑性聚合物复合，制成天然纤维聚合物复合材料制品，已开始工程应用。

2. 竹纤维　竹子属于禾本科竹亚科植物，主要分布在热带、亚热带和暖温带，已知全球约150属，1200多种，是继木材之后的第二大天然纤维材料。我国竹资源相当丰富，竹材种类繁多，大部分适合加工利用，竹林蓄积量居世界首位，素有"竹子王国"之称。竹材经过机械碾轧、切削加工可得到竹纤维，竹纤维主要由纤维素、木质素、戊聚糖、果胶等组成。不同的竹纤维，其化学成分和纤维形态参数都不同，纤维形态细长，细胞壁薄而大，纤维柔韧性好，相互间易于结合，因此，具有较好的缠绕、交织能力，纤维间的结合强度较大。

表2-39比较了竹纤维与其他植物纤维、玻璃纤维的力学性能，竹纤维的抗拉强度和弹性模量均居麻纤维之间，低于玻璃纤维，但是其相对比重与其他纤维差距较大，这就

表2-39 竹纤维与其他植物纤维、玻璃纤维的力学性能比较

纤维类型	比重	平均直径 （mm）	抗拉强度 （MPa）	比强度	杨氏模量 （GPa）	比弹性模量
竹纤维	0.80	0.187	465	581.3	18.0 ~ 55.0	22.5 ~ 68.8
亚麻纤维	1.04	0.078	448	430.8	24.6	23.7
苎麻纤维	1.16	0.034	560	482.8	24.5	21.1
玻璃纤维	2.56	0.008 ~ 0.014	1400 ~ 2500	546.9 ~ 976.6	55.8 ~ 99.6	21.8 ~ 38.9

意味着在相同质量条件下，竹纤维绿色复合材料的力学性能强，比强度高。

3. 甘蔗渣 甘蔗渣是蔗糖工业的废弃物，经过暖风干燥、粉碎之后，其针状外观与玻纤很相似。CaD等人使用甘蔗渣纤维和生物降解树脂制备了绿色复合材料，分析了甘蔗渣纤维的碱处理对其绿色复合材料的影响，研究了纤维质量分数和长度对材料弯曲模量的影响，并探讨了利用COX剪滞修正模型对材料弯曲模量的预测。实验中使用碱处理前后的甘蔗渣纤维，处理前后纤维长度均为9.13mm，直径由0.49mm减小到0.39mm；使用的生物降解树脂为CP-300，其本体是悬浊液，经过105℃蒸发水分、干燥冷却后，切断成尺寸为1.5mm、2mm的粒状物备用。碱处理时将一定量的甘蔗渣纤维分别浸入浓度为1%、3%、5%的碱液中，在25℃处理2h，经水洗脱碱、酸浴脱碱、水洗至中性后，在70℃干燥72h。将预备好的一半纤维投入成型模具中，随后加入粒状树脂，最后投入剩下的纤维。在160℃加压10MPa保持10min，随后冷却取出。结果表明，由1%碱液处理纤维制备而得的材料的拉伸强度和弯曲强度显示出最大值。在纤维的处理过程中，半纤维素因与碱溶液反应而被去除，纤维束出现分解细化，纤维的直径变小，纤维表面得到改善，处理后纤维的拉伸强度与长径比得到了提高。对比碱处理甘蔗渣前后复合材料的力学性能，材料的拉伸强度、弯曲强度以及冲击强度平均提高了约13%、14%以及30%。电镜扫描图像观察表明，成型前纤维的蜂窝状结构，在成型后受到压缩而形成新的致密结构。纤维的压缩变形提高了纤维本体的力学性能，同时促进树脂对纤维的渗透，导致材料的力学性能增强。随着纤维质量分数或纤维长度增加，材料的弯曲模量呈递增趋势，当纤维长度小于3mm时，长径比变小导致材料的弯曲模量大幅下降。

4. 棉纤维和羽毛纤维 棉纤维和羽毛纤维绿色复合材料的制备关键是有效处理和利用具有生物分解性能的纤维废弃物。Kimura等利用注射成型技术制备了以棉纤维、非织造布和生物降解树脂PBS组成的绿色复合材料，分析了材料的力学性能和土壤生物降解性能。研究中使用纺织工厂废弃的棉纤维和片状裁断非织造布，使用纤维状生物降解树脂PBS；成型前按实验要求直接将棉纤维和树脂纤维混合后投入注射成型机，在拟定的成型温度和压力下注射成型，制备出的绿色复合材料外观良好，其拉伸强度和杨氏模量随纤维质量分数的增加而增大。土壤生物降解实验表明，添加了纤维的绿色复合材料的降解速率高于单纯由生物降解树脂制备而得的对比试验片，说明纤维能够促进材料的降解。实验进一步显示，随着降解速率的提高，材料的拉伸性能和疲劳强度也急速降低，其原

因是材料因降解出现纤维和基材表面剥离，降低了纤维与基材间的界面黏结性能，导致材料性能的降低。此外，Kimura等还探讨了利用绢、丝以及羽毛废弃物与生物降解树脂PLA复合，用热压成型制备绿色复合材料，分析材料的各种力学性能。其中，羽毛废弃物来自制被工厂，羽毛和纤维状纤维切断成长度为5mm、10mm的短纤维，随后与水混合置于工业搅拌机中制成浆，利用造纸技术制成片状手抄纸，干燥后制备成层积绿色复合材料。材料的抗冲击性能随干羽毛纤维的添加而增强，随着纤维体积分数的增加，材料的吸湿性也逐渐增加。

第三章　纺织复合材料预制件

纺织复合材料是纤维增强复合材料的一种高级形式，它是由增强纤维（碳纤维、玻璃纤维、芳纶纤维、超高分子量聚乙烯纤维等）通过纺织加工方法获得二维或三维形式的纺织结构，再与基体材料（热塑性树脂、热固性树脂等）复合而成。在各种类型的复合材料中，纺织复合材料由于其特有的结构形式和性能特征而占有重要的地位。

第一节　概述

一、纺织复合材料预制件

航空和航天业的发展促进了纺织复合材料的研究，使纺织技术在先进材料领域的应用潜能逐渐被挖掘出来。通过纺织加工方法如机织（Weaving）、编织（Braiding）、针织（Knitting）和非织造（Non-woven）等，将纤维束按照一定的交织规律加工成二维或三维形式的纺织结构，使之成为柔性的、具有一定外形和内部结构的纤维集合体，称之为纺织复合材料预制件。

根据不同的纺织加工方法，纺织复合材料预制件中的纤维取向和交织方式将具有完全不同的特征，并且这些特征会导致纺织复合材料的性能存在明显的差异。为此，采用不同纺织复合材料预制件增强所得的纺织复合材料，通常在其名称前标以纺织方法，以示区别，如机织复合材料、针织复合材料、编织复合材料、非织造复合材料等。

二、纺织复合材料预制件的特征

（一）几何特征

根据纺织结构的几何特征，纺织复合材料预制件有二维纺织复合材料预制件和三维纺织复合材料预制件两种形式。

对于二维纺织复合材料预制件而言，纺织结构在面内的两个正交方向上（如矩形的长度和宽度方向）的尺寸远大于其在厚度方向上的尺寸。根据不同的纺织加工方法，增强纤维在平面内的取向和交织方式存在着多种形式。对于机织结构，取向分别为0和90°的经纬两组纱线相互交织，形成稳定的二维结构，构成机织物；对于编织结构，纱线之间按照与织物轴向偏移一定角度的取向相互编结交织而成，构成编织物；对于针织结构，纱线之间在经向或纬向以成圈的方式相互嵌套，构成针织物；而对于非织造结构，纤维通常以散纤维的状态分布在平面内的各个方向上，通过机械或黏结的方法固结成非织造织物。

对于三维纺织复合材料预制件而言，厚度方向（z向）上的尺寸和纤维交织形式不可忽略。三维纺织结构的特点是在厚度方向上引入纱线而形成立体的纤维交织结构，从而获得优良的结构整体性。类似于二维纺织结构，不同纺织加工方法使纤维在立体方向上的取向和交织方式也存在着多种形式。对于三维机织结构，通过接结经纱（或纬纱）引入z向纤维，构成三维机织物；对于三维编织结构，通过编织纱的三维空间运动获得三维编织物；对于三维针织结构，通过线圈嵌套的方法将多层平面结构结合在一起，构成三维针织物；对于三维非织造结构，通过机械或黏结的方法将多层平面散纤维固结成三维非织造织物。

（二）性能特征

纤维增强复合材料的形式很多，有短纤维增强、连续长丝（纤维束）增强和纺织预制件增强等形式。短纤维增强复合材料是由短纤维和基体材料混合后借助于成形模具获得产品的最终形状，而连续长丝增强复合材料则通过拉挤、缠绕或铺设等工艺成形。不论短纤维增强还是连续长丝增强复合材料，增强纤维之间都未能有效地缠结，仅靠基体材料将其相互黏结，因此，该类复合材料在力学性能方面的缺陷是十分明显的，如低的横向（垂直于纤维排列方向）拉伸强度和刚度、低的抗压缩性能以及低的抗冲击性能等。此外，该类复合材料对钻孔或衔接所引起的应力集中也非常敏感。

二维纺织复合材料预制件在复合材料中的应用大大改善了材料的面内性能。通过纺织成形方法，将增强纤维加工成二维形式的纺织结构，如各种类型的平面织物，使纤维束按照一定的规律在平面内相互交织和缠结，从而提高了纤维束之间的抱合力。近年来，以二维纺织结构为增强形式的复合材料获得了越来越广泛的应用，许多复杂形状的复合材料都可以在二维纺织结构的基础上制造而成。二维纺织结构作为增强体，不仅提高了复合材料的面内特性，还改善了材料的抗冲击性能。

然而，以二维纺织结构为增强形式的复合材料，通常不是材料的最终形式，而是通过一些传统的加工方法（如铺层或缠绕）制成最终产品。这类加工方法的缺点之一是导致过高的加工成本。例如，加工某些飞机构件时，需手工剪裁和铺设60多层的碳纤维/环氧预浸料；加工船的壳体时，铺设的层数甚至超过100层。虽然可以采用机械或半自动的加工设备来减轻手工操作的强度，但这些加工设备相当昂贵，且通用性较差，仅适用于简单形状的构件。

二维纺织结构通常采用铺层的方式获得复合材料产品，形成的层板结构的复合材料有很多弱点：第一，由于层与层之间缺乏有效的纤维增强，在材料厚度方向上的力学性能不得不依赖于性能较低的基体材料和纤维与基体间的界面，导致在该方向上非常低的材料性能；第二，层板结构复合材料具有较低的抗冲击性能和损伤容限，这种性能所导致的结果对于结构材料而言有时是致命的，例如，飞机检修时工具的不慎失落、飞行过程中飞鸟的撞击、冰雹或石子的打击等，都将使材料的性能受到难以估量的损失。

为了克服层板结构复合材料在加工成本、层间性能及损伤容限等方面的不足，从20世纪60年代末期起，出现了多种形式的、以三维纺织复合材料预制件为增强结构的复合材料。航天和航空工业是推动三维纺织复合材料发展的主要力量，希望能以该类材料作为主承力或次承力构件，取代传统的金属材料。随后，造船、建筑及汽车工业等也对开发三维纺织复合材料产生了浓厚的兴趣。

三维纺织复合材料预制件的发展为克服层板结构复合材料层间性能低的弱点提供了十分有效的解决措施。三维纺织复合材料预制件是一种由纤维束在三维空间按照一定规律相互交织而成的纤维增强体系，贯穿空间各个方向的纤维提供了增强结构的整体性和结构稳定性，克服了层板结构复合材料层间剪切和分层的现象，并使材料具有显著的抵抗应力集中、冲击损伤和裂纹扩展的能力。

第二节　纺织复合材料预制件的结构

一、二维纺织复合材料预制件的结构

（一）二维机织结构

二维机织结构（Two-dimensional woven structure）是由两个相互垂直排列的纱线系统按照一定的规律交织而成。其中，平行于织物布边、纵向排列着的纱线系统称为经纱；与之相垂直、横向排列的另一个纱线系统称为纬纱。

1. **机织物的基本组织**　机织物中经纬纱相互交织的规律和形式，称为织物组织。织物组织的种类繁多，图3-1为常用作复合材料的基本织物组织，即平纹组织、斜纹组织和缎纹组织。

(a) 平纹组织　　　　　(b) 斜纹组织　　　　　(c) 缎纹组织

图3-1　典型的二维机织结构

2. **机织物的几何结构**　织物中经、纬纱线交织的空间形态关系，称为织物结构（Fabric structures）；采用几何方法研究的织物结构，称为织物几何结构（Geometry of fabric structures）。由于构成织物的经、纬纱线属黏弹性材料，在形成织物之前，它们都可在一定的张力下呈伸直状态；但交织成织物后，便会由原来的伸直状态变为波形屈曲状态，从而形成不同结构的织物。图3-2为织物中经、纬纱空间屈曲形态的示意图。通过了解织物的几何结构及结构参数之间的关系，将有利于了解织物中的纤维排列、分布以及取向等重要结构特征，为纺织复合材料的性能评价打下基础。

（二）二维针织结构

二维针织结构（Two-dimensional knitting structure）是由一系列纱线线圈相互串套连结而成，其基本单元为线圈。由于存在大量容易变形的线圈，使针织物具有十分强的变形能力。在外力的作用下，即使不发生纱线的伸长，针织结构也有相当大的变形能力。这种结构变形能力一方面使针织物有良好的形状适应性，可以在不发生褶皱的情况下完全覆盖较复杂形状的模具；但另一方面却降低了纤维对复合材料的增强效果，特别是降低了增强结构对复合材料模量的贡献。

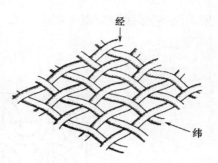

图3-2　织物中经、纬纱的空间屈曲形态

1. **针织物的基本组织**　根据形成线圈方式的不同，针织物可分为经编针织物和纬编针织物两种形式，如图3-3所示。经编针织物（Warp knitting fabrics）的横向线圈系列由沿织物纵向（经向）平行排列着的经纱组同时弯曲相互串套而成，且每根经纱在横向逐次形成一个或多个线圈，如图3-3（a）所示。在经编针织物中，同一根纱线所形成的线圈轮流地排列在相邻的两个纵行线圈中，其纵横向都具有一定的延伸性。纬编针织物（Weft knitting fabrics）的横向（纬向）线圈由同一根纱线按照顺序弯曲成圈而成，如图3-3（b）所示。

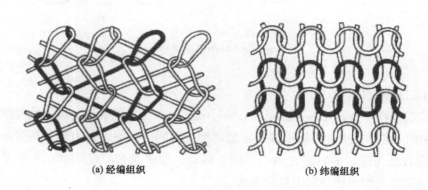

(a) 经编组织　　　　　　　　　　　(b) 纬编组织

图3-3　基本针织组织

2. **针织物的几何结构**　针织物的基本结构单元为线圈，针织物的线圈为一空间曲线，线圈的几何形态直接影响针织物的力学性能。针织物线圈的几何形态有下列几种假设模型。一是假设线圈在针织物平面上的投影由圆弧和直线连结而成，如图3-4（a）所示。图中针编弧2-3-4与沉降弧5-6-7相等，都为二分之一圆周；c为圈距，w为圈高。二是假设线圈在针织物平面上的投影由圆弧1-2、2-3-4和4-5连结而成，如图3-4（b）所示。三是假设在针织物平面上，线圈是由一根弹性杆在两端一对力的作用下弯曲而成的弧段，如图3-4（c）所示。四是假设在针织物平面上，线圈是由一根弹性杆在一系列作用在相邻线圈交点（如A_1、A_2、A_3）附近的力的作用下而形成的曲线，如图3-4（d）所示。

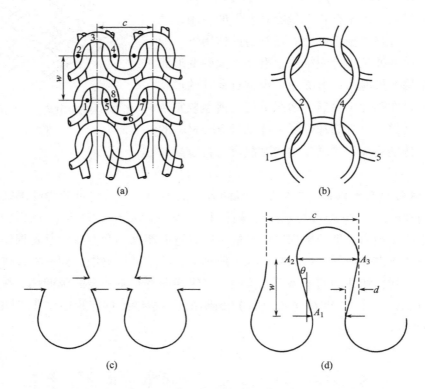

图3-4　针织线圈模型

（三）二维编织结构

二维编织结构（Two-dimensional braided structure）是指所加工的编织物厚度不大于编织纱直径3倍的编织方法，可用于加工异型薄型壳预制件。编织是由若干携带编织纱的编织锭子、沿着预先确定的轨迹在编织平面上移动，使所携带的编织纱在编织平面上方某点处相互交叉或交织构成空间网络状结构。

1. **编织物的基本组织**　编织物的组织单元的组成与机织物类似，唯一的区别在于：编织物的基本组织单元的纱线均与其轴向成一定角度，而机织物的基本组织单元的纱线与其轴向平行或垂直。常见的二维编织物如图3-5所示，即二维平纹编织结构（Two-dimensional plain braided structure）、二维方平编织结构（Two-dimensional basket braided structure）、二维Hercules编织结构（Two-dimensional Hercules braided structure）、二维三轴向编织结构（Two-dimensional & three-axis braided structure）等。由图示的编织结构可以明显看出，编织纱始终与编织方向成一定的角度。当在织物的纵向或横向拉伸时，编织纱容易沿受力方向取向，产生面内的剪切变形，使编织物体现出较大的变形能力。正是由于编织物的这种形状变形能力，在圆形编织时，编织纱可以成形在不同直径的变截

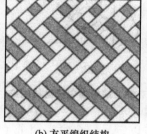

(a) 平纹编织结构　　　　　　(b) 方平编织结构　　　　　(c) Hercules编织结构

图3-5　常见的二维编织组织

面芯轴上，即具有"净型"编织的能力，以获得所需要的三维形状。

　　为了改善编织物纵横向的力学性能，可以在上述二维编织结构中引入不与其他纱线交织的轴向纱，制得二维三轴向编织物，如图3-6所示。二维三轴向编织结构的基本特征是，轴纱不发生交织，在编织物中基本保持直线，从而有利于提高编织复合材料的轴向性能；而编织纱交织形成特殊的编织结构，对轴向纱形成握持，起稳定编织物结构的作用。

　　2. 编织物的几何结构　　编织物的几何结构可用一单元体模型来建立，如图3-7所示。此单元体为一2/2三轴向编织系统，宽度为W、厚度为T的正方体，而其编织方向纤维和轴向纤维的截面为两半圆和一矩形构成的跑道形。纤维宽度对厚度纵横比为f，其值将永远大于1。

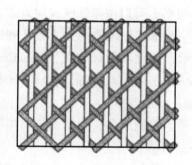

图3-6　二维三轴向编织结构图

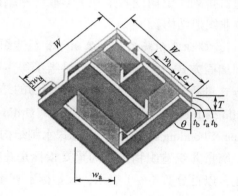

图3-7　2/2编织单元体结构示意图

　　（1）纤维束尺寸。根据模型图3-7，假设纤维截面为跑道形，纤维束厚度为t，宽度为W和截面积为S，则相应尺寸可表示如下（a、b分别表示轴向和编织方向的纤维）：

$$t_{a/b} = \sqrt{\dfrac{\lambda_{a/b}}{K_{a/b}\left(\dfrac{\pi}{4} + f_{a/b}\right)\rho_{a/b}}} \qquad (3-1)$$

$$W_{a/b} = f_{a/b} \cdot t_{a/b} \qquad (3-2)$$

$$S_{a/b} = \left(\frac{\pi}{4} + f_{a/b} - 1 \right) \tag{3-3}$$

式中：λ、f、ρ和K分别为纤维的线密度、纵横比、密度和填充率。

（2）单元体尺寸。根据模型图3-7，此单元体包含有三层纤维束（$+\theta°$、0、$\theta°$）及六条纤维（$+\theta°$、0、$\theta°$各二条），因此，单元体的厚度为$T=2t_b+t_a$，宽度为$W=2$（$W_b+\varepsilon$），此处ε为编织纤维间的间隙，$\varepsilon=(2\pi D/N_b)\cdot\cos\theta-W_b$。$\varepsilon$值是编织密度系数，此值越大编织物越密，另外，可以定义一个紧密因子（Tightness factor）间接表示编织物的密度大小，即$h=\dfrac{t_b}{\varepsilon}$（$0\le h\le 1$）。

（3）纤维体积分数。根据模型图3-7，轴向纤维分数为：

$$V_{fa} = \frac{K_a N_a t_a^2}{4\pi} \cdot \frac{\pi+4(f_a-1)}{(2t_b+t_a)(D+2t_b+t_a)} \tag{3-4}$$

编织方向纤维体积分数为：

$$V_{fb} = \frac{K_b N_b t_b^2}{4\pi\cos\cos\theta} \cdot \frac{\pi+4(f_a-1)}{(2t_b+t_a)(D+2t_b+t_a)} \tag{3-5}$$

因此，整个编织物的纤维体积分数为：

$$V_f = V_{fa} + V_{fb} \tag{3-6}$$

（四）二维非织造结构

二维非织造结构是一种将纤维直接加工成织物的方法，即将短纤维或者连续长丝进行随机排列（定向或者杂乱）形成纤网结构，然后用机械、热学或者化学等方法加固，形成非织造结构。

1. 非织造织物的基本组织　非织造织物的分类方法很多，可以按照纤维成网方式、纤网加固方式、纤网结构或纤维类型等多种方法进行。一般基于纤维成网方式或纤网加固方式进行分类。常见的非织造织物的结构如图3-8所示，即化学黏合结构（Chemical bonding structure）、普通水刺结构（Ordinary spunlaced structure）、热轧黏合结构（Hot-rolling & bonding structure）、花式水刺结构（Fancy spunlace structure）等。

衡量非织造织物规格的重要指标是孔隙率。孔隙率是指织物所含孔隙体积与总体积之比，以百分数（%）表示，该指标不直接测定，可按下式计算：

$$n_p = 100 - G/10t\delta \tag{3-7}$$

式中：n_p为孔隙率（%）；G为单位面积质量（g/m²）；δ为单位体积质量，g/cm³；t为织物厚度，mm。

2. 非织造织物的几何结构　经非织造方法所加工的纤网，由于纤维排列的随机性，使非织造结构增强复合材料具有比其他纺织结构增强复合材料有较明显的各向同性特点。但是，若对复合材料的力学性能有较高的要求，或者若强调材料性能的可设计性，作为复合材料的纤维增强形式，非织造结构并不是一种常见的选择。然而，若从加工成本和效率等方面来看，非织造织物的加工工艺和产品却具有相当强的竞争优势，其中针

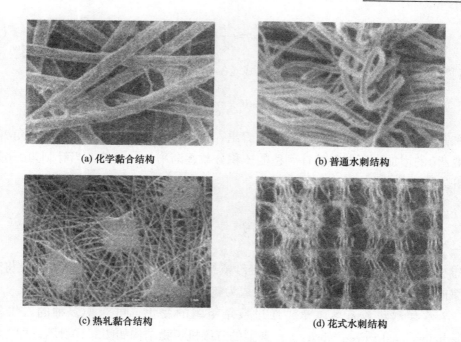

(a) 化学黏合结构　　(b) 普通水刺结构

(c) 热轧黏合结构　　(d) 花式水刺结构

图3-8　非织造织物的结构

刺毡是应用较广泛的一种非织造织物。

对于非织造结构而言，纤维体积分数是关键的控制参数。本节以针刺毡为例，说明针刺工艺对针刺毡的纤维体积分数的影响。每根刺针作用的针刺毡单元定义为针刺毡的单胞，如图3-9所示。刺针的截面通常是三角形的，以一定的角度（θ）和深度（l）往复穿刺作用于纤网，使几层叠加起来的纤网中的纤维在织物的厚度方向形成交缠。

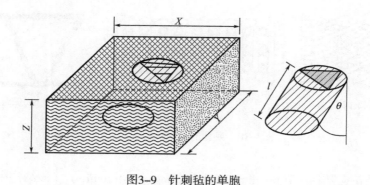

图3-9　针刺毡的单胞

设针刺前纤网的纤维体积分数为V_f，经针刺后毡的纤维体积分数为：

$$V_{f\theta}=V_f\times\frac{l}{z}\times\frac{\eta}{\cos\theta}\tag{3-8}$$

式中，η为与针刺密度相关的参数，等于刺针作用面积（A_p）与单胞面积（A_c）之比。

$$\eta=\frac{A_{\mathrm{p}}}{A_{\mathrm{c}}}\qquad\qquad(3-9)$$

若刺针穿透纤网的厚度，即$l/z=1$，则式（3-8）变为如下形式：

$$V_{\mathrm{f\theta}}=V_{\mathrm{f}}\times\frac{\eta}{\cos\theta}\qquad\qquad(3-10)$$

从关系式（3-8）和式（3-10）可以看出，针刺毡的纤维体积分数与针刺角θ密切相关。随着θ角的增加，所获得的针刺毡的体积分数逐渐增加。显然，当针刺角$\theta=0$时，针刺毡的纤维体积分数最低。

二、三维纺织复合材料预制件的结构

（一）三维机织结构

三维机织结构是由接结纱线（接结经纱或接结纬纱）在织物的厚度方向上将若干层重叠排置的二维机织结构接结起来，使之成为整体性能良好的三维结构。

1. 三维机织物的基本组织　通过接结组织的变化，可获得多种的三维机织物（Three-dimensional woven fabrics）。典型的三维机织物结构如图3-10所示，即三维角联锁结构、三维正交结构、三维夹芯结构等。

（1）三维角联锁结构（Three dimensional angle-interlock structure）。可分为贯穿角联锁结构、分层角联锁结构等。贯穿角联锁结构是指经纱穿透织物的整个厚度，并和各层纬纱呈斜角度（45°）依次交织；分层角联锁结构是指接结经纱不发生厚度方向的贯穿，只是在层与层之间进行斜向交联，如图3-10（a）所示。三维角联锁结构的基本特征：所有的接结经纱沿厚度方向在相邻的两列纬纱中穿过。接结经纱的存在，增加了织物的厚度，并提高了厚度方向的性能。

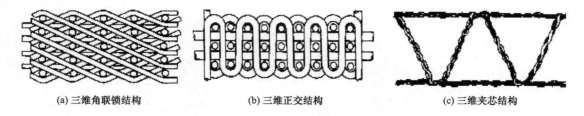

(a) 三维角联锁结构　　　　(b) 三维正交结构　　　　(c) 三维夹芯结构

图3-10　典型的三维机织结构

（2）三维正交结构（Three dimensional orthogonal structure）。该结构中有三个系统的纱线，即地经纱、纬纱和接结经纱（或称缝经纱），呈正交状态配置而组成一个整体，如图3-10（b）所示。三维正交结构的基本特征：地经纱和纬纱呈无弯曲、伸直状态，承载时变形小、强力大；地经纱和纬纱不交织但交替重叠为多层，以此来增加织物的厚度；接结经纱的存在，使织物中的三个方向（经向、纬向和厚度方向）均有纱线存在，保证了复合材料在各个方向的机械性能，尤其是提高了厚度方向的性能。

（3）三维夹芯结构（Three dimensional hollow sandwich structure）是指在两个平行的织物平面结构之间由一组垂向接结纱或织物相连接的三维机织物，如图3-10（c）所示。三维中空结构的基本特征：能通过接结纱的数量及结构的设计来满足织物厚度方向增强的要求，具有优良的结构整体性和可设计性。

2. **三维机织物的几何结构**　三维机织结构一般由四种纱线系统组成，分别是经纱、纬纱、接结经和填充纱，如图3-11所示。上述的四种纱线系统，接结经最具特征性，由于接结组织的变化，可演变出不同种类的三维机织结构。接结方式决定了接结经的取向，对于正交接结的结构，接结经的取向基本为厚度方向；而对于角联锁接结的结构，接结经的取向则与厚度方向呈一定的角度。纱线系统的数量分布和取向，包括接结经纱长度、取向角、纤维体积分数等，决定了三维机织复合材料在特定方向上的性能，是复合材料性能设计的关键要素。

图3-11　组成三维机织结构的纱线系统

在结构单元中，接结经沿其轴向的几何形态如图3-12所示。假设纱线的截面形状为跑道形，则接结经在长度方向上可分为八段，其中P_0P_1、P_2P_3、P_4P_5和P_6P_7为直线段，P_1P_2、P_3P_4、P_5P_6和P_7P_8为圆弧段。

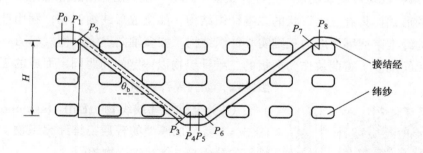

图3-12　接结经的几何形态

在一个结构单元中，接结经的长度L_b是上述直线段和圆弧段的总和。则对于三维角联锁结构，其接结经纱长度为：

$$L_b = 2\left[A_w - B_w + \left(\theta_b + \frac{1}{\tan\theta_b} \right)(B_w + B_b) + \frac{100\,(n_{ft}-1)}{P_w\cos\theta_b} \right] \tag{3-11}$$

对于三维正交结构，其接结经纱长度为：

$$L_b=2\left[A_w-B_w+\left(B_w+B_b\right)\left(\theta_b+\frac{n_{ft}-1+\cos\theta_b}{\sin\theta_b}\right)\right] \quad （3-12）$$

式中，A、B为纱线截面的长、短直径；下标w、b分别表示纬纱和接结经纱；θ_b为接结经的取向角；n_{ft}为接结深度，即接结经在织物厚度方向所穿越过的纬纱行数。

根据接结经的几何形态，还可计算出接结经斜向纱段的取向角。对于三维角联锁结构，其接结经纱取向角为：

$$\theta_b=\arcsin\left(\frac{B_w+B_b}{100/P_w-A_w+B_w}\right) \quad （3-13）$$

对于三维正交结构，其接结经纱取向角为：

$$\theta_b=\arcsin\left(\frac{a_1+\sqrt{a_1^2-a_0a_2}}{a_0}\right) \quad （3-14）$$

式中，$a_0=\left(100/P_w-A_w+B_w\right)^2+\left(B_w+B_b\right)^2\left(n_{ft}-1\right)^2$；$a_2=n_{ft}\left(2-n_{ft}\right)\left(B_w+B_b\right)^2$。

根据组成三维机织结构各纱线系统的纱线长度和取向角，若给定各纱线系统中的纱线根数并已知纱线的截面积，就可以通过下式来估计材料的纤维体积分数：

$$V_f=\left(\frac{\left(n_bL_bS_b+n_jL_jS_j+n_sL_sS_s+n_wL_wS_w\right)k}{L_xL_yL_z}\right)\times100\% \quad （3-15）$$

式中，n为纱线根数；下标b、j、s、w分别表示接结经纱、经纱、填充纱、纬纱；L为纱线长度（mm）；S为纱线截面积（mm²）；k为纱线的纤维填充因子；L_x、L_y、L_z为结构单元的尺寸（mm）。

（二）三维针织结构

三维针织结构是由一系列纱线线圈相互串套连结而成的具有一定厚度的针织物，其基本单元为线圈。

1. **三维针织物的基本组织**　三维针织物（Three-dimensional knitting fabrics）主要有三种不同的形式：具有三维形状的二维针织结构，如全成形纬编织物；利用针织线圈将多层铺设的纤维束捆绑而成的三维实心针织结构，如多轴向经编织物，如图3-13所示；利用线圈（间隔纱）将两块作为面板的二维针织物以一定的间距固定而成的三维空心针织结构，如间隔针织物。

（1）全成形纬编织物（Fully fashioned knitting fabrics）就是加厚型的普通二维纬编织物，其结构和性能的分析与二维纬编织物相同。

（2）间隔针织物（Interval knitting fabrics）是指利用线圈（间隔纱）将两块作为面板的二维针织物以一定的间距固定而成的三维空心针织结构。间隔针织物可有效地降低结构材料的重量，并具有较好冲击能量吸收能力和抗震性能，但在其结构和性能方面的研

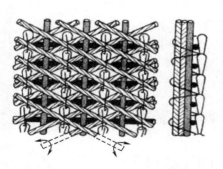

图3-13　多轴向经编织物结构

究还不够成熟。

（3）多轴向经编针织物（Multi axial warp knitted fabrics）是指用针织线圈将多层铺设的纤维束捆绑而形成的三维实心针织结构。多轴向经编针织物在复合材料领域最具应用潜力，织物由经纱（0）、纬纱（90°）和偏轴纱（±θ）分层铺设，层与层之间不形成交织，由少量的经编线圈在厚度方向将纱线固定，使之形成一个整体结构。

2. 三维针织物的几何结构　在复合材料领域最具应用潜力的是以多轴向经编针织物为代表的针织结构。对于多轴向经编针织物，影响结构性能的主要因素是面内的铺层形式，而针织线圈所起的作用仅是将多向铺层结构捆绑起来，对织物的力学性能贡献相对不明显。

Du和Ko根据4层多轴向增强经编织物提出了理想化的结构几何单胞模型，如图3-14所示。假设：经编纱为圆形截面弹性体，且是完全柔软的，可变形但不可压缩和伸长；经编纱围绕在衬纱跑道形截面上；经编纱内部摩擦力不计，各部段是理想状态弯曲；织物内纱线间接触紧密，即经编纱形成的是最紧密的线圈结构，而且经编纱的弯曲部分可理想化地看成矩形。

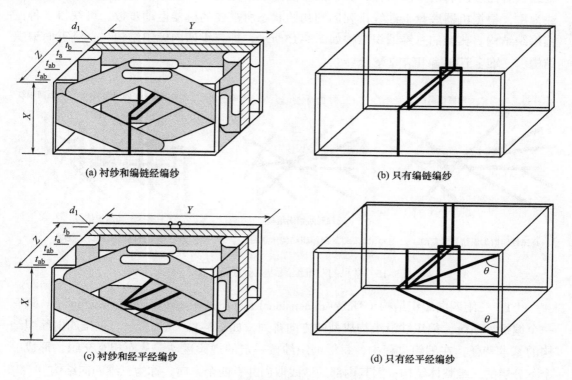

(a) 衬纱和编链经编纱　　　　　　(b) 只有编链经编纱

(c) 衬纱和经平经编纱　　　　　　(d) 只有经平经编纱

图3-14　多轴向织物的几何单胞模型

由此可推导出：

（1）以编链为地组织的经编多轴向织物，单元体内纱线的长度为：

$$l=3L_x+2\left(\frac{3}{2}d_x+L_x\right) \tag{3-16}$$

（2）以经平为地组织的经编多轴向织物，单元体内纱线的长度为：

$$l=3L_x+2\left(\frac{3}{2}d_s+L_x\right)+\sqrt{L_x^2+L_y^2} \tag{3-17}$$

L_x、L_y为单胞高度和宽度，d_s为经编纱直径。从该单胞的几个结构模型，亦可推导得到纤维体积含量、斜向衬纱取向角等参数。

实验证明，经编多轴向单胞分析模型的纤维体积分数理论值比实际值大，一方面是纱线之间假设是紧密等带来误差，另一方面没有充分考虑制造过程中纱线变形等问题。但是，此模型在一定误差范围内对多轴向织物的加工工艺及复合材料制备具有重要的指导价值，为进一步预测加工工艺参数奠定了基础。

（三）三维编织结构

三维编织结构（Three dimensional braided structure）是指所加工的编织物的厚度至少超过编织纱直径的3倍，并在厚度方向有纱线相互交织的编织方法。

1. 三维编织物的基本组织　与纺织复合材料密切相关的是三维编织技术，典型的三维编织有四步法和两步法两种，其中四步法是最常见的一种三维编织方法。本节以四步法为主，根据机器底盘上纱线排列回到初始状态所需要的机器运动步数，可获得多种三维编织结构。典型的三维编织结构如图3-15所示，即三维四向编织结构、三维五向编织结构、三维全五向编织结构等。

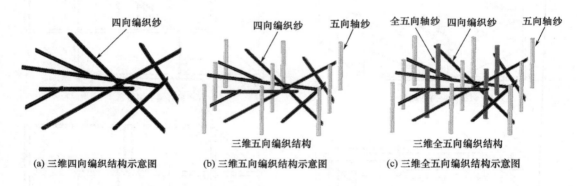

(a) 三维四向编织结构示意图　　(b) 三维五向编织结构示意图　　(c) 三维全五向编织结构示意图

图3-15　常见的三维编织结构示意图

（1）三维四向编织结构（Three-dimensional four-directional braided structure）。只有一个编织纱系统，编织纱沿织物成型的方向排列，如图3-15（a）所示。三维四向编织结构的基本特征：在编织过程中，每根编织纱按一定的规律运动，从而相互交织，形成一个不分层的三维整体结构；因其内部的纱线取向共有四个方向，称为三维四向结构。

（2）三维五向编织结构（Three-dimensional five-directional braided structure）。有两个系统纱线，一个是编织纱系统，另一个是轴纱系统，如图3-15（b）所示。三维五向编织结构的基本特征：在不影响编织纱运动规律的前提下，沿编织成型方向在部分编织空隙中引入不参与编织的第五向纱线（即轴纱），形成一个新的不分层三维整体结构。三维五向编织结构因为轴纱的加入，不仅具有三维四向结构所有的内部特征，而且大大提高了复合材料的纤维体积分数，改善了材料沿轴向的力学性能。

（3）三维全五向编织结构（Three-dimensional full five-directional braided structure）。也有编织纱和轴纱两个系统纱线，如图3-15（c）所示。三维全五向编织结构的基本特征：在不影响原来编织纱运动规律的前提下，沿编织成型方向在所有编织空隙中均引入轴纱，形成一个全新的三维整体结构。三维全五向编织结构因为轴纱的增多，其轴向力学性能比三维五向、三维四向编织结构复合材料更好。

2. 三维编织物的几何结构　表示三维编织物（Three-dimensional braided fabrics）的几何结构参数有编织节长、编织角、纤维纱直径、纤维体积分数、编织物的外形尺寸等。以四步法1×1方型编织为例，编织物的基本参数可以用其主体部分编织纱的行数和列数来表示。对于$m \times n$的编织物，总的编织纱数量N为：

$$N = mn + m + n \qquad\qquad （3-18）$$

式中，N为编织纱线总根数；m为主体携纱器行数；n为主体携纱器列数。

在三维编织结构中，按照编织规律的不同，可以将编织纱分为G组，组内的每根编织纱具有相同的编织规律，仅在相位上存在差距；而组与组之间，编织纱的运动规律完全不同。组的数量为：

$$G = m/（\lambda_{mn}） \qquad\qquad （3-19）$$

式中，G为编织纱组数；λ_{mn}为m和n的最小公倍数。

假设编织纱的截面为圆形，则三维编织物内部细观结构的理想模型如图3-16所示。图3-16（a）和图3-16（b）表示了沿编织物纵向并与其侧面成45°的切面的剖视图，

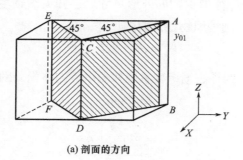

(a) 剖面的方向

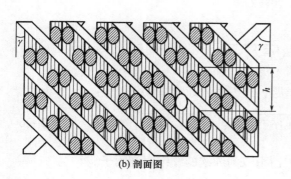

(b) 剖面图

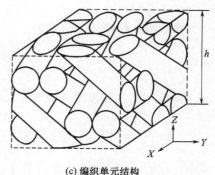

(c) 编织单元结构

图3-16　编织物内部结构的细观模型

图3-16（c）为一个编织单元的结构示意图。可以看出，由四步法编织的三维编织物内部，编织纱有四个取向，其中两个平行于XZ平面，另两个平行于YZ平面。然而，不论编织纱的取向如何，它们均与编织物的纵向（Z轴）成γ角，且下列关系式成立：

$$\tan \tan\gamma = \frac{4d}{h} \tag{3-20}$$

四步法一个编织循环内，出入编织物表面编织纱的横向位移要小于内部编织纱，而纵向位移则与内部编织纱一致，因此，出入表面的编织纱的取向角要小于内部的取向角γ。内部编织纱的取向角γ、出入表面编织纱的取向角β以及表面编织角α之间的关系可参考图3-17而得：

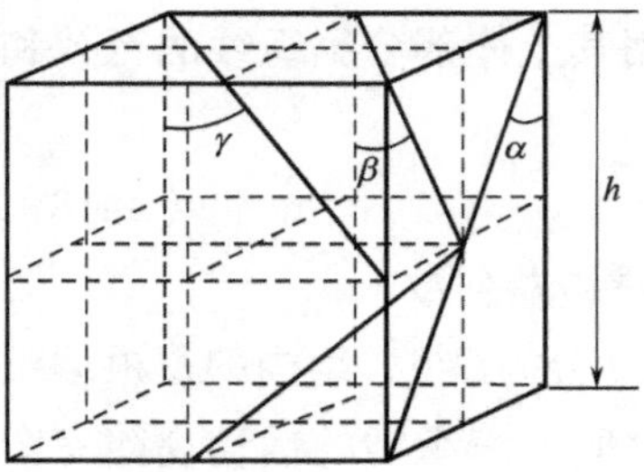

$$\tan \tan\alpha = \frac{\tan \tan\gamma}{2\sqrt{2}} = \frac{\tan \tan\beta}{2\sqrt{2}} \tag{3-21}$$

从图中可以看出，表面编织角实际上是表面编织纱的取向角在该表面上的投影。

每一根编织纱总是周期性地在编织物的内部或表面出现，而从编织物的任何横截面看，有内部编织纱和表面编织纱之分，两者的取向角不同。一个$m \times n$的编织物，内部编织纱的数量为（$m \times n - m - n$），表面编织纱为$2(m+n)$。若忽略表面的编织纱，仅以内部编织纱为代表来分析三维编织物的结构和性能，则仅在内部编织纱数量足够多的情况下才能有比较准确的结果。

图3-17　编织纱几个典型角度间的关系

可根据编织纱的直径计算编织物的外形尺寸。已知编织物主体部分编织纱在某一侧面的根数为k（$k=m$，n），则编织物在该面的尺寸：

$$W_k = d \times \left(\sqrt{2}k + 1\right) \tag{3-22}$$

由图3-16（c）可知，四步法编织物单胞和编织纱的体积分别为：

$$U = h^3 \tan^2\gamma \tag{3-23}$$

$$Y = \frac{8\pi\left(\dfrac{d}{2}\right)^2 h}{\cos^2\gamma} \tag{3-24}$$

则单胞的纤维体积分数为：

$$V_f = \frac{\pi k}{8h}\sqrt{h^2 + 16d^2} \tag{3-25}$$

考虑到内部和表面编织纱在长度上的差距，编织物的纤维体积分数为：

$$V_f = \frac{\pi k}{h\left(6.828 + 1.172c_i\right)}\left[c_i\sqrt{h^2 + 16d^2} + (1-c_i)\sqrt{h^2 + 4d^2}\right] \tag{3-26}$$

式中，c_i为内部编织纱数量占整体编织纱的比例；k为纱线的纤维填充因子。

第三节　纺织复合材料预制件的制备技术

一、二维纺织复合材料预制件的制备技术

（一）二维机织技术

二维机织工艺为纺织复合材料制备提供了一种大规模生产纺织复合材料预制件的低成本方法，它是将经纱和纬纱分别沿0°和90°方向延伸并且相互交织，形成织物。图3-18是二维机织工艺的原理图。

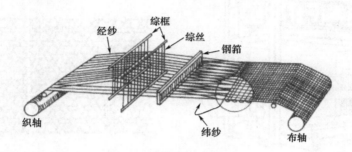

图3-18　二维机织工艺的原理图

1. **二向机织**　二向机织织造过程中，经纱在综框的作用下分成上下层，形成梭口。纬纱受载纬器（梭子或其他的形式）的牵引进入梭道，然后由钢箪推向织物前缘并与经纱产生交织。上述运动周而复始，而织好的织物被卷绕在卷布轴上。

现代织机可分为有梭织机和无梭织机两大类。有梭织机织造的特征：在织物两侧形成平整光滑的布边；但由于梭子的截面尺寸较大，要求梭口的尺寸相应增加，这将导致较大的经纱负荷；并且梭子的质量较大，影响了织造速度和效率的提高。无梭织机织造的特征：采用较小尺寸的载纬器或高压流体（压缩空气或水）将纬纱引入梭口；载纬器每次仅携带一根纬纱通过梭口，其本身并不具备储存纬纱卷装的功能，因此，载纬器的截面尺寸较小，对梭口尺寸的要求比有梭织机要小得多，经纱因开口所导致的负荷也相应较小；由于每根纬纱在引纬时必须被剪断，因此，在织物两侧边缘留下纬纱的端头，形成"毛边"。不同织造规律的纱线必须设置在不同的综框内，并由综框带动做有规律的上下运动。不同的综框组合和不同的综框运动规律决定了织物的组织结构，如平纹、斜纹或缎纹组织等。

二向机织物在经向和纬向都展示了很好的尺寸稳定性；缺点是织物的各向异性与较低的面内抗剪性能。

2. **三向机织**　三向机织工艺打破了传统二向机织物的构成方式，代之由三组纱线相互以60°的角度交织而形成织物。图3-19是美国Barber Colman公司制造的TW-2000型三向织机的外形图。自上而下由八个单独的经轴送出，然后经过后梁、经停装置、分纱箪和长度补偿装置，再向下进入梭口形成机构。织机的梭口形成机构中有开口综片，每一

开口综片的综眼中穿有经纱，综片由共轭凸轮通过连杆等零件传动，从而使经纱形成梭口。织造过程中综片还受移综机构的控制而沿纬纱方向做间歇运动。纬纱头端自织机左侧的筒子上拉出，然后由一对刚性剑杆引过梭口。打纬机构共有2个梳状打纬器，它们分别安装在织口区的两侧，轮流将引入梭口的纬纱向下打入织口。织好的织物被卷绕在卷布轴上。三向机织物没有边组织，其布边需要借助于自身的组织循环来完成。目前人们已经开发出平纹和双平纹两种基础组织的三向织物，主要用于飞艇、气垫船的基布等。

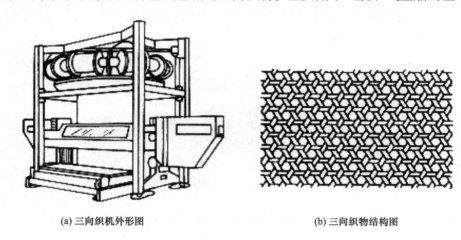

(a) 三向织机外形图　　　　　　　　　　　　　(b) 三向织物结构图

图3-19　三向织机与三向织物结构图

三向织物具有优良的撕裂强度，并且比二向机织物有较突出的各向同性，此外，在织物的抗顶破方面也有独特优势，结构形态稳定性较好；缺点是织机的产品适应性差且生产效率低，产品的用途也较窄。

（二）二维针织技术

针织是将单一系列纱线沿经向或纬向串套形成具有线圈结构的织物的过程。根据加工原理的不同，针织分为经编和纬编两种。纱线沿经向（0°）串套形成具有线圈结构的针织工艺称为经编；纱线沿纬向（90°）串套形成具有线圈结构的针织工艺称为纬编。图3-20是针织工艺成圈过程示意图，图中织针上已套有旧线圈（此时针钩由压片压下，以免钩入旧线圈），再使旧线圈从针上脱下套到新线圈上，这样就形成了一个横列，如此反复即可形成针织物。

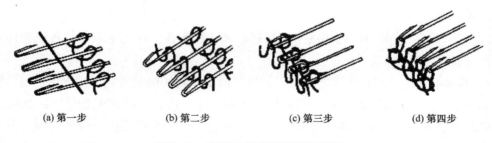

(a) 第一步　　　　(b) 第二步　　　　(c) 第三步　　　　(d) 第四步

图3-20　针织工艺成圈过程示意图

1. **经编**　二维经编与纬编织物结构示意图如图3-21所示。经编结构所形成的线圈沿垂直方向或经纱方向排列，由相邻的纱线相互套接而成。所有的纱线均卷绕在经轴上，经轴位于编织区的后方和上方，所有的纱线同时喂入编织区；在套接过程中，每根纱线都由单独的针控制；但是，导纱梳栉控制着纱线的位置，每次成圈时所用的针可能会变化。可以使用提花机构实施对针的控制，以生产花型复杂的经编织物。鉴于经编所采用的工艺、供纱装置的位置以及平行纱线间的相互套接等特点，有时人们把它称为经编织机。经编织机一般是平幅排列织针，众多钩针每一只针分别带动一根纱线与左右邻近的纱线绕结成套。

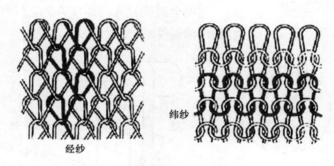

图3-21　经编、纬编织物结构示意图

2. **纬编**　纬编织机一般是圆环形排针，称为圆机，也称针织机。钩针携带纱线依次穿入上一根针形成的线圈后，构成新一层线圈，循环织入纱线。大圆机旋转一周可以织入数十根纱线，所以纬编是效率较高的一种织造方法。纬编针织物分单面和双面两类。单面纬编针织物在单针床（筒）纬编针织机上织成，一面为正面线圈，另一面为反面线圈。双面纬编针织物在双针床（筒）纬编针织机上织成，正面线圈分布在针织物的两面。

二维针织结构预制件的特点：经编与纬编针织物都可用作复合材料的增强结构，特别是作为柔性复合材料增强结构，且针织物具有较好的柔韧性以及良好的复合材料成形性能；缺点是由于织物中存在大量线圈，用其制成复合材料的纤维体积分数较低。

（三）二维编织技术

虽然编织在传统的纺织加工中不是一种主要的生产工艺，但它却是生产纺织复合材料预制件的最重要的一种方法。编织是由三根及以上的纱线体系按不同的规律同时运动，相互交织而形成织物的过程。它可分为圆形和平面编织两种工艺。

1. **圆形编织**　在圆形编织工艺中，一般只有一个编织纱系统。编织准备工序：第一步，根据所需的织物结构确定所用的载纱器数目；第二步，将载纱器按一定的规律排放在封闭的"8"字形轨道盘上；第三步，将卷绕着纱线的纱管安放在载纱器上；第四步，把所有的纱线通过成形板集中在卷取装置上。

圆形编织工艺原理如图3-22所示。编织纱分为两组，一组绕机器中心顺时针回转，

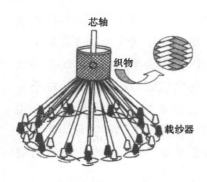

图3-22　圆形编织工艺原理

另一组逆时针回转。载纱器沿封闭的"8"字形轨道进行内外交替转移，从而使两组编织纱相互交叉形成管状编织结构。由于载纱器的速度是固定的，故圆形编织物的编织角会随着织物卷取速度而变化。

2．**平面编织**　与圆形编织工艺不同，平面编织机的"8"字形轨道不封闭，如图3-23所示。在平面编织机中，当载纱器到达其循环的端点后，从"8"字形轨道的一侧绕到另一侧。因此，在纱线到达织物的边缘后，它就会改变原先的运动方向。如此反复，即形成平面编织预制件。

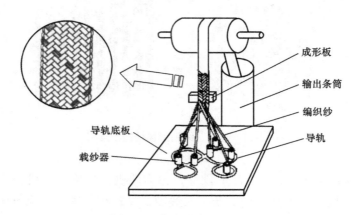

图3-23　平面编织工艺原理

二维编织预制件具有优异的仿形加工性以及良好的力学性能，已被广泛用于制造各种异型截面的纺织预成形件；缺点是生产效率较低，且制品的尺寸受到一定限制。

（四）二维非织造技术

二维非织造织物是指由纤维不经传统织造工序而直接形成的网状或絮状的纤维集合体。它是一种将增强纤维开松并制成纤网，然后借助于机械或化学的结合力将纤网内的纤维固结而制成非织造织物的过程。非织造织物的制造有两个主要步骤：纤维成网和纤网内纤维固结。

1．**纤维成网**　纤维成网工艺原理如图3-24所示。纤维成网的工艺使用了包有针布的滚筒（锡林、道夫、工作辊和剥取辊），将杂乱无章的纤维分梳成排列规律的单纤维，然后通过纤维的转移和凝聚作用形成薄网或絮片。梳理机通常使纤维沿纤网运动的方向排列（机器方向，用MD表示），纤网的纵向强力要比横向（用CD表示）强力大，MD与CD的强力比值大约是10∶1。工艺过程中如果有纤网交叉叠合，纤维的排列方向就会由纵向变为横向；如果在连续输送纤网的同时，又将纤网折叠起来，就会出现纤维排列的不规则现象，从而使MD与CD方向上的强度较为接近。根据上述原理，一些梳理机通过增加杂乱辊或通过控制各滚筒速度使纤维尽量不在同一方向上排列。

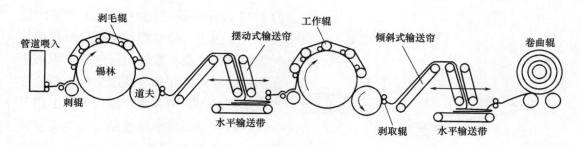

图3-24 纤维成网工艺原理示意图

另一种使纤维尽量不排成同一方向的方法，就是让包缠有金属针布的罗拉（梳理机和开松系统）处剥下的开松纤维进入气流中，然后将纤维凝聚在慢速移动的筛网或尘笼上，这种生产方法通常被称为气流成网法。除了输送纤维之外，气流还可作为纤维的分散介质，将纤维制造和纤维成网结合到同一工序中。

2. **纤维固结** 纤网固结方法示意图如图3-25所示。纤网固结的必要性：当纤维通过非织造工艺形成网状或絮状材料时，纤维之间的结合力很小，纤网的强力较弱；要增大强力，必须使纤维间产生缠结或用附加的黏合剂使之固结。常用的纤网加固方法有机械加固、化学黏合和热粘合等工艺方法。

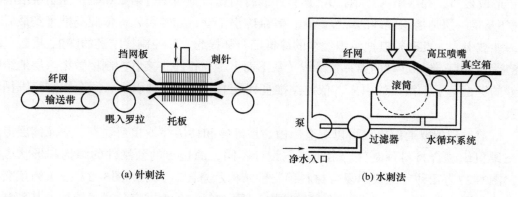

图3-25 非织造工艺中纤维的固结方法

非织造结构预制件的特点：经非织造方法所加工的纤网，由于纤维排列的随机性，使非织造结构增强复合材料具有比其他纺织结构增强复合材料有较明显的各向同性特点；同时，从加工成本和效率等方面来看，非织造织物的加工工艺和产品也具有相当强的竞争优势。但是，若对复合材料的力学性能有较高的要求，或者若强调材料性能的可设计性，作为复合材料的纤维增强形式，非织造结构并不是一种常见的选择。

二、三维纺织复合材料预制件的制备技术

（一）三维机织技术

二维机织预制件仅在0°和90°方向上拥有增强纤维，以其为增强体的层合板结构复

85

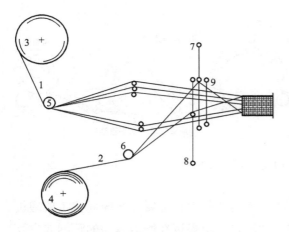

图3-26　三维机织工艺原理图

合材料具有较低的抗冲击性能和层间强度。为了改善二维机织结构复合材料的抗冲击和层间性能，发展出了三维机织结构预制件，即将各相邻纱线层进行连结（称为分层接结），或在整个厚度方向上用另一组纱线将全部纱线层连结（称为贯穿接结），在织物的厚度方向上引入增强纤维，来增强复合材料厚度方向的力学性能。图3-26为三维机织工艺原理图。

1. 多层机织　三维机织工艺利用多层经纱或多层纬纱织造的方法，将若干经纱和纬纱层相互接结而形成三维机织复合材料预制件。如图3-26所示，地组织经纱1从织轴3上退绕，绕过经纱导杆5，然后按其在厚度方向的不同层次，将这些经纱分为若干组，并分别穿入对应综框；与此同时，接结组织经纱2从织轴4上退绕，通过导纱杆6后，穿入另一组综框7、8。经纱的开口运动由综框的上下运动控制。当织造第一纬（从上而下）时，控制接结经的综框8提起，其余综框不动，形成梭口，纬纱引入，钢筘9前摆将纬纱打向织口；当织造第二纬时，控制接结经的综框8及第一层地组织经纱的综框提起，其余综框不动，纬纱引入；依此类推直到最后一根纬纱被引入。此时控制地组织经纱的综框已全部提起，让控制接结经的综框7提起、综框8落下，引入新纬纱列的第一根纱线（从下而上），打纬；接着控制倒数第一层地组织经纱的综框落下，第二纬引入，依此类推直到最上一根纬纱被引入，一个织物组织循环结束。

目前，利用普通织机已可以织造出由17层经纱和18层纬纱相互垂直、交叉铺层形成的三维机织复合材料预制件。由于工艺设计不同，织造出的预制件的结构和形状也不同，图3-27为几种三维机织复合材料预制件结构示意图。其中，图3-27（a）为正交接结结构；图3-27（b）为分层正交接结结构；图3-27（c）为贯穿角联锁结构，其预制件较为柔软，织物的成形性能好；图3-27（d）和图3-27（e）为两种空心梁结构，这种类型的织物通常需要在具有双层梭口的织机上织造。但对于某些空心梁结构（如管状结构等），也可利用"压扁—织造—还原"法先将管状结构转换为实心结构，在普通织机上完成织造，然后对织物进行必要的裁剪、折叠、修饰或展开，即获得需要的机织复合材料预制件。

2. 三维间隔　机织间隔织物（Woven distance fabrics）是指在两个平行的织物平面结构之间由一组垂向纱或织物相连接的三维机织物。机织间隔织物按不同的织造原理分为接结法和"压扁—织造—还原"法两大类。间隔型三维机织物的织造原理类似于接结经接结的多层织物，复杂之处在于完成层与层之间接结的可以是一组经纱（称垂纱），也可以是一层织物（称垂纱交织物）。这两种接结方式分别称之为垂纱接结间隔型

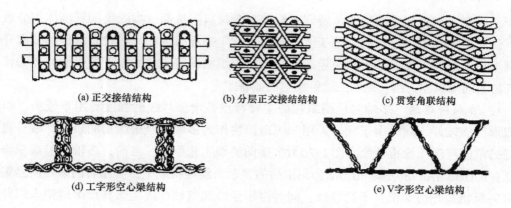

(a) 正交接结结构　　(b) 分层正交接结结构　　(c) 贯穿角联结构

(d) 工字形空心梁结构　　　　　(e) V字形空心梁结构

图3-27　三维机织复合材料预制件结构示意图

（图3-28）和垂纱交织物接结间隔型（图3-29）。

图3-28　垂纱接结间隔型织物的经向剖面图

图3-29　垂纱交织物接结间隔型织物的经向剖面图

接结间隔织物可在双经轴单梭口有梭织机上织制。但是由于间隔型织物接结经纱跨越织物上下两表面，在一个织造周期内，张力波动剧烈，并且这种张力波动随织物的间隔加大而增加。这种剧烈的张力波动将使织机原有的定张力积极送经系统难以稳定正常地起作用。因此，普通有梭织机织造间隔织物时，采用机械式定长送经装置，即在经轴或纱筒架与织口之间，加装能对经纱进行定长摩擦传动的四辊式机械定长送经装置，使经纱送出速度不受经轴直径由大变小的影响，实现平稳均匀的定长积极送经，保证间隔机织物上、下表面织物之间的间隔距离恒定不变，保证了织物的质量。

（二）三维针织技术

针织技术是一种潜在的能高速生产三维纺织预成形件的加工方法。事实上纬编工艺很早就被用来生产三维针织物，如各式帽子或手套等。从结构形式上分析，它们非常适合于三维复合材料的骨架结构，特别是柔性复合材料。然而这类织物的纤维体积分数较低，使其应用受到一定限制。基于上述考虑，近年来纤维体积分数较高的经编技术开始受到人们的重视，尤其是多轴向经编工艺与间隔织物织造工艺。以下就多轴向经编针织物与经编间隔织物为例，说明三维针织物的制备工艺。

1. **多轴向经编**　多轴向经编织物的主要特点是增强纱线的强度利用率较高，织物的成形性能较好，同时由于允许采用非织造织物作为多轴向经编织物的表面，故可提供更好的基体浸渍和涂覆性能，图3-30为多轴向经编工艺原理。目前，多轴向经编织物主要是在KARL MAYER公司和LIBA公司出品的多轴向经编机上生产。前者的多轴向经编机织出的织物是光边结构，节约纱线，同时由于经纱和偏轴纱线能够有规律地垫入织针之间，衬纬纱垫在针背，不会使线圈发生变形，也不会被织物刺破而导致纤维损伤；其缺点是产量较低（织物幅宽1.6m，车速为300～400r/min），占地面积也较大。后者的多轴向经编机织出的织物是毛边结构，需要剪布边，纱线浪费较大，而且偏轴纱线先铺覆再衬入，有被上升织针刺破的可能；但是LIBA的多轴向经编机的纱线行程较短，因此，纱线张力易控制，设备产量也较高（织物幅宽2.5m，车速500～600r/min）。

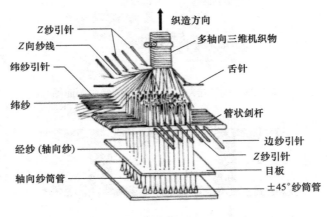

图3-30　多轴向经编系统示意图

2. **经编间隔织造**　经编间隔织物是指在双针床拉舍尔经编机上，将两个针织物面层用纱线连接而构成的夹芯织物。实践中，该织物至少需要两个上下面层纱线系统和一个间隔纱线系统才能编织而成。间隔纱线系统通常使用单丝，它贯穿于两个织物面层之间，并在其间形成一个间隔层。根据产品要求，两个织物面层可以具有不同的密度或花型组织。理论上要求编织时最少用4把梳栉，一般采用5～7把，如图3-31（a）所示。连接两个织物面层纱线的线密度由两织物层的间距和采用的梳栉把数确定。针床之间的距离在一定范围内可调节，它与间隔织物的间隔距离相关。图3-31（b）为采用该工艺制成的两个针织物面层皆为平纹结构的经编间隔织物。

最近人们开发了在双针床拉舍尔经编机上织造3D经编间隔织物的新工艺。这种工艺除了使用传统的经编结构外，还在地织物结构中采用了DOS（Directionally oriented

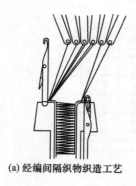 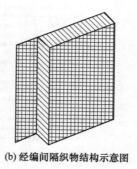

(a) 经编间隔织物织造工艺　　　　(b) 经编间隔织物结构示意图

图3-31　经编间隔织物织造工艺

structures）技术，在使用前后针床上分别织出的两个织物面层和中间纱线连接3D结构的同时，还可在经编地结构中以衬经衬纬的方式织入平行和无卷曲的经纱，由此提高经编间隔织物的面内性能。

（三）三维编织技术

三维编织是从二维编织发展起来的，但在机器构造、编织原理和织物结构等方面，两者有着很大的不同。三维编织所织造的织物具有一定的厚度，这个厚度至少是编织纱直径的3倍，而且是一个不分层的整体结构，即在厚度方向上必然有编织纱通过并且交织。因此，以三维整体编织结构增强的复合材料的性能，特别是厚度方向上的性能，会比二维编织结构增强复合材料的性能具有明显的优越性。以下以四步法、二步法为例，说明三维编织物制备工艺。

1.　**四步法**　采用四步法编织工艺时，编织纱在机器导轨平台上的排列方式经过四个机器运动步骤后恢复到原来的排列方式。基本的四步法三维编织工艺见图3-32，它通常只有一个纱线系统，即编织纱系统（根据需要，允许添加不参与编织的轴纱，以形成三维五向、三维全五向等结构编织物）。编织纱沿织物成形方向排列，在编织过程中每根编织纱按一定的规律同时运动，从而相互交织，形成一个不分层的三维整体结构。

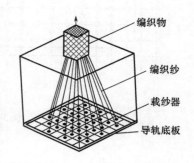

图3-32　四步法三维编织
工艺示意图

四步法编织是使每根纱线在织物中按不同的路径通过长、宽、厚三个方向，并且都不和织物形成方向平行，从而形成一个相互交织的三维四向结构。利用该工艺可以织造出多种形状的编织结构预制件，如矩形、方形、I形、T形、L形、Ⅱ形、U形及圆管形等。以下以三维全五向编织物为例，说明四步法编织的运动规律，如图3-33所示。

三维全五向编织工艺运动规律：第一步，"○"代表的编织纱携纱器沿行的方向按交替方式移动一个编织纱携纱器间距，"●"代表的不动纱携纱器随同行编织纱线携纱器运动，"⊙"代表的不动纱携纱器固定不变；第二步，"○"代表的编织纱携纱器沿列的方向

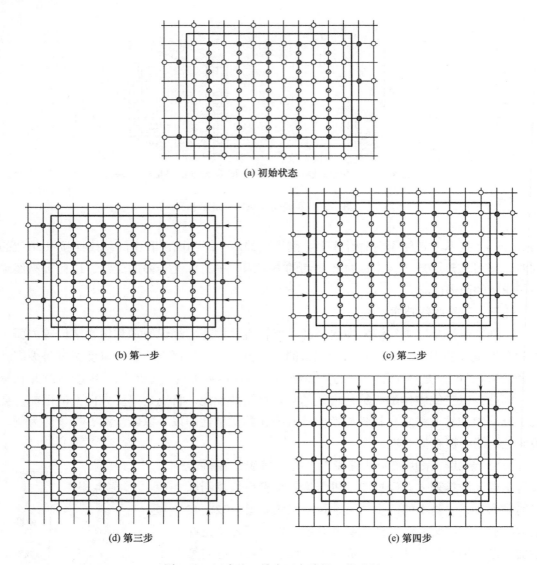

(a) 初始状态

(b) 第一步　　　　　　　　　　　　(c) 第二步

(d) 第三步　　　　　　　　　　　　(e) 第四步

图3-33　四步法三维全五向编织工艺过程

按交替方式移动一个编织纱携纱器间距，"○"代表的不动纱携纱器所在的列保持不动，"●"代表的不动纱携纱器固定不变；第三步与第一步的运动方向相反，第四步与第二步的运动方向相反。四步成一个编织循环，编织纱运行轨迹为"Z"型，经过S个循环后回到起始位置，其中$S=（mn+m+n）/（m$与n的最小公倍数），m代表编织纱的行数，n代表编织纱的列数，如编织纱H。此时，所有携纱器在编织机底盘上的排列方式恢复到初始状态，并通过沿z向的打紧工序，纱线间紧密接触，编织结构趋于稳定，此时所获得织物的长度定义为一个花节。重复上述运动，可获得相应尺寸的预制件。

2. **二步法**　采用二步法编织工艺时，编织纱线在机器上的排列方式经过两个机器运动步骤后即恢复到原来的排列方式。二步法三维编织工艺如图3-34所示。从表面上看，它和四步法很相似，所有的纱线都沿着织物成形的方向排列。但二步法有两个基本纱线系统，一个是轴纱，轴纱排列的方式决定了所编织骨架的横截面形状，它构成了纱线的主体部分，轴纱在编织过程中是不动的；另一个是编织纱，编织纱位于轴纱所形成的主体纱的周围。在编织过程中，编织纱按一定的规律在轴纱之间运动，这样编织纱不但相互交织，而且把轴纱捆绑起来，从而形成不分层的三维整体结构。

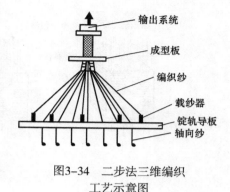

图3-34　二步法三维编织工艺示意图

（四）三维非织造技术

三维非织造通常是以半干预浸料（或预浸棒）及纱束等原材料，采用针刺、穿刺/置换或直接成形等方法形成三维预制件的过程，故相对于采用纺织加工技术制得的"干"的预制件而言，它们通常以"湿"的预浸料的形式出现。

1. **针刺法**　1980年代，欧洲动力公司（SEP）开发了Novoltex技术来制造三维碳/碳预制件，其制备原理如图3-35所示。这种工艺采用了专门设计的带有倒钩的针在预氧丝无纬布上进行针刺，当针回退时，针上带有的z向预氧丝纤维仍能留在原位，相邻铺层便被这些z向纤维连接起来。Novoltex制作工艺简单，产品形状和厚度不受限制，且制品性能优异。通过改变基体、织物类型、针型和单位面积上的针刺数目，能够方便地控制复合材料的纤维体积分数及纤维取向，因此，该制备技术可满足各种不同的功能与结构要求。目前，固体火箭发动机上的喷管喉衬、扩张段、延伸锥都可采用Novoltex预制件进行制造。

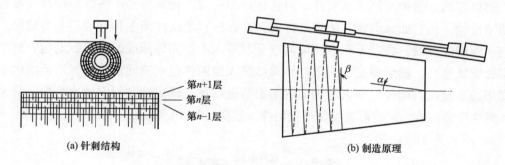

(a) 针刺结构　　　　　　　　　(b) 制造原理

图3-35　针刺法非织造工艺示意图

2. **穿刺/置换法**　穿刺/置换法是一种制造碳/碳三维复合材料的低成本生产工艺。图3-36示意了利用穿刺/置换法生产预制件的工艺过程。首先将二维的预浸料裁剪成设计尺寸，沿垂直方向叠层铺设，直至达到产品所需的厚度。使用金属杆刺穿叠层预浸料坯件，然后用纱线（也可用增强纤维预浸棒）置换金属杆，即形成一种具有三维正交结构的预制件。将预制件进一步碳化，其基体被碳化成碳，而一些低分子物质则变成气体逸出，碳便成为碳/碳复合材料基体的组成部分。

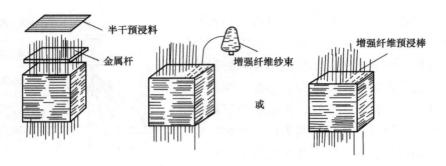

图3-36 穿刺/置换法非织造工艺示意图

这种工艺使用的预制件也可用经预氧化的聚丙烯腈毡，在后续工序中，预氧化的聚丙烯腈纤维与基体同时碳化，形成碳/碳三维纺织复合材料。

3. **直接成形法** 直接成形法是以刚性预浸棒和柔性纱束为原材料，首先将预浸棒排布成设计的阵列，然后引导纱束（或预浸棒）按一定规律运动穿过或绕过阵列中的预浸棒而形成预制件。轴向纱和周向纱均采用半干刚性预浸棒的称为硬编工艺，采用柔性纱束的则称为混编工艺。

典型的硬编工艺是Mullen和Roy于1972年提出的，如图3-37（a）所示。这种工艺是把半固化的石墨/酚醛预浸棒插到圆筒形砧辊的表面，起定位作用，然后分别沿砧辊的轴向和圆周方向交替插入单向石墨纤维预浸料，从而成形筒状预制件。

混编工艺是Brochiere在法国原子能委员会（CAE）的资助下，于1972年提出的连续生产工艺。该工艺后经美国AVCO/TEXTRON公司进一步开发，定型为全自动织造设备（AUTOWEAVE BR900、BR2000等）。AUTOWEAVE产品采用了酚醛泡沫塑料芯作砧辊，塑料芯的外形和圆筒形预制件的内孔形状相一致。径向棒是由酚醛和碳纤维复合制成的刚性棒，用它插入塑料芯的半径方向，并在塑料芯圆柱面上排列成单头等螺距、等周向间距的螺旋线。将若干根柔性周向纱同时喂入由径向棒形成的螺旋线通道，并形成一层螺旋线卷绕，随后将另一组柔性轴向纱喂入由两排径向棒间形成的梯形通道内。随着梯形通道宽度的增加，喂入的轴向纱的根数也增加。轴向纱和周向纱交替喂入梯形通道和螺旋形通道内，最后形成圆筒形预制件，如图3-37（b）所示。

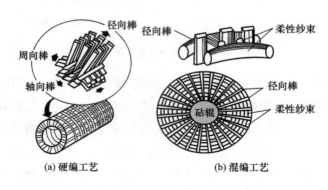

(a) 硬编工艺　　　　　　　　(b) 混编工艺

图3-37 直接成形法非织造结构示意图

（五）联合织造技术

1. **"针织/机织"联合织造**　"针织/机织"联合织造工艺是指将机织和针织结合起来的生产技术。这种新技术的工艺原理如图3-38（a）所示，呈阵列布置的纱线在导纱器的引导下纵向前行，织针（或带线环的缝纫针）将沿对角取向的偏轴纱线以+45°和-45°方向插入并沿厚度方向穿透织物。利用该技术织制的织物结构如图3-38（b）所示。该技术能够用于各种断面和宽度的平板织物的生产，但是在目前还只能够在织物的厚度方向上引入偏轴纱线。

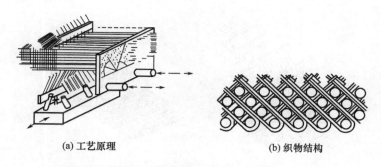

(a) 工艺原理　　　　　　　　　　(b) 织物结构

图3-38　"针织/机织"联合织造工艺及织物结构

2. **"针织/编织"联合织造**　"针织/编织"联合织造工艺是采用针织和编织相结合的工艺，将近似±θ°、0°缠绕的圆形织物在相交节点处通过线圈嵌套的方式（编链组织）结合在一起，使其在厚度方向进行固结，这种新技术的工艺原理如图3-39所示。其中图3-39（a）表示编织纱的运动方向，如奇数层的纱线若顺时针运动，偶数层的纱线则按逆时针方向运动；图3-39（b）表示缠绕纱的运动方向，黑色实心矩形"·"表示钩针的布针位置，每当纱线交叉至一定角度时，钩针便从最内层提起，直至钩住最外层"△"形处的纱线，实现对编织纱线的缠绕。

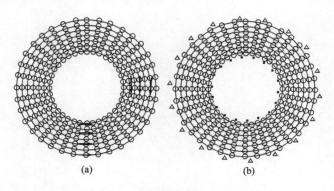

(a)　　　　　　　　　　(b)

图3-39　"针织/编织"联合织造工艺

"针织/编织"结构具有两个系统纱线，一个是编织纱系统，另一个是缠绕纱系统。织造工艺为：先根据所需要的编织纱数目来确定所用的载纱器数目，并将这些载纱器按照一定的规律排放在环形轨道盘上；然后将卷绕着纱线的纱管安放在载纱器上；织造过程中，相邻层的携纱器交错转动一个携纱器位置，纱线交叉形成一系列节点；缠绕纱利用针织编链组织原理将各节点缠绕以形成整体编织物。

3. "缝合/非织造"联合织造 缝合工艺是生产三维纺织复合材料预制件最简单的一种方法，但是缝纫会引起预制件面内纤维的损伤，并降低复合材料的面内力学性能。一种能够引入贯穿增强纤维而又不会引起显著面内纤维损伤的生产技术是"缝合/非织造"联合织造工艺，如图3-40所示。

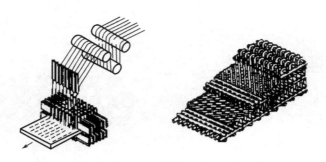

图3-40   "缝合/非织造"联合织造工艺及织物结构

在这种工艺中，一组管阵以预先决定好的间距被排放在一块基板上，接着一排纱线被成圈往复移动，并沿织物宽度方向穿过管阵。借助于成圈的纱线，在偏轴方向上形成第二个纱线层。依此类推，当在织物中形成若干个不同倾斜程度的多个纱线层后，使用插入相应导管中的缝纫针（或编织针）将贯穿纱线引入织物中，然后将贯穿纱线推向纤维床的厚度方向。与此同时，纱线在纤维阵列的底部绕过边纱而成圈，并将各层纱线有效结合起来形成预制件。通过改变基板，这种工艺能够制造多种三维形状的织物。

第四章　聚合物基体材料

第一节　概述

复合材料是由增强材料和基体组成的，对于聚合物基复合材料，在复合材料的成型过程中聚合物基体经过一系列物理的、化学的和物理化学的复杂变化过程，与增强材料复合成为具有一定形状的整体。基体材料为连续相，把单个纤维黏成一个整体，使单个的纤维共同承载，才能发挥增强材料的特性。在复合材料受力时，力通过基体传递给纤维，也就是说，基体起着均衡载荷、传递载荷的作用。纤维只有在基体的支撑下才能承受压力，同时基体防止纤维屈曲。另外，在复合材料的生产与应用中，基体起着保护纤维、防止纤维磨损的作用。对于纺织复合材料，基体树脂的黏度、适用期直接影响增强材料的浸渍、复合材料的铺层和预浸料的储存等。此外，纺织复合材料的力学、物理性能除了与纤维增强材料的种类、含量、纤维的排列方向、铺层次序和层数等有关外，还与所用的树脂基体密切相关。纺织复合材料的使用温度、耐环境性、力学性能和其他特定的某些功能性能（如阻燃性、抗辐射、耐腐蚀性等）在很大程度上取决于所用的树脂基体。因此，基体材料的性能直接影响复合材料的性能，更为重要的是，复合材料的成型方法与工艺参数的选择主要是由基体的工艺性质决定的。

由此可见，研究和了解基体树脂的构成、作用和性能，对于纺织复合材料的设计、制备与加工是相当重要的。本章节论述了常用树脂基体材料的基本性能、工艺特性、树脂的结构与性质以及应用范围等。迄今，聚合物种类繁多，按不同的方法可将其划分为不同的类别。例如，按化学结构，聚合物可分为聚烯烃类、聚苯乙烯类、聚酰胺类、聚醚类、聚酯类、丙烯酸酯类等；按结晶形态，则可分为结晶性树脂和无定形树脂两大类；按受热呈现基本行为，又可分为热塑性树脂和热固性树脂；按应用领域，可分为通用树脂和工程树脂。

第二节　树脂基体的性能及工艺

作为纺织复合材料的常用树脂体系，它的各项性能，如热物理性能、工艺性和力学性能等必须满足实际生产应用的需要。树脂的热物理性能主要包括玻璃化转变温度（T_g）、耐热氧化稳定性、热分解温度、阻燃性能和热变形温度等，它决定了复合材料的使用温度。树脂基体工艺性包括在溶剂中的溶解性、熔融黏度（流动性）和黏度的变化情况（工艺窗口）。树脂基体的力学性能包括在使用条件下的拉伸、压缩、弯曲和抗冲击性能和断裂韧性等力学性能指标。对于某些特殊应用，树脂基体还应具有优异的电性能和耐化学性能，包括耐溶剂性、自润滑性、耐腐蚀性等。对于有光学使用要求的树脂，还应考虑折光指数、透明度、颜色、耐气候性及光学稳定性等。

一、基体材料的基本性能

（一）力学性能

高性能树脂基体的力学性能主要包括拉伸强度和模量、断裂伸长率、弯曲强度和模量、冲击强度和表面硬度等。这些性能会随温度、加工和固化条件的变化而变化。与其他结构材料相比，高性能树脂基体的一个重要特征是黏弹性，即其性能依赖于作用温度和时间，由于存在黏弹性，高分子材料，尤其是热塑性树脂基体，在使用过程中会发生蠕变和应力松弛。

高性能树脂基体或具有刚性骨架，大分子主链上含有大量的芳杂环，有的共轭双键还以梯形结构有序排列，分子的规整性好；或具有高的交联密度。因此，高性能树脂基体一般具有高模量，但断裂伸长率和韧性偏低。

1. **强度与模量** 当考虑基体的力学性能时，还必须了解使用的时间、温度、环境等。复合材料的力学性能与聚合物基体的力学性能有密切的关系，而一般复合材料用的热固性树脂固化后的力学性能并不高。

决定聚合物强度的主要因素是分子内和分子间的作用力。聚合物材料的破坏是由主链上的化学键的断裂或是聚合物分子链间相互作用力的破坏引起的。由于工艺及内应力而使聚合物实际强度低于理论强度，其中内应力有的是杂质造成的。这样，在材料内部的平均应力还没达到它的理论强度以前，在缺陷部位的应力首先达到该材料的强度极限值，材料便从那里开始破坏，从而引起整个材料的断裂。

复合材料基体树脂的强度与复合材料的力学性能之间的关系不能一概而论。基体在复合材料中的一个重要作用是在纤维之间传递应力，基体的黏结力和模量是支配基体传递应力性能的两个最重要的因素，这两个因素的联合作用，可以影响复合材料拉伸时的破坏模式。如果基体弹性模量低，纤维受拉伸时将单独受力，其破坏模式是一种发展式的纤维断裂，由于这种模式不存在叠加作用，其平均强度很低；反之，如果基体在受拉伸时仍有足够的黏结力和弹性模量，复合材料中的纤维将表现为一个整体，可以预料强度会较高。一般情况下，材料表现为中等强度，因此，如各种环氧树脂在性能上无重大不同，则对复合材料影响是很小的。

2. **树脂的内聚强度与其结构的关系** 未固化的树脂呈线形结构，相对分子质量不大，通常处于黏流态，此时内聚强度很低。由于固化反应的进行，相对分子质量加大，分子间力随之增大，以致强度有所升高，但仍然是固化过程中的量变阶段。当固化反应进一步进行，量变引起质变，树脂分子间产生交联，变成凝胶，此时树脂的相对分子质量迅速增加，以致机械强度也随之迅速提高。若固化反应继续进行，交联键不断增加，树脂强度则逐渐增大到相当稳定的数值；如果继续使交联密度增大，树脂形变能力则降低，呈现脆性。

3. 树脂的断裂伸长率与结构的关系 树脂的断裂伸长率与结构的关系问题，实质上是树脂在外力作用下形变能力的问题，高分子化合物的形变分为普弹形变、高弹形变及黏流形变等类型，其中黏流形变在已固化树脂中是不存在的。从普弹形变和高弹形变引起的原因看，前者是由于有机分子的键长和键角的改变引起的，而后者则是由于大分子链的链段移动引起的。由于普弹形变引起的树脂形变是很小的（约1%），而高弹形变引起的树脂形变则是相当大的，因此，树脂结构与断裂伸长率的关系，实质上就是树脂结构与高弹形变的关系。

一般认为，高弹形变在玻璃化转变温度以上才会出现，但是由于高分子链的松弛特性，在外力足够大、作用时间又较长时，有可能在玻璃化转变温度以下出现强迫高弹形变。强迫高弹形变能否出现，它的数值有多大，这对于已固化树脂来讲主要取决于两个因素：一是大分子链的柔韧性；二是大分子链间的交联密度。由于C—C键组成的脂肪链是柔性链的代表，具有柔性链结构的树脂其伸长率就比较大；反之，由芳香环或脂环组成的分子链则具有相当大的刚性，这类树脂的断裂伸长率就比较小，呈现脆性。从分子链间交联密度来看，交联密度较大，则树脂断裂伸长率越小，脆性就较大。

4，树脂的体积收缩率与其结构的关系 热固性树脂在固化时伴随着体积收缩的现象。由于体积收缩，往往引起与增强纤维黏结不良、树脂出现裂纹、对复合材料制品的质量带来不良影响等问题。

其中，环氧树脂的固化收缩率为1% ~ 2%；聚酯树脂的固化收缩率为4% ~ 6%；酚醛树脂的固化收缩率为8% ~ 10%。

影响树脂体积收缩的因素是固化前树脂系统（包括树脂、固化剂等）的密度、基体固化后的网络结构的紧密程度、固化过程有无小分子放出等。环氧树脂的固化收缩率小，是由于环氧树脂在固化前的密度比较大，固化后的网络结构也不太紧密，而且固化过程又无小分子放出的缘故。

（二）耐热性

复合材料的耐热性从根本上讲即是复合材料在温度升高时，其性能的变化情况包括物理性能和化学性能。物理性能包括模量、强度、变形等，化学性能包括失重、分解、氧化等。

树脂的耐热性一种是指树脂在一定条件下仍然保留其作为基体材料的强度，即物理耐热性；另一种是树脂在发生热老化时的温度范围，即化学耐热性。将聚合物加热，一般会发生物理和化学变化。物理变化指树脂的形变、软化、流动、熔融等。化学变化指分子链断裂、交联、氧化、产生气体、质量变化等。从物理性能上看，耐热性主要是指在升温过程中大分子能否发生链段运动或整个分子的运动。因而凡是引进能束缚分子运动的因素，均能提高基体的耐热性。

1. 玻璃化转变温度 玻璃化转变温度是聚合物从玻璃态向高弹态的次级转变。在玻璃化转变温度下，聚合物的比热和比容发生突变，分子链段开始运动，线胀系数迅速增大。聚合物链段中强极性基团的存在增加分子间作用力，进而增加链密度，因此，极性聚合物具有相对较高的T_g。在聚合物主链和侧基的庞大刚性的基团阻碍链段的自由转动，有利于T_g的提高；而柔性的侧基能使链段间的距离增大，使其更易于运动从而降低T_g。

玻璃化转变温度是高分子链柔性的宏观体现，增加高分子链的刚性，高聚物的玻璃化转变温度相应提高。在高分子主链中尽量减少单键，引进共轭双键、叁键或环状结构（包括脂环、芳环或杂环），对提高高聚物的耐热性特别有效。因此，为了获得高的T_g和耐热性，高性能树脂基体一般被设计成含有大量庞大刚性基团的链段。近年来所合成的一系列耐高温高聚物都具有这样的结构特点，如芳香环聚酯、芳香族聚酰胺、聚苯醚、聚苯并咪唑、聚酰亚胺等。

2. **热氧化稳定性**　为了满足高科技领域（航空航天等领域）的需求，已经发展了能在300℃以上长期使用的耐高温树脂基体。热氧化稳定性主要由组成分子链的原子间键能决定。在主链上引入—C—O—C—（醚键）、—CONH—（酰胺键）、—CONCO—（酰亚胺键）、—HN—CO—NH—（脲键）或在侧基上引入—OH—、—NH$_2$—、—CN—、—NO$_2$—、—CF$_3$—等都能提高结晶高聚物的熔融温度T_m。芳杂环结构，如苯和氮杂萘，具有高的键能，因而具有高的热氧化稳定性。其中，最稳定的聚合物是由杂环和芳香共轭结构组成的梯形聚合物。最稳定的柔性链基团为所有氢被氟和苯基取代的脂肪族化合物。—O—、—S—、—CONH—和—CO—也具有较好的热稳定性；—SO$_2$—、—NH—、亚烃类和含氯基团的热稳定交叉。交联以强有力的化学键来代替分子间的次价键，因此，随着交联度的增加，耐热性不断提高。当转变为充分交联的梯形高聚物时，耐热温度便是T_{ox}（氧化）或T_d（降解）。

（三）线胀系数

两种不同线胀系数（CTE）的材料结合在一起，当温度变化时，会在界面上产生应力。如果这种线胀系数差别较大，则有可能导致界面结合的破坏。复合材料是由树脂和纤维增强材料组成，随着温度的变化，树脂和纤维界面会产生应力，严重时会出现界面分层。胶接构件极易在胶接界面发生破坏。因此，高性能树脂基体必须考虑和纤维增强材料的线胀系数匹配问题。表4-1为部分常用复合材料树脂基体和纤维增强材料的线胀系数。一般来说，无机材料的线胀系数比有机高分子材料低。降低高分子材料的线胀系数

表4-1　部分树脂基体和纤维增强材料的线胀系数

材料	CTE（$10^{-6}K^{-1}$）	材料	CTE（$10^{-6}K^{-1}$）
聚酯	70~101	酚醛	16~25
聚砜	59~86	碳纤维	3.2~12.1
环氧	59	玻璃纤维	8.46
聚酰亚胺	45~50	石英纤维	0.31

主要有以下几种方法。

（1）在聚合物中引入有序结构，如结晶体。

（2）使用庞大刚性结构，如芳杂环，减少聚合物分子链段的运动。

（3）增加交联密度。

（四）电性能

树脂基体在电子工业的应用增长很快，包括绝缘材料、透波材料等。因此，了解树脂基体的电性能也是极其重要的。材料的电性能主要包括介电性能和电击穿强度。材料的介电常数指的是单位电场强度下材料单位体积内平均能量储存。介电常数的大小和材料的介电极化（电子极化、原子极化和取向极化）程度有关。高分子材料在作为绝缘材料使用时，除考虑在使用条件下耐热性、机械性能满足要求外，还需考虑材料的绝缘性能。当在某一电场作用下其介电损耗所产生的热量超过材料散发的热量时，会引起材料局部过热，随之会产生材料的击穿。高分子材料在应力作用下发生变形也会影响其击穿行为，使击穿强度下降。在这种情况下发生的击穿行为称为电机械击穿。

树脂分子由共价键组成，是一种优良的电绝缘材料。影响树脂电绝缘性能的因素有两个：一是树脂大分子链的极性，二是已固化树脂中杂质的存在。一般来说，树脂大分子链中极性基团越多，极性越大，则电绝缘性能越差；反之，若树脂大分子由非极性分子组成，无极性基团如热固性丁苯树脂、1,2-聚丁二烯树脂则具有非常优良的电绝缘性能。另外有无增塑剂，也影响电性能。常用热固性树脂基体的电性能见表4-2。合成树脂的电性能与玻璃纤维相比，一般优于后者。因此，欲制得介电性能良好的复合材料，既要选择电绝缘性能较好的增强材料，又要选择电绝缘性能较好的树脂。

表4-2　常用热固性树脂基体的电性能

性能	酚醛	聚酯	环氧	有机硅
密度（g/cm^3）	1.30～1.32	1.10～1.46	1.11～1.13	1.70～1.90
体积电阻率（Ω·cm）	10^{12}～10^{13}	10^{14}	10^{16}～10^{17}	10^{11}～10^{13}
介电强度（kV/mm）	14～16	15～20	16～20	7.3
介电常数（60Hz）	6.5～7.5	3.0～4.4	3.8	4.0～5.0
介质损耗（60Hz）	0.10～0.15	0.003	0.001	0.006
耐电弧性（s）	100～125	125	50～180	—

（五）其他性能

1. **黏附性**　从热力学观点来讲，在基体与纤维表面不发生化学反应的条件下，黏附力的大小取决于树脂的表面张力及基体对纤维表面的浸润能，即良好的浸润是产生良好黏结的前提条件。在完全浸润条件下，浸润角θ=0°，其黏附力最大，即基体与纤维的黏附力等于树脂本身的内聚能。如果基体与纤维间发生化学反应生成化学键，即使基体对纤维的浸润性较差，一般也能获得良好的黏附。此外，衡量黏结性，还必须考虑它本身固化时的体积收缩率，有无小分子放出，它们的断裂伸长率是否与纤维相适宜等。

从常用的几种热固性树脂分子结构来看，环氧树脂分子中含有—OH—、—O—、$-CH_2-CH_2-$（其中O在下方桥联）等极性基团，它能与极性大的纤维表面很好地黏附。固化后的环氧树脂分子结构中又增加了—COO—、—NH—等基团，环氧基又可能与纤维表面的羟基起化学反应而形成化学键。因此，环氧树脂与纤维表面具有很大的黏附力，所以环氧树脂的黏附性最好。

不饱和聚酯树脂分子含有多个酯基、羟基、羧基，酚醛树脂中有很多羟基、醚键，黏附性好，但由于固化收缩率大，严重影响黏附性。

2. **固化收缩率**　固化收缩率有体积收缩率和线收缩率两种表示方法。体积收缩率指固化前后体积之差与固化前体积的比值。固化收缩包括物理收缩与化学收缩。

影响收缩率的影响因素有固化前树脂系统密度、基体固化后的网络结构的紧密程度、固化过程有无小分子放出等。环氧树脂固化前密度大，固化后的网络结构也不太紧密，且又无小分子放出，所以固化收缩率小。

一般地，收缩影响制品的性能，但适当的收缩有时对工艺又是有利的，如产品的脱模。

3. **耐腐蚀性**　在组成复合材料的基体和增强材料中，玻璃纤维对水、酸或碱的侵蚀抵抗能力比较差，但几乎不受有机溶剂的侵蚀。

基体对水、酸或碱溶液的侵蚀，其抵抗能力一般要比玻璃纤维好，而对有机溶剂的侵蚀，则其抵抗能力要比玻璃纤维差。但树脂的耐化学腐蚀性能随其化学结构的不同可以有很大的差异。同时，复合材料中的树脂含量，尤其是表面层树脂的含量与其耐化学腐蚀性能有密切关系。

树脂和介质之间作用引起的腐蚀主要有物理作用和化学作用两种。物理作用是指树脂吸附介质引起溶胀或溶解导致树脂结构破坏，性能下降；化学作用是树脂分子在介质作用下引起化学键的破坏，或生成新的化学键而导致结构破坏，性能下降。所以树脂耐溶剂介质能力主要由组成体系的化学结构决定，它们之间极性大小、电负性和相互间的溶剂化能力都影响耐化学腐蚀性能。

一般来说，树脂交联度大，耐介质腐蚀性好，所以热固性树脂固化时必须控制一定的固化度，固化度太低会严重影响它的耐腐蚀性能。

固化树脂耐水、酸、碱等介质的能力，主要与其水解基团在相应的酸碱介质中的水解活化能有关。表4-3列出了一些基团的水解活化能。活化能高，耐水解性就好。

表4-3 一些基团的水解反应活化能

基团类型		酰胺键	酰亚胺键	酯键	醚键	硅氧键
活化能（kJ/mol）	酸性介质	约83.7	约83.7	约75.3	约100.4	约50.2
	碱性介质	66.9	66.9	58.5	—	—

环氧树脂的耐腐蚀性能因所用的固化剂不同而不同，用酸酐固化形成的醚键就不耐碱。胺类固化环氧树脂其交联键中的—O—键和C—N键可为强酸、弱酸和有机酸所水解，而且用不同的胺类固化剂，交联键类型不同，固化树脂的耐腐蚀性也不同。用芳香族二胺固化的树脂，由于体积屏蔽效应，其耐酸、耐碱性均优于脂肪族胺类固化剂，而苯酐固化的环氧树脂的耐酸性就比较好。

二、基体材料的工艺性

聚合物基复合材料制件成型的基本过程是先用树脂浸渍纤维，再进行烘干定型，后处理使制品完全固化，从外观来看，树脂先是可流动的，经过凝胶阶段转变为硬固态，最后具有稳定的硬度。所以，树脂的工艺性能主要包括树脂的浸润性、黏结性、流动性和固化特性，其中最主要的是树脂的固化特性，因为它是成型方法选择和工艺参数确定的主要依据。

（一）浸润性能

制备纤维（或织物）增强的复合材料时，总是以合成树脂均匀地浸渍或涂刷在纤维或织物上，因此，树脂对纤维的浸润能力，是树脂能否均匀地分布于纤维周围的重要因素，也是树脂和纤维界面上产生良好黏附力的重要因素。

关于树脂对纤维的浸润性能，除纤维（或织物）的表面张力外，主要取决于树脂本身的表面张力和树脂与纤维间的界面张力。树脂的表面张力取决于它的分子结构，即分子间引力越大，内聚能越大，则表面张力也越大。树脂与纤维间界面张力取决于树脂分子与玻璃纤维表面分子间的作用力，两者作用力越大，则界面张力越大。

从工艺角度分析，如果树脂黏度小，则流动性好，从而有利于树脂对纤维的浸润。就纤维而言，若纤维束不加捻，则有利于树脂的浸润；反之，加捻越多，则越不利于树脂的浸润。就织物而言，无弯曲织物、单向布、缎纹和斜纹较平纹有利于树脂的浸润。

（二）黏结性能

树脂对增强纤维的黏附，与任何液体对固体表面的黏附一样，可以按有关热力学公式来计算其黏附力。对玻璃纤维增强的聚合物复合材料，衡量一种树脂的黏结性能，除了考虑它与玻璃纤维的浸润性和黏附功外，还必须考虑它本身固化时的体积收缩率、有无小分子逸出以及它们的断裂伸长率是否与纤维相适应等。

（三）流动性能

常用热固性树脂的相对分子质量都不太大（一般为200～400），因此，它们都具有较低的软化温度和黏度，和低分子化合物一样具有良好的流动性。

随着树脂固化反应的进行，相对分子质量越大，同时出现交联，树脂的黏度增大，流动性降低，对于大多数高分子化合物来说，流动速率与切应力之间存在着下列关系：

$$D=A\left(\sigma-\sigma_1\right)^n \tag{4-1}$$

式中：D为流动速率；σ为切应力；σ_1为切应力极限值（只有当切应力加到此值后，液体才开始流动；σ_1值越高，物体越硬，此物体与液体的差别就越大；σ_1值与应力作用时间有关，时间越长，σ_1值越小；反之，σ_1值越高）；n为大于1的值；A为与温度有关的特性数值（升高温度，A值越大，A值与黏度成反比）。

由此可见，树脂的流动速率除与树脂大分子的化学结构、相对分子质量、几何形状有关外，还与温度、切应力的大小有关。此外，增塑剂的存在，对树脂流动性也起很大作用，因为它可以降低树脂软化温度和黏度。

当树脂转化为三向网状结构时，便失去流动性能。此时，在外力作用下，仅出现普弹和高弹形变（或强迫高弹形变），使进一步成型加工成为不可能。

（四）固化性能

固化指线形树脂在固化剂存在或加热条件下，发生化学反应而转变成不溶、不熔、具有体形结构的固态树脂的全过程。在固化过程中，树脂由黏流态转变为具有一定硬度的固态，也称硬化，所以固化既指树脂在转化过程中的物理状态变化，又指过程中发生的化学变化。

对于各种热固性树脂而言，由线形分子的交联反应转变为体形结构是它们的共同特征。在成型过程中就表现为从可溶、可熔的流动状态转变为不溶、不熔的固体状态的工艺特征。但是，就固化反应的化学机理而言，各类热固性树脂在固化时发生的化学变化，有各自的特殊性。正是由于各类树脂的固化反应有其特殊性，因此，反映在阶段性上也具有各自的特点。

1. **环氧树脂固化的阶段性**　环氧树脂固化过程也可以分为凝胶、定型、熟化三个阶段。由于其固化是借助于大分子中的环氧基与固化剂分子间开环加成反应，且具有逐步的性质，因此，其三个阶段比聚酯树脂明显。同时，环氧树脂的固化条件（温度、压力、时间等）随固化剂不同可在很大范围内变动。所有这些，使环氧树脂比聚酯树脂有更好的工艺适应性，几乎对所有成型工艺都能适应。例如，用胺类作固化剂的环氧树脂，广泛用于手糊成型工艺，用酸酐类和酚醛树脂作固化剂的环氧树脂常用于层压、模压和缠绕成型工艺。

从工艺角度，正确掌握树脂凝胶时间很重要，这对环氧树脂同样适用。从使用角度，准确地掌握树脂到达固化的C阶段，以保证制品具有良好性能十分必要，这就是固化工艺中固化程度的控制问题。固化程度一般是指固化完全的程度。实际上，固化程度很难达到完全，这是由于固化反应后期，系统黏度急剧增大，分子扩散受到阻碍，因此，一般当材料性能趋于稳定时，便认为固化过程完成。

2. **酚醛树脂固化过程**　酚醛树脂应用于干法工艺中，其固化可分为三个阶段。

（1）A阶段酚醛树脂。热固性酚醛树脂在最初可溶、可熔状态时，称A阶段酚醛树脂，树脂平均相对分子质量低，极性基团多，可溶于醇类，便于浸渍。

（2）B阶段酚醛树脂。在加热条件下逐步向不溶、不熔转化，在转变的中间阶段称为B阶段，在干法成型工艺中，纤维上胶后，常常除了溶剂挥发以外，还同时进行预固化，以控制树脂的交联度，保证树脂从A阶段转化为B阶段。

（3）C阶段酚醛树脂。B阶段酚醛树脂再进行加热，由于进一步反应，树脂失去流动性，转变为不溶、不熔的固体状态，称为C阶段酚醛树脂，也就是已固化的酚醛树脂。

由于缩聚反应具有逐步的性质，因此，酚醛树脂固化三阶段的划分具有明显的界限。在干法工艺中，常根据树脂的固化阶段性而把浸渍和压制分别在不同的工段进行。因此，掌握树脂固化阶段的特征，是掌握固化工艺的关键。

3. 不饱和聚酯树脂固化的阶段性　不饱和聚酯在湿法工艺中，其固化阶段分为凝胶、定型和熟化三个阶段。凝胶阶段是指树脂从黏流态到失去流动性形成半固体凝胶；定型阶段是从凝胶到具有一定硬度和固定形状，可以从模具上取下为止；熟化阶段是从表观上已变硬、具有一定的力学性能，经后处理到具有稳定的物理、化学性能而可供使用。

由于不饱和聚酯树脂固化反应具有连锁反应的特性，即反应一经引发开始，分子链便迅速增长。因此，它的固化三阶段不如酚醛树脂明显，特别是从凝胶到定型往往在很短时间内完成。

由于不饱和聚酯树脂在固化B阶段较短且不明显，以及从A阶段向B阶段有突然凝胶现象，因此，一般使用从黏流态树脂到固化定型一次完成的工艺方法。而它能在常温接触压力下固化，特别适用于手糊成型工艺制造大尺寸制件。在手糊成型工艺中，对于不饱和聚酯树脂，掌握凝胶时间是一个关键问题。凝胶时间过短，使树脂不能充分浸渍纤维，甚至发生树脂来不及涂刷就已经凝胶的危险；凝胶时间过长，使树脂长期处于黏流态下，易使树脂流失，影响制件含胶量。

（五）其他工艺性

复合材料所用基体材料树脂、固化剂、稀释剂等，都具有不同程度的毒性，有的还具有强挥发性。在制件成型过程中被操作者吸入或接触，会引起不同情况的中毒、过敏反应。

第三节　热固性树脂

热固性树脂是指在热和化学固化剂等的作用下，能发生交联而变成不溶状态的树脂，它的性能对复合材料的性能有直接的影响。典型的热固性树脂有环氧树脂、酚醛树脂、不饱和树脂、有机硅树脂等。

一、环氧树脂
（一）环氧树脂的结构与分类
1. **结构**　环氧树脂是指分子中含有两个或两个以上环氧基团的一类高分子低聚物或

化合物。环氧基团可以位于分子链的末端、中间或成环状结构。由于分子结构中含有活泼的环氧基团，因此，它们可以与多种类型的固化剂发生交联反应而形成不溶、不熔的具有三维网状结构的高聚物。

2. **分类** 环氧树脂一般是由含多个活泼氢的化合物（如多元胺或多元醇和环氧氯丙烷），在强碱（如KOH、NaOH）存在下进行缩聚反应而得。按分子链结构，环氧树脂可以分为缩水甘油醚类、缩水甘油酯类、缩水甘油胺类、线形脂肪族类和脂环族类五大类。

其中，缩水甘油醚类、缩水甘油酯类、缩水甘油胺类是由环氧氯丙烷与含有活泼氢原子的化合物，如酚类、醇类、有机羧酸类、胺类等缩聚而成；线形脂肪族类和脂环族类是由带双键的烯烃用过醋酸或过氧化氢进行环氧化合成。

我国对环氧树脂的酚类主要是按其主要组成物质的不同而进行的，其类型和代号见表4-4。代号的第一位是取其主要组成物质汉语拼音的第一位字母，若遇相同则加取第二个字母，如此类推；第二位代表组成中有改性物质；第三、四位是标志该产品的主要性能值——环氧值的平均值。例如，某牌号环氧树脂的主要物质为二酚基丙烷，其环氧值指标为0.48～0.54当量/100g，算术平均值为0.51，则该树脂的全称为"E-51环氧树脂"。

表4-4 环氧树脂的类型和代号

代号	环氧树脂类型	代号	环氧树脂类型
E	二酚基丙烷型	N	酚酞环氧树脂
ET	有机钛改性二酚基丙烷型	S	四酚基环氧树脂
EG	有机硅改性二酚基丙烷型	J	间苯二酚环氧树脂
EX	溴改性二酚基丙烷型	A	三聚氰胺环氧树脂
EL	氯改性二酚基丙烷型	R	二氧化双环戊二烯环氧树脂
EI	二酚基丙烷型	Y	二氧化乙烯基环己烯环氧树脂
F	酚醛多环氧树脂	YJ	二甲基代二氧化乙烯基环己烯环氧树脂
B	丙三醇环氧树脂	D	环氧化聚二丁烯环氧树脂
L	有机磷环氧树脂	W	二氧化双环戊烯基醚树脂
H	3,4-环氧基-6-甲基环己烷甲酸 3',4'-环氧基-6'-甲基环己烷甲酯	Zg	脂肪族甘油酯
G	硅环氧树脂	Ig	脂肪族缩水甘油酯

（二）环氧树脂的固化

环氧树脂本身是一种热塑性线形结构树脂，单纯的树脂不能直接使用，只有利用其自身特有的三元环与各种交联剂（固化剂）在特定温度条件下进行交联固化反应，生成网状结构的体型聚合物后，才呈现出一系列优良的性能。因此，为了能有效地使用环氧树脂必须对其固化反应、固化剂体系等有所了解。

固化剂品种繁多，其分类目前尚无统一的方法，本章节按照固化反应方式来分类，大体可以分为两大类。一类是可以与环氧树脂进行加成反应，并通过逐步聚合反应的历程使它交联成体型网状结构的聚合物。这类固化剂成为反应型固化剂，一般含有活泼的氢原子，典型的品种主要有亲电试剂（酸酐）、亲核试剂（伯胺、仲胺）等。另一类是催化性固化剂，它可引发树脂分子中的环氧基进行阳离子或阴离子聚合，典型的品种有叔胺、咪唑和三氟化硼等。无论何种固化剂，都是通过环氧树脂中的环氧基、仲基、仲羟基的反应来实现并完成固化过程。

（三）环氧树脂的增韧

环氧树脂最大的缺点就是韧性差，固化后产物较脆，耐冲击性能差，容易开裂。因此，如果需要实现环氧树脂的高性能化，则必须对其进行增韧。目前，增韧环氧树脂的途径主要有以下几种。

1. **橡胶弹性体增韧**　具有活性端基的弹性体分子可以通过活性端基与环氧基的反应进入环氧固化后的交联网络中，因此，增韧效果明显优于一般的橡胶。一般常用的增韧橡胶弹性体有液体端羧基丁腈橡胶、液体无规羧基丁腈橡胶、液体端羟基丁腈橡胶、液态聚硫橡胶、端聚醚弹性体等。要实现增韧，除弹性体应与固化前的树脂相容外，还必须在固化后形成以弹性体为主的颗粒状分散相。橡胶弹性体对环氧树脂的增韧效果取决于分散相（橡胶）、连续相（基体）结构及相界面键合等因素。

在众多的增韧剂中，应用最多的是端羧基丁腈橡胶（CTBN）。在交联密度高、网链刚性大的环氧树脂体系中，橡胶的拉伸撕裂的耗能占重要地位。在交联密度较低的体系中，颗粒诱发基体耗能过程则是主要的。影响CTBN增韧效果的主要因素有CTBN种丙烯腈的含量、CTBN的相对分子质量、CTBN的添加量、固化剂、固化温度、环氧基体平均网链长度及官能团数目。

2. **热塑性树脂增韧**　为了在保持环氧树脂的模量的同时提高其韧性，可以采用高相对分子质量或低分子官能齐聚物的热塑性树脂增韧改性环氧树脂体系。热塑性树脂的增韧效果一般比橡胶增韧效果差。桥联—裂纹钉锚模型适用于定性与定量描述强韧热塑性粒子的增韧行为。

①桥联约束效应。热塑性树脂一般具有与环氧树脂相当的弹性模量和远大于基体的断裂伸长率，这使得桥联在已经开裂脆性环氧树脂基体表面的延性热塑性颗粒对裂纹扩展起约束闭合作用。

②裂纹钉锚。颗粒桥联不仅对裂纹前缘的整体推进起约束限制作用，分布的桥联力还对桥联点处的裂纹起钉锚作用，从而使裂纹前缘呈波浪形的弓出。

一般当热塑性树脂用量较大时，即热塑性树脂已经连续贯穿于热固性树脂网络中，形成半互穿网络聚合物。由于这种半互穿网络聚合物中既存在热塑性树脂又存在热固性网络，所以这种交联网络聚合物中既保持了良好的韧性、低吸水率，同时又保持了良好的耐化学稳定性。形成这种半互穿网络聚合物需要具备以下两个条件：一是必须存在或在制备过程的剪切应力场中形成初始网络，一般为物理交联网络；二是聚合物必须能进行化学反应，以便在离散的熔体形成无限交联网络的同时，有足够的流动性以填充到初始网络的间隙中，这样才能使其形成较好的相畴尺寸，较大地提高韧性。

3. **热致液晶增韧** 热致液晶聚合物（TLCP）增韧环氧树脂不仅能提高环氧树脂的韧性，还能确保不降低环氧树脂其他力学性能和耐热性。热致液晶聚合物是主要由刚性棒状的、形状各向异性的介晶基元所组成的可交联聚合物，进行封端而形成的一类新型聚合物。因此，热致液晶聚合物/环氧树脂体系经固化后，该体系为两相结构，热致液晶聚合物以原纤的形式存在于环氧树脂连续相中，液晶的形态则取决于它与环氧树脂的混合方式。少量热致液晶聚合物原纤的存在可以阻止裂缝，在不降低环氧树脂的耐热性和刚度的基础上，有效提高环氧树脂基体的韧性。

4. **刚性纳米粒子增韧** 纳米粒子的表面非配对原子多，容易与环氧树脂发生物理或化学的结合，从而增强粒子与基体的界面结合，可承担一定的载荷，具有协同增强增韧的效果。当刚性纳米粒子均匀地分散于基体之中时，若基体受到冲击，粒子与基体之间产生微裂纹（银纹）；同时粒子之间的基体也发生塑性形变，吸收冲击能，从而达到增韧的效果。在环氧树脂中加入刚性粒子可以降低复合材料的成本，控制材料的收缩与热膨胀，但其压缩强度会有所降低。

（四）环氧树脂的性能与应用

1. **环氧树脂的性能**

（1）环氧树脂的优点如下。

①形式多样。各种树脂、固化剂、改性剂体系几乎可以适应各种应用对形式提出的要求，其范围可以从极低的黏度到高熔点固体。

②固化方便。选用各种不同的固化剂，环氧树脂体系几乎可以在0~180℃温度范围内固化。

③黏附力强。环氧树脂分子链中固有的极性羟基和醚键的存在，使其对各种物质具有很高的黏附力。环氧树脂固化时的收缩性低，产生的内应力小，这也有助于提高黏附强度。

④收缩性低。环氧树脂和所用的固化剂的反应是通过直接加成反应或树脂分子中环氧基的开环聚合反应来进行的，没有水或其他挥发性副产物放出。它们和不饱和聚酯树脂、酚醛树脂相比，在固化过程中显示出很低的收缩性（小于2%）。

⑤力学性能。固化后的环氧树脂体系具有优良的力学性能。

⑥电性能。固化后的环氧树脂体系是一种具有高介电性能、耐表面漏电、耐电弧的优良绝缘材料。

⑦化学稳定性。通常，固化后的环氧树脂体系具有优良的耐碱性、耐酸性和耐溶剂性。像固化环氧体系的其他性能一样，化学稳定性也取决于所选用的树脂和固化剂。适当地选用环氧树脂和固化剂，可以使其具有特殊的化学稳定性。

⑧尺寸稳定性。上述的许多性能的综合，使环氧树脂体系具有突出的尺寸稳定性和耐久性。

⑨耐霉菌。固化的环氧树脂体系耐大多数霉菌，可以在苛刻的热带条件下使用。

（2）环氧树脂的缺点如下。

①对结晶相或极性小的聚合物（如聚烯烃、有机硅、聚氯乙烯等）黏结力差。

②抗剥离、抗开裂性、抗冲击性和韧性不良。

2. 环氧树脂的应用　自20世纪40年代以来，环氧树脂是一类品种繁多、不断发展的合成树脂。环氧树脂由于具有优良的工艺性能、力学性能，价格低，可用作黏合剂、涂料、焊剂、铸塑料和纤维增强复合材料的基体树脂等广泛应用于机械、电子、化工、航空航天、汽车、建筑等工业部门。

二、酚醛树脂

（一）酚醛树脂的结构与分类

酚类化合物和醛类化合物缩聚而得的树脂统称为酚醛树脂，其中酚醛与甲醛缩聚而得的酚醛树脂最为重要。酚醛树脂作为一种原材料易得、价格低廉、性能优异的品种，至今仍然是应用较为广泛的一类热固性树脂。

在合成中，由于苯酚和甲醛的比例不同，反应中所使用的催化剂种类不同（酸性或碱性），所生成的酚醛树脂的性能也有很大的不同。按固化方式分，酚醛树脂分为热固性酚醛树脂和热塑性酚醛树脂。

1. 热固性酚醛树脂　热固性酚醛树脂又称为甲阶或A阶酚醛树脂、可溶性酚醛树脂、碱法酚醛树脂或一步法酚醛树脂，缩写代号为PFI。它通常是在碱性介质（一般pH=8～11）中，苯酚与甲醛的物质的量之比小于1［一般为1：（1.1～1.5）］的条件下缩聚而成。常用催化剂为氢氧化钠、氨水、氢氧化钡等。

影响热固性酚醛树脂合成的因素还有催化剂的种类、酚及醛的种类和用量比等，热固性酚醛树脂是红褐色的、有毒性的和强烈苯酚味的黏稠液体或脆性固体，有时也呈酒精液体，在储藏过程中缓慢地进行缩聚反应，因此，它的储存期较短，一般不超过3个月。它是一种中间产品或半成品，市场上不易购得，通常自产自用。

2. 热塑性酚醛树脂　热塑性酚醛树脂通常是在强酸（如盐酸）的催化作用下，苯酚与甲醛的物质的量之比大于1［一般为1：（0.80～0.86）］的条件下，通过酚羟基的对位缩聚反应而制得的。热塑性酚醛树脂一般是呈淡黄色或微红色的有毒脆性固体，会逐渐被氧化成深红色，但不影响使用。它可以在200℃以下反复加热使用。

（二）酚醛树脂的固化

1. 热固性酚醛树脂的固化　热固性酚醛树脂是在碱催化下由过量的甲醛与苯酚反应而得到的，含有大量的可反应性羟甲基。因此，它可以在高温下进行固化，也可在酸性条件下进行低温固化。

（1）热固化。热固性酚醛树脂的热固化，实质上是在加热条件下树脂自身分子中的羟甲基与酚环上的活泼氢原子以及羟甲基之间继续进行缩聚反应，是分子链逐步交联形成体型结构的聚合物的过程。即热固性酚醛树脂的热固化不需要加入固化剂，完全是靠树脂自身官能团之间的反应。

影响热固性酚醛树脂热固化性能的主要因素有以下几点。

①酚与醛的物质的量的比，随着甲醛量增加，树脂的凝胶时间缩短。

②固化体系的酸碱性。当pH=4时为中性点，固化反应极慢，增加碱性或酸性都可使其快速凝胶。

③固化温度。固化温度每增加10℃，凝胶时间约缩短1/2。

（2）酸固化。酸类固化剂能使热固性酚醛树脂在较低温度下，甚至在室温下固化。酸固化时的主要反应是在树脂分子间形成次甲基醚键，其反应特点是反应剧烈，并放出大量的热。常用的酸类固化剂有盐酸、硫酸或磷酸（溶于甘油或乙二醇中），也可用对甲苯磺酸、苯酚磺酸或其他磺酸。

2. 热塑性酚醛树脂的固化 热塑性酚醛树脂是在酸催化下由过量的苯酚与甲醛进行反应而得到的，此时树脂的分子上不存在可反应性羟甲基。加热只能是树脂熔化，需要加入固化剂才能发生固化反应，形成体型结构。常用的固化剂有三羟甲基、多羟甲基三聚氰胺及多羟甲基双氰胺、环氧树脂等。最常用的固化剂是六次甲基四胺固化剂，这种固化剂具有固化速度快，模压周期短，制件在高温下有较好的刚度，出模后翘曲度最小等优点。

影响热塑性酚醛树脂热固化性能的主要因素有以下几点。

（1）固化剂的种类与用量。以固化剂六次甲基四胺为例，热塑性酚醛树脂的凝胶速度、固化速度和制品的耐热性等，一般随该固化剂用量的增加而提高。若用量不足，则固化速度慢，交联密度低，强度及耐热性下降。但用量过多，则不仅不增加固化速度和耐热性，反而使耐热性和电性能下降。一般用量为8~14phr，通常取10~13phr为宜。

（2）树脂中游离酚及水的含量。一般随游离酚及水含量的增加，凝胶化速度加快。但是，当水分超过1.2%时，影响较小；游离酚含量（质量分数）超过8%时，其影响亦减小。但游离酚含量和水分太多会使制品性能下降。

（3）固化温度。随固化温度的升高，凝胶时间缩短，固化速度加快。

（三）酚醛树脂的增韧

目前，提高酚醛树脂韧性的途径主要有以下两种方法。

1. 酚醛树脂的外增韧 通过在酚醛的任意阶段，加入一定量的有橡胶弹性的胶乳，使其在酚醛树脂中以0.01~0.1μm的粒度分布，形成微观的两相结构，所制得的酚醛树脂在耐热性、弯曲强度、断裂伸长率及硬度不明显降低的同时，韧性得到提高。常用的增韧橡胶有天然橡胶、丁腈橡胶、丁苯橡胶等。

2. 酚醛树脂的内增韧 在加热条件下，聚乙烯醇缩醛中的羟基可以与酚醛树脂中的羟甲基发生脱水反应形成嵌段或接枝共聚物，在分子链中引入柔性链段，从而达到提高韧性的目的。同时用聚乙烯醇缩醛可以改进酚醛树脂的脆性、提高黏附力和机械强度，降低其固化速度从而降低成形压力。但是由于在酚醛树脂体型结构中引入了较长的脂肪链，所以对耐热性有影响。

（四）酚醛树脂的性能与应用

1. 酚醛树脂的性能

（1）酚醛树脂的优点如下。

①耐热、阻燃，可自灭，燃烧时发烟量较小且燃烧发烟中不含有毒物质。

②电气绝缘性良好，但其介电常数和介质损耗角正切值较大。

③化学稳定性好，耐酸性强，但由于含有苯酚型羟基，因此不耐碱。不耐浓硫酸、硝酸、高温铬酸、发烟硫酸、碱和强氧化剂等腐蚀。不溶于大部分碳氢化合物和氯化物，也不溶于酮类和醇类。

④原料价格便宜、生产工艺简单而成熟，成型加工容易。

（2）酚醛树脂的缺点如下。

①酚醛树脂的脆性较大、抗冲击强度小、收缩率高、不耐碱、易吸潮、电性能差。酚醛树脂的电气特性因填料种类的不同会有较大幅度的变化。

②当受湿度和温度的影响时，酚醛树脂的绝缘性能也会发生较大的变化。

③将酚醛树脂长时间置于高温空气中会变成红褐色，因此，着色剂的使用会受到限制。

2. 酚醛树脂的应用　酚醛树脂是最早人工合成的聚合物，也是最老的一类热固性树脂，但由于其原料易得、合成方便以及酚醛树脂具有良好的机械强度和耐热性能，尤其具有突出的瞬时耐高温烧蚀性能，而且树脂本身又有广泛改性的余地，所以，目前酚醛树脂仍广泛用于制造玻璃纤维增强塑料、碳纤维增强塑料等复合材料。酚醛树脂可用缠绕、树脂传递模塑成型（RTM）、注射成型、模压成型、发泡成型等加工方法。酚醛树脂一开始主要用作绝缘材料广泛应用于电气工业，由于其质轻、容易加工，可替代木头、金属等，成为20世纪前半世纪的重要合成聚合物材料，用于电吹风、电话机等日用品，也用在建筑、汽车等工业领域。酚醛树脂复合材料尤其在宇航工业方面（空间飞行器、火箭、导弹等）作为瞬时耐高温和烧蚀的结构材料有着非常重要的用途。

三、不饱和树脂

（一）不饱和树脂的结构与分类

1. 不饱和树脂的结构　不饱和聚酯是由不饱和二元羧酸（或酸酐）或它们与饱和二元羧酸（或酸酐）组成的混合酸与多元醇经过缩聚而成的一种线型聚合物，是具有酯键和不饱和双键的线型高分子化合物，其反应式如下：

$$n\text{HOOOCR}'\text{COOH}+n\text{HO—R—OH} \longrightarrow \text{HO} + \text{OCORCOOR}'\text{O} +_n \text{H}+（2n-1）\text{H}_2\text{O}$$

式中，R、R′为基或其他基团。

在聚酯化缩聚反应结束后，趁热加入一定量的乙烯基单体，配成黏稠的液体，这样的聚合物溶液称为不饱和聚酯树脂。

2. 不饱和树脂的分类　不饱和聚酯树脂的品种牌号甚多。从产品性能来分，用作复合材料基体的，有下述类型。

（1）通用型树脂。通用型树脂主要是邻苯型不饱和聚酯树脂，亦包括部分间苯型不饱和聚酯树脂，它们大多用于手糊玻璃纤维增强塑料制品。

（2）耐热型树脂。耐热型树脂的热变形温度应不小于110℃，在较高温度下具有高的强度保留率。

（3）耐化学型树脂。耐化学型树脂具有优异的耐腐蚀性能和耐水性能，商品树脂主要有双酚A型不饱和聚酯树脂、乙烯基树脂、间苯型不饱和聚酯树脂和卤代聚酯树脂等。

（4）阻燃型树脂。阻燃型树脂是在合成时使用一种能产生阻燃（自熄）的成分，例如，使用四溴苯酐、氯茵酸酐（HET酸酐）取代苯酐代合成树脂。

（5）耐气候型树脂。耐气候型树脂使用新戊二醇及甲基丙烯酸酯类交联单体，并添加紫外光吸收剂，提高了树脂的耐气候性和光稳定性。树脂透明性好，耐用树脂浇铸体的折射率可与玻璃纤维的折射率相近或一致。

（6）高强型树脂。高强型树脂具有高的强度和坚韧性，主要用于纤维缠绕工艺制备的复合材料。

（7）胶衣树脂。胶衣树脂用于复合材料的胶衣层，以提高制品的外观、质量和使用寿命。按照使用要求，胶衣树脂主要分为以下几类。

①通用型胶衣。耐沸水、耐摩擦、耐肥皂或清洁剂的腐蚀，具有良好的表面光泽。

②耐化学腐蚀胶衣。用于耐腐蚀制品的表面。

③光稳定型胶衣。具有优良的耐气候性。

④食品容器用的胶衣。

（8）SMC或BMC专用树脂。SMC或BMC专用树脂具有低黏度、增稠快、活性高、能快速固化等优点；在加入引发剂、增稠剂后的几个月存放期内性能稳定，且在高温时能快速固化。

（9）其他类型树脂。如注射、RTM、拉挤等成型工艺专用树脂，这是近年来的新品种。

（二）不饱和树脂的固化

不饱和聚酯树脂其实是线型不饱和聚酯与具有聚合能力的单体形成的溶液，在受热或加入引发剂的条件下能发生交联固化成体型结构的聚合物。其中，不饱和聚酯的分子结构中含有不饱和双键，它可以在引发剂存在下与其他不饱和化合物发生加成聚合反应，也可以与自身所含双键交联固化。

1. 交联单体　用作交联剂的单体，应易与聚酯混溶，且其聚合的反应速度快。不饱和聚酯常用苯乙烯、甲基丙烯酸甲酯、邻苯二甲酸二丙烯酯等作为交联剂。乙烯基化合物的反应能力大，在室温下就能与聚酯反应。丙烯基化合物的反应能力最小，在高温下才能发生反应。丙烯酸与甲基丙烯酸类单体介于上述两种单体之间。

（1）苯乙烯。苯乙烯是一种低黏度液体，与不饱和聚酯树脂的溶解性好，对常用的引发剂、促进剂等有很好的溶解性，是目前用量最大的一种交联剂。苯乙烯分子上的双键活性大，容易与聚酯中的不饱和双键发生共聚，生成共聚物。含苯乙烯的聚酯和引发剂掺合后，能在室温或较高的温度下固化成富有弹性或坚硬的产品，且具有优异的电绝缘性能。它的缺点是沸点（145℃）较低，容易挥发，对人体有害。苯乙烯的一般用量为树脂的20%～50%。用量过多，会使树脂黏度太低，工艺性差，而且固化产物的收缩率大；用量太少，树脂固化不完全，影响固化产物的性能。

（2）甲基丙烯酸甲酯。甲基丙烯酸甲酯可用于制作透明玻璃钢。其缺点是沸点（100℃）低，挥发性大，有刺激性臭味。特别是与酸酐型不饱和聚酯树脂共聚时，自聚倾向大，固化产物的交联密度低，体型结构较疏松，刚性差，因此，往往与苯乙烯混合使用。

（3）邻苯二甲酸二烯丙酯。邻苯二甲酸二烯丙酯的黏度较大，挥发性小，毒性低。其固化产物的热变形温度高，收缩率低，介电性能好，耐老化性优于苯乙烯交联剂，可用于对耐热性有较高要求的制品。

2. 引发剂和促进剂　不饱和聚酯的固化属于自由基型聚合反应。虽然单纯加热也能使其固化，但反应的诱导期长，而且反应一旦开始，速度快，放热量大，黏度骤增，反应不易控制。因此，不饱和聚酯的固化一般多采用加入引发剂并加热（热固化）或同时加入引发剂和促进剂在室温下固化（冷固化）的方法。

正确选择引发剂，提高引发剂的用量和固化温度，均可加速聚酯的固化过程。常用的引发剂为有机过氧化物。它们的性质可用临界温度和半衰期两个参数表示。临界温度指有机过氧化物具有引发活性的最低温度，在此温度下，过氧化物开始分解产生足够的自由基，从而引发树脂固化反应。半衰期表示在一定温度下，引发剂分解一半所需要的时间。使用时常用邻苯二甲酸二丁酯等增塑剂调制成一定浓度的糊状物，再加入树脂体系中。常用有机过氧化物引发剂的临界温度在60℃以上。

通常为了缩短反应周期，提高引发剂的引发效率，既使引发剂用量少，又能加速固化过程，常添加促进剂来达到此目的。促进剂容易吸收引发剂放出的氧，从而促使引发剂分解成游离基，加速聚合反应的进行。常用的促进剂有二甲基苯胺、二甲基甲苯胺、二乙基苯胺和环烷酸酯等。使用时用苯乙烯将促进剂配制成较稀溶液，以便准确计算。

3. 固化特点　不饱和聚酯树脂的固化过程可分成三个阶段，即凝胶、硬化和完全固化。凝胶阶段是指加入促进剂后到树脂变成凝胶状态的一段时间，它对复合材料的成型工艺起着决定性作用。影响凝胶时间的主要因素为引发剂、促进剂及阻聚剂的添加量。引发剂和促进剂加入量越少或环境温度越低，凝胶时间越长；树脂体积越大，越不易散热，凝胶时间越短；而阻聚剂的加入可有效地延缓反应的进行。

硬化阶段指从树脂开始凝胶到能将固化产物从模具上取下为止的一段时间。在室温下，树脂完全固化阶段可能需要数日。从工艺性能的角度考虑，为加速树脂的稠化形成凝胶状物，可添加碱土金属的氧化物和氢氧化物类增黏剂，例如，氧化镁、氧化钙、氢氧化镁、氢氧化钙等。在碱土金属氧化物的作用下，不饱和聚酯的黏度在短时间内剧增，形成不流动的类似凝胶状物。树脂处于这一状态时并未交联，在合适的溶剂中仍可溶解，加热时有良好的流动性。目前已利用不饱和聚酯树脂的这一增黏特性来制备聚酯预混料；片状模压料和料团状模压料。前者可以进行自动化、机械化、连续化大批量生产，并且可以用它压制大型制品。工业上的片状模压料是以一定比例的树脂、填料、增黏剂、添加剂（如聚乙烯、聚甲基丙烯酸甲酯等热塑性高聚物等）、内脱模剂（如硬脂酸锌等）和阻聚剂等配成。添加聚乙烯、聚甲基丙烯酸甲酯等热塑性高聚物是为了降低收缩率，添加硬脂酸锌等有助于固化树脂的脱模。

（三）不饱和树脂的改性

合成时所选用的酸和醇的性质决定着聚酯树脂的力学性能。改变不饱和聚酯的原料组成可得到具有不同特征和用途的产品。一般来说，二元醇的链越长，聚酯的柔韧性越好。不饱和酸的比例增多，能提高聚酯树脂的耐热性和硬度并降低弹性，增加饱和酸的比例或使饱和酸的链增长，能提高树脂的柔韧性。为了减少聚酯在固化时的收缩率，并降低产品的成本，常在物料中加入纤维状或粉状的填料。填料的粒子应在 $1 \sim 3\text{pm}$ 之间，应容易分散于树脂中，密度应尽可能小，尽量不含金属杂质。此外，不饱和聚酯可用内着色法和外着色法染色，选用能耐光、耐热、具有高度覆盖能力与强烈色彩感以及对树脂与过氧化物具有化学惰性的颜料，从而提高聚酯材料的耐光、耐热、耐腐蚀性等。

（四）不饱和树脂的性能

在室温下，不饱和聚酯是一种黏稠流体或固体，易燃、难溶于水，可溶于乙烯基单体、酯类、酮类等有机溶剂中。它的相对分子质量一般在 $1000 \sim 3000$ 范围内，没有明显的熔点。不饱和聚酯树脂的相对密度在 $1.11 \sim 1.20$。

不饱和聚酯可以不同的二元酸或二元醇为原料经过缩聚反应而制得。因此，聚酯的性能不但与所用酸和醇的性质有关，而且与反应中所用的二元酸、二元醇的用量比以及聚酯中具有能进一步发生交联的交联剂、引发剂等都与聚酯的相对分子质量有很大的关系。

（1）不饱和树脂的优点如下。

①耐热性好。绝大多数不饱和聚酯树脂的热变形温度在 $50 \sim 60\text{℃}$，一些耐热性好的树脂则可达 120℃。红热膨胀系数 α_1 为 $130 \times 10^{-6} \times 10^{-6} \sim 150 \times 10^{-6}\text{℃}$。

②力学性能强，具有较高的拉伸、弯曲、压缩等强度。

③介电性能良好。

④耐化学腐蚀性能。不饱和聚酯树脂耐水、耐稀酸、耐稀碱的性能较好。同时，树脂的耐化学腐蚀性能随其化学结构和几何尺寸的不同，可以有很大的差异。

⑤工艺性良好，致密性较高。

（2）不饱和树脂的缺点如下。

①固化时体积收缩率较大。

②耐有机溶剂的性能差。

③不耐氧化性介质。例如，在硝酸、浓硫酸、铬酸等强酸氧化剂介质中，树脂极易老化，特别是温度升高，老化过程会加速，因而不耐酸蚀。聚酯树脂的耐碱及耐溶剂性

能差，这是由于分子链中存在大量的酯键，在碱或热酸的作用下，能发生水解反应。

四、其他热固性树脂

（一）有机硅树脂

1. 有机硅树脂的分类 在有机硅聚合物中，具有实用价值和得到广泛应用的主要是由有机硅单体（如有机卤硅烷）经水解缩聚而成的主链结构为硅氧键的高分子有机硅化合物。这种主链由硅氧键构成，侧链通过硅原子与有机基团相连的聚合物，称为聚有机硅氧烷。按相对分子质量的大小，有机硅树脂可分为以下三类。

（1）低相对分子质量的有机硅树脂，这是一种液体状的硅油。

（2）高相对分子质量的弹性硅橡胶。

（3）中等相对分子质量的热固性硅树脂。

2. 有机硅树脂的性能 有机硅树脂则是聚有机硅氧烷中一类分子量不高的热固性树脂。用这类树脂制造的玻璃纤维增强复合材料，在较高的温度范围内（200~250℃）长时间连续使用后，仍能保持优良的电性能，同时，还具有良好的耐电弧性能及憎水防潮性能。有机硅树脂的性能如下。

（1）热稳定性。有机硅树脂的Si—O键有较高的键能（363kJ/mol），所以比较稳定，耐热性和耐高温性能均很高。一般说来其耐热温度可达200~250℃，特殊类型的树脂可以更高一些。

（2）力学性能。有机硅树脂固化后的力学性能不高，若在大分子主链上引进氯代苯基，可提高力学性能。有机硅树脂玻璃纤维层压板的层间黏接强度较差，受热时弯曲强度有较大幅度的下降。若在主链中引入亚苯基，可提高刚性、强度及使用温度。

（3）电性能。有机硅树脂具有优良的电绝缘性能，它的击穿强度、耐高压电弧及电火花性能均较优异。受电弧及电火花作用时，树脂即使裂解而除去有机基团，表面剩下的二氧化硅同样具有良好的介电性能。

（4）憎水性。有机硅树脂的吸水性很低，水珠在其表面只能滚落而不能润湿。因此，在潮湿的环境条件下，有机硅树脂玻璃纤维增强复合材料仍能保持其优良的性能。

（5）耐腐蚀性能。有机硅树脂玻璃纤维增强复合材料可耐浓度（质量）为10%~30%硫酸、10%盐酸、10%~15%氢氧化钠、2%碳酸钠及3%过氧化氢的腐蚀。醇类、脂肪烃和润滑油对它的影响较小，但耐浓硫酸及某些溶剂（如四氯化碳、丙酮和甲苯等）的能力较差。

（二）乙烯基酯树脂

乙烯基酯树脂是环氧丙烯酸酯类树脂或不饱和环氧树脂，是国外20世纪60年代初开发的一类新型聚合物，它通常是由低分子量环氧树脂与不饱和一元酸（丙烯酸）通过开环加成反应而制得的化合物。这类化合物可单独固化，但一般都把它溶解在苯乙烯等反应性单体的活性稀释剂中来使用，把这类混合物称为乙烯基树脂。其典型的化学结构式如下：

$$H_2C = \overset{\overset{\displaystyle O}{\parallel}}{\underset{\underset{\displaystyle R}{}}{C}} - O - CH_2 - \overset{\underset{\displaystyle OH}{|}}{\underset{\underset{\displaystyle R}{}}{C}} - CH_2 - O \underbrace{}_{} \overset{\overset{\displaystyle CH_3}{|}}{\underset{\underset{\displaystyle CH_3}{}}{C}} \underbrace{}_{} O - CH_2 - \overset{\underset{\displaystyle OH}{|}}{\underset{\underset{\displaystyle R}{}}{C}} - CH_2 - O - \overset{\overset{\displaystyle O}{\parallel}}{C} - \overset{\underset{\displaystyle R}{|}}{C} = CH_2$$

从结构式中可以看出，该类树脂保留了环氧树脂的基本链段，又有不饱和聚酯树脂的不饱和双键，可以室温固化。汇集了这两种树脂的双重特性，使其性能更趋于完善。

（三）呋喃树脂

由糠醛或糠醇本身进行均聚或与其他单体进行共缩聚而得到的缩聚产物，习惯上称为呋喃树脂。呋喃树脂的品种很多，其中以糠醛苯酚树脂、糠醛丙酮树脂及糠醇树脂较为重要。

1. 糠醛苯酚树脂　糠醛可与苯酚进行缩聚，缩聚反应一般用碱性催化剂。常用的碱性催化剂有氢氧化钠、碳酸钾或其他碱土金属的氢氧化物。糠醛苯酚树脂的主要特点是在给定的固化速度时有较长的流动时间，这一工艺性能使它适宜用作模塑料。用糠醛苯酚树脂制备的压塑粉特别适于压制形状比较复杂或较大的制品。模压制品的耐热性比酚醛树脂好，使用温度可以提高 $10 \sim 20\,℃$，尺寸稳定性、电性能也较好。

2. 糠醛丙酮树脂　糠醛与丙酮在碱性条件下进行缩合反应形成糠酮单体，它可与甲醛在酸性条件下进一步缩聚，使糠酮单体分子间以次甲基键连接起来，形成糠醛丙酮树脂。

3. 糠醇树脂　糠醇在酸性条件下很容易缩聚成树脂。一般认为，在缩聚过程中糠醇分子中的羟甲基可以与另一个分子中的 α–氢原子缩合，形成次甲基键，缩合形成的产物中仍有羟甲基，可以继续进行缩聚反应，最终形成线型缩聚产物糠醇树脂。

固化后的呋喃树脂耐强酸（强氧化性的硝酸和硫酸除外）、强碱和有机溶剂的侵蚀，在高温下仍很稳定。呋喃树脂主要用作各种耐化学腐蚀和耐高温的材料。

（1）耐化学腐蚀材料。呋喃树脂可用来制备防腐蚀的胶泥，用作化工设备衬里或其他耐腐材料。

（2）耐热材料。呋喃玻璃纤维增强复合材料的耐热性比一般的酚醛玻璃纤维增强复合材料高，通常可在 $150\,℃$ 左右长期使用。

（3）与环氧树脂或酚醛树脂混合改性。可改进呋喃玻璃纤维增强复合材料的力学性能以及制备时的工艺性能。这类复合材料已广泛用来制备化工反应器的搅拌装置、储槽及管道等化工设备。

第四节　热塑性树脂

热塑性树脂是指具有线型或支链型结构的一类有机高分子化合物，这类聚合物遇热软化或熔融而处于可塑状态，当冷却至软化点以下变硬并能保持模塑成型的形状。而且这一过程可以反复进行，易于回收再利用。

热塑性树脂与热固性树脂相比，在力学性能、使用温度、老化性能方面处于劣势，却有工艺简单、工艺周期短、成本低、密度小等方面的优势。热塑性树脂由线型分子构成，这些分子紧紧地聚集在一起或者互相缠绕。当热塑性树脂被加热时，使分子聚集的各种作用力变弱，材料开始软化并最终成为黏弹性液体。当对这种黏弹性液体降温时，其黏度增大并固化。这种软化/熔融和硬化/降温循环理论上可以无限次重复发生。实际应用中，在材料被氧化、剪切力损害或者降低交联度之前，热塑性树脂只可以有限地发生这种转变过程。此外，在加工过程中，热塑性树脂经历化学反应并且邻近的支链通过共价键结合在一起，因此，再次受热时不能软化。简单的加热和降温循环不能使这些材料再加工。因此，一旦热固性树脂被加工成型之后，就不能再加工以修正加工的缺陷。随着能源矛盾的加剧、科学技术的发展，以热塑性树脂为基体的复合材料将会有很大的发展空间。

常用作纺织复合材料的热塑性树脂基体有聚烯烃（聚乙烯、聚丙烯、聚氯乙烯、聚苯乙烯等）、聚酰胺树脂、氟树脂、聚碳酸酯树脂、聚砜树脂等。

迄今，几乎所有的热塑性树脂皆可用玻璃纤维或其他纤维增强。

为制造纤维增强热塑性复合材料的零件，需要研究改进材料模塑时的收缩性，还要研究如何防止扰曲等问题。欲解决这些问题，不仅要掌握纤维性能，还要对热塑性树脂进行一些必要的了解。

一、聚烯烃树脂

聚烯烃树脂是指由乙烯、丙烯、丁烯、戊烯、甲基戊烯等结构简单的 α-烯烃类单体单独聚合或共聚合而成的热塑性树脂。聚烯烃树脂是一类发展最快、品种最多、产能最大的热塑性树脂，主要品种有聚乙烯、聚丙烯、聚氯乙烯、聚苯乙烯等。

（一）聚乙烯

聚乙烯（PE）是结构最简单的高分子，是由重复的—CH_2—单元连接而成的，具有良好的结晶性，它的相对密度为0.917~0.965不等，是应用最为广泛的一种高分子材料。聚乙烯是通过乙烯（$CH_2{=}CH_2$）的加成聚合而成的。聚乙烯的性能取决于它的聚合方式，其聚合制备方法有高压法、中压法、低压法等。在中等压力（15~30MPa）有机化合物催化条件下进行Ziegler-Natta聚合而成的是高密度聚乙烯（HDPE）。这种条件下聚合的聚乙烯分子是线性的，且分子链很长，分子量高达几十万。如果是在高压力（100~300MPa）、高温（190~210℃）、过氧化物催化条件下自由基聚合，生产出的则是低密度聚乙烯（LDPE），它是有支化结构的。

聚乙烯无臭、无毒，手感似蜡，具有优良的耐低温性能（最低使用温度可达−100~−70℃），化学稳定性好，能耐大多数酸碱的侵蚀（不耐具有氧化性质的酸），常温下不溶于一般溶剂，吸水性小，电绝缘性能优良，其耐寒性和摩擦性能良好，并且有突出的电绝缘性能和良好的耐辐射性。其缺点是力学强度不高，热变形很低，故不能承受较高的载荷。用玻璃纤维增强聚乙烯可使力学性能和热性能有很大提高，通常用质量分数为20%～30%的玻璃纤维增强聚乙烯。

（二）聚丙烯

聚丙烯（PP）是通过丙烯的加成聚合而成的，具有较高的结晶度，相对密度为0.90～0.91，熔点在170～175℃，相对分子质量一般在15万～17万。与其他烯烃相比，聚丙烯的相对分子质量的分布较宽。

聚丙烯具有突出的耐弯曲疲劳性能、耐热性、电绝缘性能和化学稳定性。由于聚丙烯大分子链中的碳原子对氧的侵蚀性非常敏感，在光、热和空气中氧的作用下容易老化。用玻璃纤维增强的聚丙烯，其力学性能有很大的提高，热变形温度、尺寸稳定性、低温冲击性能和老化性能亦有所提高。作为纺织复合材料的树脂基体，聚丙烯共聚物更受欢迎，这是因为通过聚丙烯的共聚（聚合过程中加入少量乙烯）可以提高韧性。

（三）聚氯乙烯

聚氯乙烯（PVC）在工业上是由氯乙烯在引发剂作用下聚合而成的热塑性树脂，是氯乙烯的均聚物。聚氯乙烯均聚物和聚氯乙烯共聚物统称为聚氯乙烯树脂。聚氯乙烯为无定形结构的白色粉末，支化度较小。工业生产的聚氯乙烯分子量一般在5万～12万，具有较大的多分散性，分子量随聚合温度的降低而增加；无固定熔点，80～85℃开始软化，130℃变为黏弹态，160～180℃开始转变为黏流态；有较好的机械性能，抗张强度为60MPa左右，冲击强度为5～10kJ/m²。

聚氯乙烯的最大特点是阻燃（阻燃值为40以上），被广泛用于防火应用。但是聚氯乙烯在燃烧过程中会释放出氯化氢和其他有毒气体，如二噁英。聚氯乙烯具有稳定的物理化学性质，耐酸、碱性能良好，并耐大多数油类、脂肪和醇类的侵蚀，但不耐芳烃类、酮类、酯类的侵蚀。机械强度与电绝缘性良好，对光、热的稳定性较差。硬质聚氯乙烯（未加增塑剂）具有良好的机械强度、耐候性和耐燃性，可以单独用作结构材料，应用于化工上制造管道、板材及注塑制品。聚氯乙烯复合材料的加工温度范围很窄，需要小心操作以避免热降解。

（四）聚苯乙烯

聚苯乙烯（PS）是由苯乙烯单体经自由基缩聚反应而合成的聚合物，通常聚苯乙烯的分子量为5万～20万，相对密度为1.05～1.07，是一种无定形玻璃态聚合物，溶于芳香烃、氯代烃、脂肪族酮和酯等。聚苯乙烯一般为头尾结构，主链为饱和碳链，侧基为共轭苯环，使分子结构不规整，增大了分子的刚性，是非结晶性的线型聚合物。由于苯环存在，PS具有较高的T_g（80～82℃），所以在室温下透明而坚硬，由于分子链的刚性，易引起应力开裂。

聚苯乙烯最重要的特点是熔融时的热稳定性和流动性非常好，所以易成型加工，特别是注射成型容易，适合大量生产。成型收缩率小，成型品尺寸稳定性也好。聚苯乙烯透明性好，透光率达88%～92%，仅次于丙烯酸类聚合物，折射率为1.59～1.60。故可用作光学零件，但它受阳光作用后，易出现发黄和混浊现象。聚苯乙烯具有优异的电性能，特别是高频特性好。另外，在光稳定性方面仅次于甲基丙烯酸树脂，但抗放射线能力是所有塑料中最强的。聚苯乙烯用玻璃纤维增强之后，最突出的性能改善是低温冲击韧性得到提高。

普通聚苯乙烯树脂为无毒、无臭、无色的透明颗粒，似玻璃状脆性材料，其制品具有极高的透明度，透光率可达90%以上，电绝缘性能好，易着色，加工流动性好，刚性及耐化学腐蚀性好等。普通聚苯乙烯的不足之处在于性脆，冲击强度低，易出现应力开裂，耐热性差及不耐沸水等。

二、聚酰胺树脂

聚酰胺商品名又称尼龙（Nylon）或锦纶。聚酰胺是主链上含有许多重复酰胺基团的一大类线型聚合物，品种很多。通常由 ω-氨基酸或内酰胺开环聚合而得，或由二元酸和二元胺经缩聚反应而得。聚酰胺分子链中的酰胺基材可以相互作用形成氢键，使聚合物有较高的结晶度和熔点。各种聚酰胺的熔点随高分子主链上酰胺基团的浓度和间距而变化，熔点相差较大，在140~280℃。

聚酰胺的熔点虽较高，但其热变形温度都较低，长期使用温度低于80℃。然而，聚酰胺树脂用玻璃纤维增强后其热变形温度会明显提高，线膨胀系数也会降低很多。聚酰胺分子链中含有极性较大的酰氯基团，故其吸水率较高，电绝缘性能较差。通过增加弹性模量和改善蠕变性能，能大大提高聚酰胺吸湿时的尺寸稳定性。聚酰胺对大多数化学试剂具有良好的稳定性，耐油、耐碱，但不耐极性溶剂，如苯酚、甲酚等。

三、聚丙烯腈-丁二烯-苯乙烯树脂

聚丙烯腈-丁二烯-苯乙烯树脂（ABS）是由丙烯腈（A）、丁二烯（B）、苯乙烯（S）三种单体组成的三元共聚物。由于ABS分子中有三种单体组分，因此，它兼有三种组分的共同特性，使其成为坚韧、质硬、刚性的材料，三种组分的配比改变会直接影响其性能。一般情况下，三种组分的配比是：丙烯腈25%~30%，丁二烯25%~30%，苯乙烯40%~50%。

ABS树脂的吸水率较低，试样在室温下浸置水中一年吸水率不超过1%，物理性能没有变化。温度、湿度对ABS树脂的电性能影响很小，且在较大的频率变化范围内亦很稳定。ABS树脂的缺点是耐热性不够高，按不同类型的ABS树脂和所加的载荷，热变形温度为65~124℃不等。其上限温度是耐热级和低载荷时的数值，一般热变形温度为93℃。ABS树脂也被广泛地用玻璃纤维增强，纤维含量一般在20%~30%。纤维增强的ABS树脂，热变形温度提高不大。当纤维含量为20%时，比原树脂高10℃左右，但此时刚性有明显提高，制品的尺寸稳定性好，易保持原有的形状。

四、聚甲醛树脂

聚甲醛是一种没有侧链、高密度、高结晶性的线型聚合物，具有优异的综合性能。聚甲醛的拉伸强度可达70MPa，可在104℃下长期使用，脆化温度为-40℃，吸水性较小。

但聚甲醛的热稳定性较差，耐候性较差，长期在大气中曝晒会老化。

聚甲醛的力学性能相当好，它具有较高的弹性模量，摩擦系数小，耐磨性能好。聚甲醛还具有高度抗蠕变和应力松弛能力。聚甲醛尺寸稳定性好，吸水率很小，所以吸水率对其力学性能的影响可以不予考虑。聚甲醛有较好的介电性能，在很宽的频率和温度范围内，它的介电常数和介质损耗角正切值变化很小。聚甲醛的耐热性较差，在成型温度下易降解放出甲醛，一般在造粒时加入稳定剂。若不受力，聚甲醛可在140℃下短期使用，其长期使用温度为85℃。聚甲醛耐气候性较差，经大气老化后，一般性能均有所下降。但它的化学稳定性非常优越，特别是对有机溶剂，其尺寸变化和力学性能的降低都很少。但对强酸和强氧化剂如硝酸、硫酸等耐蚀性很差。

五、其他热塑性树脂

1. **聚酯树脂（涤纶/PET树脂）** 聚酯树脂是一类由多元酸和多元醇经缩聚反应得到的在大分子主链上具有酯基重复结构单元的树脂。聚酯树脂主要结构为线型高分子量的聚酯。聚酯树脂的熔点在260℃左右，对水和一般氧化剂水溶液是稳定的，在一般浓度酸碱溶液中，室温下较稳定，在大于50℃时有明显的浸蚀作用。它在室温条件下可溶于氟代和氯代醋酸和酚类，但不溶于脂肪烃。聚酯树脂耐光化学的降解性能、耐气候性以及耐辐射性能都十分优良。聚酯树脂通过玻璃纤维、滑石粉、云母等增强材料来提高性能很有效，增强后的聚酯树脂在应力作用下的变形极小，在长时间负荷作用下的蠕变特性也极为优异，耐疲劳性也极好。

2. **氟树脂** 氟树脂是一类由乙烯分子中氢原子被氟原子取代后的衍生物合成的聚合物。氟树脂的分子链结构中由于有C—F键，碳链外又有氟原子形成的空间屏蔽效应，故其具有优异的化学稳定性、耐热性、介电性、耐老化性和自润滑性等。主要的品种有聚四氟乙烯、聚二氟氯乙烯、聚偏氟乙烯和聚氟乙烯等。聚四氟乙烯可以在260℃高温下长期使用，–268℃低温下短期使用。不仅介电性能优异，且不受工作环境、温度、湿度和工作频率的影响。在高温下也不与强酸、强碱和强氧化剂起作用，即使在"王水"中煮沸也无变化，故有"塑料王"之称。润滑性特别是自润滑性很好，对钢的静摩擦系数仅0.02，动摩擦系数为0.03，自摩擦系数为0.01；氟树脂的主要缺点是有冷流性，在负荷和高速条件下尺寸不稳定；刚性、耐磨和压缩强度较差，需加硫化钼和青铜粉等填料改性；耐辐射性和加工性不好。

3. **聚苯乙烯—丙烯腈树脂** 聚苯乙烯—丙烯腈树脂（SAN或AS树脂）是微黄色固体。它比聚苯乙烯有更高的冲击韧性和优良的耐热性、耐油性及耐化学腐蚀性。对引起聚苯乙烯应力开裂的烃类有良好的耐久性。在现有热塑性塑料中，它的拉伸弹性模量较高。SAN树脂经玻璃纤维增强，其性能有显著提高。

4. **聚砜树脂** 根据分子结构不同，聚砜树脂（PSU树脂）包括三类：聚砜（Polysulfone，如Udel）、聚芳醚砜或聚苯砜（Polyphenylsulfone或Polyarylethersulfone，如Radel R）、聚醚砜（Polyethersulfone，如Radel A、Vitrex PES）。

聚砜树脂一般为双酚A类聚砜，具有良好的耐热性能、电性能、柔韧性、耐老化性、阻燃性能及低烟释放，但是缺口敏感性较高，力学性能（尤其是拉伸、弯曲模量）相对于PEEK等略低。

聚芳砜结构中，以苯核将砜基和醚键相连，没有脂肪链，一般结构中含有一定量的联苯结构（—◯—◯—），热变形温度与连续使用温度比双酚A型聚砜高100℃，聚醚砜结构中，主要是醚键与砜键相连，耐热性介于聚砜和聚芳砜之间。

5. **热致液晶高分子树脂** 热致液晶高分子树脂多为聚酯类高分子，这是一种耐高温的液晶高分子，阻燃性能非常好。液晶区在分子中的存在对非晶区域有增强作用，在熔融状态下呈现有序结构，按一定的方向取出，易于流动，因此，熔体的黏度与收缩率远小于一般的聚合物，具有优良的力学性能，耐冲击性能也很高。

6. **聚酮类树脂** 聚酮类树脂的主要产品为聚醚醚酮（PEEK），是以亚苯基环（—◯—）与氧桥醚（—O—）及酮基（$\overset{\text{O}}{\underset{\|}{-\text{C}-}}$）连接而成，这类树脂具有优良的力学性能、韧性、耐辐射性能及阻燃性能，真空条件下挥发成分少，在高温与苛刻环境中性能保持率高等特点，可在电子器材、军用设备、电线、电缆、交通运输、石油化工及航空工业等领域应用。

7. **聚芳硫醚树脂** 聚芳硫醚树脂中最具代表性的为聚苯硫醚（PPS），PPS是一种半结晶树脂，具有良好的力学性能和优良的耐介质性能，对无机酸、碱、盐、有机酸、酯、酮、醇等稳定，在200℃以下很难溶解，但是强氧化剂能够将其氧化，具有良好的阻燃性能，耐燃等级为V-0级。由于韧性较差，PPS较少用作连续纤维增强的复合材料树脂基体，但是短纤维及其他填料添加的PPS应用非常广泛。

8. **热塑性聚酰亚胺** 热塑性聚酰亚胺（PI）中最主要的两个品种是杜邦公司的N-polymer和Eymyd，这类树脂的特点是玻璃化转变温度与长期使用温度高、热稳定性与热氧化稳定性好、力学性能优异、耐介质与耐环境性能好、能在高温苛刻条件下应用。缺点是由于酰胺化过程中会形成小分子，在成型过程中需要较长时间去除小分子，使得成型周期很长。

9. **聚酰胺酰亚胺** 聚酰胺酰亚胺（PAI）是分子链中既有酰胺基团，又有酰亚胺基团的聚合物，PAI树脂具有优异的韧性、良好的力学性能，耐高温性能好，热变形温度高，具有良好的耐化学介质性能。缺点是树脂吸湿率高，不宜在高温湿态条件下应用，并且由于树脂熔体黏度大，加工难度较大。

10. **聚醚酰亚胺** 聚醚酰亚胺（PEI）具有优异的力学性能，良好的耐热性能及加工性能，可用于制备耐高温、高强度的机械零件，与PEEK相比，PEI具有较高的玻璃化转变温度，使用温度及较低的成型、加工温度。

11. **聚苯并咪唑** 聚苯并咪唑（PBI）属于超耐热高分子，并且具有很高的压缩强度、表面强度及很低的热膨胀系数。玻璃化转变温度为430℃，经退火处理可达500℃。

PBI具有良好的耐化学介质性能，在空气中阻燃效果好，气体释放率低。可代替石棉用于阻燃及热防护，甚至宇宙飞船的隔热层、核反应堆的防护材料都可采用这种材料。

先进树脂基复合材料是指由基体树脂和连续纤维增强体材料所构成，具有高比强度和比刚度，可设计性强，抗疲劳，耐腐蚀性能好以及具有特殊的电磁性能等独特优点的一类复合材料。与传统的钢、铝合金等结构材料相比，树脂基复合材料的密度约为钢的1/5，铝合金的1/2，其比强度、比模量明显高于钢和铝合金。使用先进树脂基复合材料代替铝合金等金属材料，可以明显减轻结构重量。

先进树脂基复合材料的力学、物理性能除了与纤维种类和含量、纤维的排列方向、铺层次序和层数等有关外，还与所用的树脂基体密切相关。先进树脂基复合材料的使用温度、耐环境性能、力学性能和电性能在很大程度上取决于所用的树脂基体。对于复合材料的力学性能，就纵向拉伸性能来说，无疑主要取决于增强材料，但也不可忽视基体的作用。聚合物基体将增强材料粘成整体，在纤维间传递载荷，并将载荷均衡，才能充分发挥增强材料的作用。对于复合材料的横向拉伸性能、压缩性能、剪切性能、耐热性能和耐介质性能等，则与基体性能关系更为密切。

对于纺织复合材料，基体树脂的黏度、适用期直接影响增强材料的浸渍、复合材料的铺层和预浸料的储存等。另外，复合材料的成型方法与工艺主要是由基体决定的。

复合材料的成型工艺性主要取决于基体材料。复合材料的成型方法和工艺参数主要是由基体决定的。

第五章　聚合物基复合材料的界面

第一节　概述

从物理化学的基本知识可知，凡是不同相共存的体系，在相与相之间都存在着界面。聚合物基复合材料由增强相和基体相结合为一整体，使复合材料具备原组成材料所没有的性能，并且由于界面的存在，增强相和基体相所发挥的作用既各自独立而又相互依存。

在复合材料中，增强体材料（应用最多的是各种高性能纤维）的主要作用是承担载荷，对材料的力学性能起主要的贡献。基体材料（尤其是聚合物基体）的作用是将纤维黏结在一起，并赋予材料一定的刚性和几何形状。而界面相则起到在增强相与基体相均匀地传递载荷并阻碍材料裂纹进一步扩展的作用。

随着对界面认知的不断深入，发现复合材料界面是在热、化学及力学等环境下形成的体系，具有极为复杂的结构。例如，纤维增强聚合物基复合材料界面通常包括：与增强纤维本体性能不同的纤维表面过渡区；具有一定形貌与化学特性的纤维表面层；纤维表面吸附层；纤维表面上浆剂或涂层；与本体基体性能不同的基体表面过渡区等众多层次。以上某一层次发生变化都将导致复合材料性能的改变。

界面是复合材料极为重要的微结构。它作为增强纤维与基体连接的"纽带"对复合材料的物理、化学及力学性能有着至关重要的影响：界面影响纤维与基体之间的应力传递，从而决定复合材料的强度，尤其是轴向强度；界面影响复合材料损伤累积与裂纹的传播历程，从而决定复合材料的断裂韧性；界面直接影响复合材料的耐环境、介质稳定性，甚至影响复合材料的功能性。通过在微观结构层次上的深入研究，发现复合材料界面附近的增强相和基体相由于在复合时复杂的物理和化学的原因，变得具有既不同于基体相又不同于增强相本体的复杂结构，同时发现这一结构和形态会对复合材料的宏观性能产生一定的影响，所以，界面附近这一结构与性能发生变化的微区也可作为复合材料的一相，称为界面相。因此，确切地讲，复合材料是由基体相、增强相和界面相组成。

复合材料是个广义的概念，所涉及的界面问题也十分广泛。在当前阶段，界面研究主要还是围绕提高结构复合材料的力学性能或赋予其新的功能来开展的。本章主要从聚合物基体复合材料界面的形成与结构、作用机理、表征以及界面设计与改性技术这几个方面进行阐述。

第二节　界面的形成与结构

一、界面的形成

对于纺织复合材料，其界面的形成可以分为两个阶段。第一阶段是增强纤维与树脂基体的接触与浸润过程。由于增强纤维对基体分子的各种基团或基体中各组分的吸附能力不同，它只是要吸附能降低其表面能的物质，并优先吸附能最大限度降低其表面能的物质，只有充分地吸附，增强纤维才能被树脂基体良好地浸润，因此，界面层的聚合物在结构上跟聚合物本体是不同的。第二阶段是聚合物的固化阶段。聚合物通过物理或化学的变化而固化，形成固定的界面层。对于热塑性树脂，其固化过程为物理变化，即树脂由熔融态被冷却到熔点以下而凝固。而对于热固性树脂，其固化过程除物理变化外，同时还依赖其本身官能团之间或借助固化剂（交联剂）而进行的化学反应，固化剂所在位置是固化反应的中心，固化反应从中心以辐射状向四周扩展，最后形成中心密度大、边缘密度小的非均匀固化结构，密度大的部分称为胶束或胶粒，密度小的部分称为胶絮，在依靠树脂本身官能团反应的固化过程中也出现类似的现象。因此，在制造复合材料时，纤维和树脂之间就形成新的界面区，其组成、结构与纤维和树脂均不尽相同。

二、界面的结构

复合材料界面并非是一个单纯的几何面，而是一个多层结构的过渡区域，界面区是从与纤维增强材料性质不同的某一点开始至与树脂基体内整体性质相一致的点间的区域。此区域的结构、组成、形态与性质都异于两相中的任一相。从结构上来分，这一界面区由五个亚层组成，每一亚层的性质均与基体和纤维以及改性剂（偶联剂）种类、复合材料的成型方法等密切相关。

人们曾认为聚合物基复合材料的界面是二维边界。近年来的研究成果已充分证实，这个界面既不是纤维与树脂基体简单结合的二维边界，也不是单分子层，而是包含着两相表面之间过渡区而形成的三维界面相。在界面相区域里材料的化学组分、分子排列、热性能、力学性能可以表现为梯度变化，也可能呈现突变的特征（后一种情况较少）。使界面区结构产生复杂变化的原因包括界面区树脂的密度、界面区树脂的交联度、界面区树脂的结晶以及界面区的化学组成等。

1. **界面区树脂的密度**　纤维表面吸附作用导致树脂密度在界面区与树脂本体有所差异。通常，吸附在纤维表面的树脂分子，排列得较其本体更紧密，形成所谓"拘束层"，分子排列紧密程度随着远离填料表面而逐渐下降，直至与树脂本体紧密程度一致。

2. **界面区树脂的交联度**　在热固性树脂基复合材料的固化过程中，纤维表面的官能团种类、数量和性质等（如酸碱度等）都会对树脂的固化过程产生影响。纤维表面的官能团和树脂本身官能团以及与固化剂之间存在着竞争反应，因而可能会导致界面区与树脂基体交联密度不一样，形成不均匀的交联结构，如形成纤维—交联致密层—交联松散层—树脂基体界面区（交联）特征。例如，在碳纤维表面氧化后的含氧官能团与环氧树脂聚氨酯（EP）的复合过程中，由于竞争反应使得在靠近碳纤维表面的界面层（EP-I）有最大的交联密度，而接近EP-I层的界面层（PU-M）有最小的交联密度，远离碳纤维表面的界面层的交联密度（EP）居中。

3. 界面区树脂的结晶 纤维的引入可以促进树脂基体的结晶。因而靠近纤维表面的一侧可能会有更高的结晶度。有研究发现，当树脂为热塑性结晶聚合物（如聚乙烯、聚丙烯、聚酰胺、聚苯硫醚等），填料为某些纤维（如碳纤维、芳纶等）时，纤维表面诱发界面结晶而形成横晶。横晶使纤维与树脂之间有良好的黏接，提高了剪切强度、拉伸强度，但在远离纤维表面的树脂基体却形成球晶（或密堆叠排列的晶片），球晶区有着比横晶区较低的断裂伸长率和断裂能。这样，在纤维表面之间的树脂基体，其结构是不均匀的，它影响着填充树脂的破坏行为和力学性能。

4. 界面区的化学组成 复合材料界面区化学组成的不均一性是显而易见的。当树脂中没有加入任何助剂时，情况虽然比较简单，但仍然会由于纤维表面对树脂大分子结构中某些官能团的优先选择性依附，而造成界面区各部位化学组成的差异。若树脂中含有增塑剂、润滑剂、稳定剂等加工成型助剂时，它们之间以及它们与树脂之间，从对纤维的相容性角度来看，均存在差异，故而在界面区的分布也必然是有梯度的。当在复合材料制造过程中使用了偶联剂时，则界面结构就会更为复杂。因为，当有偶联剂时，依赖偶联剂分子的两亲性，其分子一端与纤维表面形成化学键，另一端与树脂基体或形成化学键或形成较强固的物理结合（吸附、锚嵌、链段缠绕）。这样，化学键结合就构成了界面结构层的一个特征。偶联剂在纤维表面实际上并不完全是单分子层，相反却常为多分子层。偶联剂的溶解度参数与树脂基体的溶解度参数相近而能很好地匹配时，偶联剂分子在树脂基体中有一浓度渐变的扩散层。若扩散的偶联剂分子含有可与树脂反应的基团，则在较高温度下可能与树脂发生接枝反应，并可能形成互穿聚合物网络（IPN）。

以玻璃纤维增强环氧树脂为例，为了提高玻璃纤维增强塑料（GFRP）的性能通常用硅烷偶联剂对玻璃纤维表面进行处理，硅烷偶联剂的通式为$RSi(OR')_3$，其中R为能与有机基体相容的基团，R'为—CH_3或C_2H_5等烷基。玻璃纤维经表面处理后提高了与树脂基体的相容性和界面黏附性能。由此制得的GFRP力学性能比未经硅烷偶联剂处理的有成倍的增加。硅烷偶联剂经与玻璃纤维表面接触进行反应后生成含有偶联剂结构的界面，这一界面区与基体形成玻璃纤维—偶联剂—树脂基体体系。

玻璃纤维处理后，形成的界面可能存在三个亚层，即物理吸附层、化学吸附层和化学共价键结合层。用X射线电子能谱仪（XPS）对玻璃纤维界面元素组成做测定，可发现多种谱线。其中的谱线之一是原玻璃纤维的组成，其中含有C、Ca、Cl、Fe、O、Si、Al等元素；谱线之二是玻璃纤维经KH-550 $[NH_2C_3H_6Si(OC_2H_5)_3]$处理过的，因被偶联剂覆盖，其Ca、Cl、Fe等元素均未出现，而增加了KH-550的N峰。

5. 界面的形貌 如前所述，复合材料界面区的物理、化学特征均与树脂及填料本体不相同，故其形貌也不相同，尤其有偶联剂存在情况。例如，当用电子显微镜对未偶联处理的S-玻璃进行观察，在2万倍下其表面仍是光滑、表面粗糙度值相当小的平面。但经偶联剂处理后，其照片表明单丝间缝隙内有水解硅烷的不均匀微粒沉积，玻璃纤维表面保留着高低不平的树脂基体，极少有表面光滑的拔出玻璃纤维，且经偶联剂处理后的界面有良好的相容性和黏附性。

第三节　界面的作用机理与破坏机理

一、界面的作用机理

在组成复合材料的两相中，一般总有一相以溶液或熔融流动状态与纤维增强材料接触，然后进行固化反应使两相结合在一起。聚合物基复合材料中界面区的存在是导致这类复合材料具有特殊复合效应的重要原因之一。因此，在这个过程中两相间的作用和机理一直是人们关心的问题，但至今尚不完全清楚。一般来说，界面区的复合材料性能的贡献可概括如下。

（1）通过界面区使填料与基体树脂结合成一个整体，并通过它传递应力，故只有完整的黏结面才能均匀地传递应力。

（2）界面的存在有阻止裂纹扩展和减缓应力集中的作用，即起到松弛作用。

（3）在界面区，填充树脂若干性能产生不连续性，导致填充树脂可能出现某些特殊功能。

关于聚合物基复合材料界面的作用机理，以往的研究大多是基于强化界面结合，提出一些解释。从已有的研究结果总结出如下几种理论，包括浸润吸附理论、化学键理论、减缓界面区域应力集中、电子静电理论、机械联结理论、优先吸附理论和摩擦理论等。

（一）浸润吸附理论

在纺织复合材料的制备过程中，必须使纤维增强材料与树脂基体在界面上形成能量的最低结合，通常都存在液体对固体的互相浸润。浸润是把不同的液滴放到不同的固体表面上，有时液体会立即铺展开来，遮盖固体的表面，这一现象称为"浸润"；有时液体仍团聚成球状，这一现象称为"不浸润"或"浸润不好"。

液体对固体的浸润能力，可以用浸润角（接触角）θ 来表示，当 $\theta < 90°$ 时，称为浸润；当 $\theta > 90°$ 时，称为不浸润；当 $\theta = 0°$ 及 $180°$ 时，则分别为完全浸润和完全不浸润。

浸润吸附理论认为，浸润是形成界面的基本条件之一，两组分若能完全浸润，则树脂在高能表面的物理吸附所提供的黏合强度可超过基体的内聚能。两相间的结合模式属于机械黏结和润湿吸附。机械黏附模式是一种机械铰合现象，即在树脂固化后，大分子进入纤维表面的凹陷、微孔洞中形成机械铰链，或像草根扎于土坯中，或像人的头发植于头皮内一样。如果基体液与增强材料的浸润性差，则接触面有限；如浸润良好，液相可以扩展到另一相表面的凹坑中，使两相接触面积增大，结合紧密，并能产生机械锚合作用。

在浸润吸附理论中，高聚物的黏结作用可分为两个阶段。第一阶段，高聚物大分子借助于宏观布朗运动从液体或熔融体中，移动到被粘物表面；再通过微布朗运动，大分子链节逐渐向被粘体表面的极性基团靠近。没有溶剂时，大分子链节只能局部靠近表面，而在压力作用下或加热使黏度降低时，便可以与表面靠得很近。第二阶段，发生吸附作用。当被粘体与黏结剂分子间距小于0.5nm时，范德华力开始发生作用，从而形成偶极—偶极键、偶极—诱导偶极键、氢键等。此理论认为黏结力取决于次价键力，其根据是：同一种黏结剂可黏结各种不同材料；一般黏结剂与被粘体的惰性很大，它们之间发生化学作用的可能性很小。

一般而言，纤维被树脂基体良好地润湿是至关重要的。若浸润不良，在界面上会产生空隙，容易使应力集中，使界面区成为应力集中区，最终使界面处产生脱粘而导致复合材料在低应力下破坏。现阶段在纤维增强树脂基复合材料界面领域，关于浸润吸附理论的研究主要集中在纤维表面能的研究方面。通过大量的研究发现，纤维表面能与树脂基体表面张力的匹配是提高复合材料界面强度的关键。同时人们也发现浸润性不是实现良好界面黏结的唯一条件，因为黏结过程是一个非常复杂、受多种因素控制的过程，有时仅仅靠浸润吸附理论是不够的。

（二）化学键理论

1949年，Bjorksten和Lyaeger提出化学键理论，是较早提出的一种界面理论，其核心思想是：两相之间形成的化学键是界面黏合强度的主要贡献者，而两相之间由于分子的相互作用——范德华力，以及表面凹凸不平而引起的绞合作用对界面黏合强度影响较弱。其理论依据为：化学键具有较高的能量（50～250kcal/mol），足以阻止界面上分子的滑动，从而有效增强界面的黏结性能；而范德华力一般较弱（2.5～5kcal/mol），不能有效阻止分子链在界面上的滑动，因此，对界面黏合强度影响甚微；此外，机械铰合作用因其作用机理为纯粹的机械作用，依靠两相接触面的摩擦力阻止相对滑动，其与化学键作用相比对界面黏合强度的贡献不大。

化学键连接有以下几种类型。

（1）树脂基体分子链上的官能团与纤维增强材料表面上的官能团发生化学反应，使树脂基体通过化学键与填充材料结合在一起。

（2）纤维增强材料表面用表面处理剂（偶联剂）处理后，表面处理剂分子的一部分带有可与纤维增强材料表面官能团反应的基团，另一部分含有可与树脂基体大分子反应的官能团，形成了纤维增强材料与树脂基体间的化学键连接。

（3）界面区中有表面活性剂（表面处理剂）分子，其一端与纤维增强材料表面的官能团反应形成化学键，另一端与树脂基体不发生化学反应，但以某种形式形成强的结合，如共结晶等，或者是相反的情况。

按照化学键理论，两相的表面应含有能相互发生化学反应的活性基团，通过官能团的反应以化学键形成界面。若两相之间不能直接进行化学反应，则可以通过加入偶联剂的媒介作用以化学键结合（图5-1）。

化学键理论认为：偶联剂分子应至少含有两种官能团，第一种官能团在理论上可与

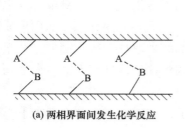
(a) 两相界面间发生化学反应

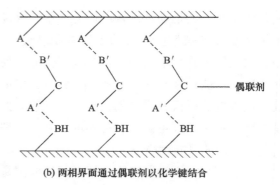
—— 偶联剂
(b) 两相界面通过偶联剂以化学键结合

图5-1 界面化学作用

增强材料起化学反应，第二种官能团在理论上应能参与树脂的固化反应，与树脂分子链形成化学键结合，于是，偶联剂分子像"桥"一样，将增强材料与基体通过共价键牢固地连接在一起。已有较多的事实证明了化学键理论的价值，其中最具有代表性的硅烷偶联剂的使用，硅烷偶联剂的一端可与无机纤维（玻璃纤维）表面氧化物反应生成化学键，另一端可与基体树脂发生化学键合作用，甚至可以参与树脂的固化反应，这样使树脂基体与增强纤维之间实现了化学键结合的界面，有效地提高了复合材料的性能。例如，使用甲基三氯硅烷、二甲基二氯硅烷、乙基三氯硅烷和乙烯基烷氧基硅烷及二烯丙基烷氧基硅烷于不饱和聚酯/玻璃纤维体系中。结果表明，含不饱和基硅烷的制品强度比饱和基的高出约两倍，显著地改善了树脂/玻璃纤维两相间的界面黏结。

另外，界面间化学键合作用的存在除了能提高黏合强度，还可以改善材料的抗腐蚀和耐湿热老化性能，这是该理论不容忽视的一方面作用。

（三）减缓界面区域应力集中

聚合物基复合材料固化后，聚合物将产生收缩现象，而且基体与纤维的热膨胀系数相差较大，因此，在固化过程中，纤维与基体界面上就会产生附加应力，这种附加应力会使界面破坏，导致复合材料的性能下降。此外，由此载荷作用产生的应力，在复合材料中的分布也是不均匀的。增强纤维与基体间模量相差较大，复合材料在外力场作用下，纤维与基体间常常发生应力集中从而影响复合材料的整体性能。因此，从观察复合材料的微观结构可知，纤维与树脂的界面不是平滑的，结果在界面上某些部位集中了比平均应力高的应力。这种应力集中将首先使纤维与基体间的化学键断裂，复合材料内部形成微裂纹，这样也会使复合材料的性能下降。

增强材料经处理剂处理后，能减缓上述几种应力的作用，因此，一些研究者对界面的形成及其作用提出了以下几种理论。

1. **变形层理论** 该理论认为，对填充材料进行表面处理的处理剂在填充材料与树脂基体间的界面形成了一层塑性层，当受到外力作用时，它能发生形变，松弛界面应力，同时还能阻止裂纹扩展，使复合材料免遭破坏。

2. **抑制层理论** 该理论认为，对填充材料进行表面处理的处理剂构成了界面区的一部分，其弹性模量介于高弹性模量的填充材料和低弹性模量的树脂基体之间，能起到均匀传递应力，从而减弱界面应力作用。

3. 减弱界面局部应力作用理论　该理论认为，处于基体与增强材料界面间的处理剂，提供了一种具有"自愈能力"的化学键，这种化学键在外载荷作用下，处于不断形成与断裂的动平衡状态。低相对分子质量物质的应力侵蚀，将使界面的化学键断裂，在应力作用下，处理剂能沿增强材料的表面滑移，滑移到新的位置后，已经断裂的键又能重新结成新的键，使基体与增强材料之间仍保持一定的黏结强度。

这种理论的依据是：经水解后的处理剂（硅醇）在接近覆盖着水膜的亲水增强材料表面时，由于它也具有生成强力氢键的能力，因此，足以有能同水争夺与增强材料表面作用的机会，结果同增强材料的表面的羟基键合。

硅烷处理剂的—R基团与基体作用后，会生成两种稳定的膜，即刚性膜和柔性膜，它们成为基体的一部分。聚合物与处理剂所生成的膜同增强材料间的界面，代表了基体与增强材料的最终界面，聚合物刚性硬膜与增强材料间的黏结，如图5-2所示。

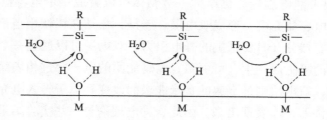

图5-2　聚合物刚性硬膜与增强材料间的黏结

只要界面是刚性或可移动的，在水的存在下，处理剂与增强材料表面生成的键水解后，生成的游离硅醇保留在界面上，最终能恢复原来的键，或与相邻的增强材料表面上的基团（活性点）形成一个新键，所以处理剂与增强材料表面间化学键的形成与破坏，处于可逆的动平衡状态。只要处理剂与基体间形成的刚性硬膜保持完整性，那么在应力的作用下，处理剂与增强材料间的化学键破坏后，在相邻的部位又会重新形成。这种动态平衡使基体与增强材料间的黏结保持完整，而且起到了减弱应力的作用，这一效果是在较大的范围内才能看到的。

上述理论还可以通过复合材料受酸、碱及水的作用后性能的对比得到证实。酸或碱都是硅—氧键（—Si—O—）水解的有效催化剂，若基体通过处理剂与增强材料间形成的键（—Si—O—）是不可逆的耐久的共价键，则复合材料的力学性能在酸或碱的作用下的降低，应该比在水中下降得快。但实验证明，用硅烷处理剂处理后的增强材料制成的复合材料，处理剂与增强材料表面间形成的键，是能够可逆变化的共价键。

上述理论对聚合物生成柔性膜时不适用。因为聚合物与处理剂生成柔性膜，与增强材料间形成的键水解后会收缩，不能再生成新键，所以水会在增强材料表面漫开，使基体与增强材料间的黏结完全破坏。柔性膜与增强材料表面间的黏结如图5-3所示。

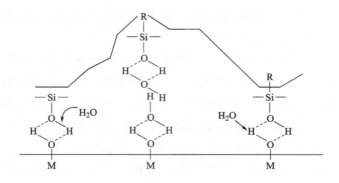

图5-3　柔性膜与增强材料表面间的黏结

（四）电子静电理论

当两种电介质相接触时，会产生接触起电现象。另外，在一定条件下，当从被粘物表面剥离黏结剂薄膜时，由于放电和发射电子而产生特殊声响和发光现象。根据此现象，Dezayagin提出了静电理论：黏结剂—被粘体可以看成一个电容器；两者各为一极板，相互接触而使电容器充电，形成双电层。于是，黏结破坏就相当于电容器被分开，黏结功就相当于电容器分开时要抵抗的静电引力。双电层可以通过一个相的极性基团在另一个相表面上定向吸附而产生，可由聚合物官能团的电子穿过相表面而形成。就电介质—金属黏结而言，双电层则是金属的费米能级的改变和电子转入电介质而形成的静电现象。仅在一定条件下，才表现出来。因此，静电理论与一些实验结果是吻合的，但也有一定局限性。例如，它不能圆满地解释电介质极性相近的聚合物也能牢固黏结的事实，根据该理论，非极性聚合物之间是不能黏结的，但实际上，这类黏结具有高的黏结强度。

（五）机械联结理论

机械联结理论认为黏结剂与被粘体的黏结纯粹基于机械作用，首先液态黏结剂渗入被粘体的空隙内，然后在一定条件下，黏结剂凝固或固化而被机械地"镶嵌"在空隙中，于是便产生了机械结合力。由此可见，机械结合力主要取决于材料的几何学因素。事实上，机械理论是与其他黏结理论协同作用的理论，没有一个黏结系统是只由机械作用而形成的。

（六）优先吸附理论

树脂胶液中，各组分在玻璃纤维上的吸附能力各不相同，有先有后，纤维表面优先吸附基体系中的助剂。例如，胺类固化环氧树脂时，纤维表面优先吸附胺，使界面层基体内分布为一梯度，最后导致界面层结构与性能也具有梯度变化，这样有利于消除应力而改善复合材料的力学性能。

（七）摩擦理论

该理论认为，树脂基体与填充材料间界面的形成（黏接）原因是摩擦作用，树脂基体与填充材料间的摩擦因数决定了复合材料的强度。对填充材料进行表面处理，其作用在于增加了树脂基体与填充材料间的摩擦因数，从而使复合材料的强度提高。对于水或其他低相对分子质量物质浸入复合材料使其强度下降，干燥后强度又能部分恢复的现象，该理论的解释是：水或其他低相对分子质量物质浸入界面区，使树脂基体与填充材料间的摩擦因数减小，界面传递应力的能力减弱，故强度降低。干燥后，界面区的水或其他低相对分子质量物质减少或完全除去，树脂基体和填充材料间的摩擦因数又增大，传递应力的能力又增加，故强度恢复。

为了解释界面黏合过程，提出了多种界面黏合理论，每一种理论都有一定的事实根据，然而也都存在无法解释的实验事实，有时对同一问题两种理论的观点是背道而驰的，都有一定的局限性，有时则需要几种理论联合应用才能概括全部实验事实。各种理论只能说明界面黏合现象某一方面的问题，但是不能说明现象的本质和过程的全部。

二、界面的破坏机理

纺织复合材料中，纤维增强材料与树脂基体间界面区的形成、组成和结构受众多因素影响，不同种类填充树脂界面区的组成、结构有一些共同的特征，也存在着各种各样的差别。了解界面破坏的机理是很重要的，因为纤维和基体是通过界面构成一个复合材料整体。引起纺织复合材料界面破坏的原因可以是力学的、热学的和光学的，作为高性能结构材料，纺织复合材料经常在复杂的温度、力场条件下使用，因此，在此仅讨论力学破坏。

（一）裂纹扩展引起的界面破坏

在界面破坏机理的研究中，对于界面裂纹扩展过程的能量变化以及介质引起界面破坏的理论报道较多，主要的破坏机理有两个：裂纹扩展引起界面的破坏和介质引起界面的破坏。

1. **破坏来源**　在复合材料中，纤维和基体界面中均有微裂纹存在，在外力和其他因素的作用下，都会按照自身的一定规律扩展，并消散能量，最终导致复合材料的破坏。例如，基体上的微裂纹的扩展趋势，有的平行于纤维表面，有的垂直于纤维表面。

当微裂纹受外界因素作用时，其扩展的过程将逐渐贯穿基体，最后到达纤维表面。在此过程中，随着裂纹的发展，将逐渐消耗能量，由于消耗能量，其扩展速率减慢，垂直表面的裂纹还由于能量的消耗，减缓它对纤维的冲击。如果没有能量消耗，能量集中于裂纹尖端上，就能穿透纤维，导致纤维与复合材料破坏，这属于脆性破坏特征。通过提高碳纤维和环氧树脂的黏结强度，就能观察到这种脆性破坏。另外，也可观察到有些聚酯或环氧树脂复合材料破坏时，不是脆性破坏，而是逐渐破坏的过程，破坏开始于破坏总载荷的20%~40%。这种破坏机理的解释，就是前述的由于裂纹在扩展过程中能量流散（能量耗散），减缓了裂纹的扩展速率，以及能量消耗于界面的脱胶（黏结被破坏），从而分散了裂纹峰上的能量集中，因此，未能造成纤维的破坏，致使整个破坏过程是界面逐渐破坏的过程，如图5-4所示。

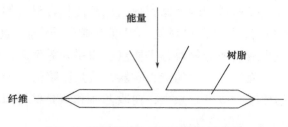

图5-4 裂纹能量在界面流散的示意图

当裂纹在界面上被阻止，由界面脱胶而消耗能量，将会产生大面积的脱胶层，用高分辨率的显微镜观察，可以观察到脱胶层的可视尺寸达0.5μm，可见能量流散机理在起作用。在界面上，基体与增强材料间形成的键可以分为两类：一类是物理键，即范德华力，键能约为6kcal/mol；另一类是化学键，键能约为30kcal/mol；可见能量流散时，消耗于化学键的破坏能量较大。界面上化学键的分布与排列可以是集中的、分散的，甚至混乱的。

如果界面上的化学键是集中的，当裂纹扩展时，能量耗散较少，较多的能量集中于裂纹尖端，就可能在还没有引起集中键断裂时，就已冲断纤维，导致复合材料破坏。界面上化学键集中时的另一种情况是，在裂纹扩展过程中，还未能冲断纤维已使集中键破坏，这时由于破坏集中键引起能量流散，仅造成界面黏结破坏。如果裂纹尖端集中的能量足够大，或继续增加能量，则不仅使集中键破坏，还能引起纤维断裂。此外，在化学键破坏的过程中，物理键的破坏也能消耗一定量的集中于裂纹尖端的能量。

如果界面上的化学键是分散的，当裂纹扩展时，将是化学键逐渐破坏，使树脂从界面上逐渐脱落，能量逐渐流散，导致界面脱粘破坏。

2. 破坏形式 纺织复合材料的破坏机理主要从纤维、基体及界面在载荷作用和介质作用下的变化来进行研究，是由基体断裂、纤维断裂、纤维脱粘、纤维拔出（摩擦功）、裂纹扩展与偏转这五种基本破坏形式的组合与共和体现的结果。重点介绍纤维表层剥离或轴向劈裂的破坏、内聚破坏和界面破坏这三种破坏形式。

（1）纤维表层剥离或轴向劈裂的破坏。当纤维增强树脂基复合材料界面黏结强，基体树脂强度高而纤维增强材料具有表芯结构或结晶层滑动结构就易出现纤维表层剥离或轴向劈裂的破坏，此种破坏如图5-5所示。

例如，芳纶（Kevlar）纤维有着典型的"皮—芯"结构，此种纤维的皮层是由刚性大分子链伸直紧密地排列，沿轴向取向而成的微纤状结构；其芯层由许多沿轴向松散排列的串晶聚集体组成，串晶之间有氢键连接。在剪切力作用下，上述结构很易

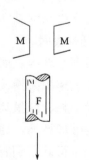

图5-5 纤维表层剥离或轴间劈裂的破坏模式

发生相对滑动，导致皮芯分离和轴向劈裂。因此，芳纶的纵向强度虽高，但是横向强度较低，纤维容易轴向劈裂，导致芳纶聚合物基复合材料的层间剪切强度和压缩强度都不

高。与芳纶类似，碳纤维是由许多沿轴向择优取向的石墨微晶组成，其表层比芯层呈现更大的取向，其结构也可视为"皮—芯"结构，所以碳纤维增强聚合物基复合材料也容易表现为表层剥离破坏。

（2）内聚破坏。在剪切作用下，当纤维强度高（如无皮芯结构、无结晶层滑动结构），纤维增强聚合物基复合材料界面黏结强、树脂基体强度却相对低的情况下，复合材料容易发生内聚破坏与基体树脂的破坏，此种破坏模式如图5-6所示。

树脂基体的剪切破坏实际上是受拉应力，在这种破坏模式下，树脂基体的拉伸强度就是单向纤维增强聚合物基复合材料层间剪切强度的极限，因此，使界面具有良好的黏结，而又采用强度高并且具有较高伸长率的树脂，则可大幅度提高纤维增强聚合物基复合材料的层间剪切强度。

图5-6　内聚破坏模式

（3）界面破坏。当纤维增强聚合物基复合材料的界面黏结强度低于基体树脂的内聚强度与纤维的强度时，复合材料受到层间剪切或拉伸应力时，常出现界面破坏（脱粘），此种破坏模式如图5-7所示。与内聚破坏模式相似，在这种破坏模式下，树脂基体的拉伸强度就是单向纤维增强聚合物基复合材料层间剪切强度的极限。

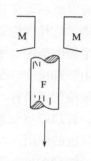

（二）介质引起的界面破坏

1. 水的浸入　水以水蒸气的形式普遍存在于大气中，尤其

图5-7　界面破坏模式

是在潮湿而炎热的地区，大气中水含量更高，水分子的体积很小，极性又大，所以它很容易浸入界面。水是通过扩散过程而进入界面的，进入的途径有三种：一是从树脂的宏观裂缝处进入，这种宏观裂缝是树脂固化过程中所产生的化学应力和热应力引起的；二是树脂内存在的杂质，尤其是水溶性无机物杂质，遇到水时，因渗透压的作用形成高压区，这些高压区将产生微裂纹，水继续沿微裂纹渗入；三是通过工艺过程在复合材料内部形成气泡，这些气泡在应力作用下破坏，形成互相串通的通道，水很容易沿通道达到很深的部位。

玻璃纤维复合材料表面上吸附的水，浸入界面后，发生水与玻璃纤维及树脂间的化学变化，引起界面黏结破坏，致使复合材料破坏。表5-1所列数据表明，玻璃纤维复合材料对水分的敏感性很大，它的强度和模量随湿度增大而明显降低。这主要是因为清洁的玻璃纤维表面吸附水的能力很强，并且纤维表面由于水分子间的作用力，可以通过已吸附的水膜传递，因此，玻璃纤维表面对水的吸附是多层吸附，形成较厚的水膜（其厚度约为水分子直径的100倍）。玻璃纤维表面对水的吸附过程异常迅速，在相对湿度为60%～70%的条件下，只需2～3s即可完成吸附。纤维越细时，比表面积越大，吸附的水越多。被吸附在玻璃纤维表面的水异常牢固，加热到110～150℃时，只能排除约1/2被吸附的水，加热到150～350℃时，也只能排除约3/4被吸附的水。

表5-1 玻璃纤维复合材料在不同湿度空气中性能的变化

相对湿度（%）	拉伸强度（MPa）	拉伸弹性模量（GPa）	拉伸比例极限（MPa）
干燥原始数据	322	17.3	176
55	269	15.6	143
97	224	11.3	112

2. **水对纤维表面的化学腐蚀作用** 当水进入复合材料达到纤维表面时，如玻璃纤维，其表面的碱金属溶于其中，水溶液变成碱液，加速了表面的腐蚀破坏，最后导致玻璃纤维的二氧化硅骨架的解体，纤维强度下降，复合材料性能减弱。这种腐蚀破坏，在玻璃纤维表面有结构缺陷处更为严重。

3. **水对树脂的降解作用** 水对树脂的作用通常有两种效应：一是物理效应，即水分子可以破坏高聚物内部的氢键与其他次价键，使高聚物发生增塑作用，导致热机械性能下降，这种效应是可逆的，一旦将水驱走，性能可以复原；二是化学效应，即水分子与高聚物中酯键、醚键等起化学作用，使之断裂，导致高聚物降解，强度降低。水对树脂产生降解反应，是一个不可逆的反应过程，但是不同的树脂，水对其降解的能力不同。就聚酯树脂而言，它的水解活化能为11～12kcal/mol。玻璃纤维聚酯复合材料在水的作用下，玻璃纤维受到水的作用产生氢氧根离子，使水呈碱性，碱性的水有加速聚酯树脂水解反应的作用。

树脂的水解引起大分子链的断裂（降解），致使树脂层破坏，进而造成界面黏结破坏。水解造成的树脂破坏，是一小块一小块的不均匀破坏，由于接触水的机会不同，因此，在接近复合材料表面层的部位，破坏较多，而在复合材料中心部位，破坏较少。

4. **水溶胀树脂导致界面脱粘破坏** 水进入黏结界面之后，使树脂发生溶胀，当树脂溶胀后，黏结界面上就会产生一个拉应力，一旦这种拉应力大于界面黏结力时，界面发生脱粘破坏。

5. **水进入孔隙产生渗透压导致界面脱粘破坏** 在黏结过程中，黏结剂总是不能很理想地在黏结体表面铺展而排除表面吸附的所有气体，因此，形成的黏结界面难免存在一些微空隙，当水通过扩散进入黏结接头，水就在微空隙中聚集形成微水袋。微水袋内的水与树脂接触，某些杂质溶于其中，使袋内外形成浓度差，导致袋内产生渗透压。在一定温度下，随着时间的推延，袋内水溶液浓度不断增加，渗透压大于界面黏结力，黏结界面就发生脱粘，导致破坏。

6. **水促进破坏裂纹的扩展** 浸入纤维（玻璃纤维）复合材料界面中的水的作用，首先是引起界面黏结破坏，继而使玻璃纤维强度下降和树脂降解。复合材料的吸水率，初期剧烈，以后逐渐慢下来。

水除了对界面起破坏作用外，还会促使破坏裂纹的扩展。复合材料受力时，当应力引起弹性应变所消耗的能量δ_E超过形成新表面所需的能量δ_σ和塑性形变所需的能量δ_W之和时，破坏裂纹便会迅速扩展，其关系式如下：

$$\delta_E \geqslant \delta_\sigma + \delta_W \tag{5-1}$$

上述关系式不适用于破坏裂纹缓慢发展的情况，但这个关系式对讨论水对破坏裂纹扩展的影响还是适用的。水的作用降低了纤维的内聚能，从而减少了δ_σ，水在裂纹尖时，还能起脆化玻璃纤维的作用，从而减少了δ_W。因此，由于水的存在，在较小的应力作用下，玻璃纤维表面上的裂纹就会向其内部扩展。水助长破坏裂纹的扩展，除了因为减小了δ_σ和δ_W之外，还有两个原因：一是水的表面腐蚀作用使纤维表面生成新的缺陷；二是凝集在裂纹尖端的水，能产生很大的毛细压力，促使纤维中原来的微裂纹扩展，从而破坏裂纹的扩展。

界面的破坏机理是比较复杂的，上面介绍的破坏模式与能量损耗两者之间是一致的，界面破坏机理的揭示，对于纤维增强树脂基复合材料的结构与性能关系的研究，对于指导新型纤维增强树脂基复合材料的研究与应用研究都是非常重要的，有待进一步深入探讨。

第四节　界面改性

纺织复合材料的界面区可理解为纤维和基体的界面，加上基体和纤维表面的薄层构成的。基体和纤维的表面层是相互影响和制约的，同时受表面本身结构和组成的影响，表面层的厚度目前尚不清楚，估计基体的表面层厚度比纤维的表面层厚10倍。基体表面层的厚度是一个变量，它不仅影响复合材料的力学行为，还影响其韧性参数。对于复合材料，界面区还应包括处理剂生成的耦合化合物，它与纤维与基体的表面层结合为一个整体。界面的作用是使纤维和基体形成一个整体，通过它传递应力。如果纤维表面没有应力，而且全部表面都形成了界面，则界面区传递应力是均匀的。实践证明，应力是通过基体与纤维间的耦合键传递的。若基体与纤维间的湿润性不好，交接面不完全，那么应力的传递面积仅为纤维总面积的一部分。所以为使复合材料内部能均匀地传递应力，显示出优良的性能，要求复合材料在制备过程中形成一个完整的界面区。改变研究体系的表面张力，就能改变接触角θ，即改变系统的润湿情况。固体表面的润湿性能与其结构有关，改变固体的表面状态，即改变其表面张力，就可以达到改变润湿情况的目的，如对增强纤维进行表面处理，就可改变纤维与基体材料间的润湿情况。

一般而言，构成纺织复合材料的纤维增强材料与有机聚合物基体在本质上属于不相溶的两类材料，直接应用不能获得理想的界面粘接。如对于玻璃纤维来说，在制备过程中为了方便纺织工序，减轻机械磨损，防止水分侵蚀，往往要在表面涂覆一层纺织型浸润剂。这种浸润剂是一种石蜡乳剂，若不除掉会妨碍纤维与树脂的界面粘接性。对于未涂或脱除了浸润剂的玻璃纤维，其表面张力较大，在空气中极易吸附一层水膜。水的存在不仅侵蚀纤维本身，也将危害纤维与树脂的界面粘接。对于高模量碳纤维，其表面属于化学惰性，与树脂基体的浸润性差，结果其复合材料呈现较低层间剪切强度。而经过处理的纤维与基体形成理想的界面粘接，可使两者牢固粘接，犹如架于两者之间的无数微桥梁，沟通了性能各异的材料，使它们联合起来，协同作用。因此，对纤维增强材料进行表面处理就显得尤为重要。

许多纺织复合材料的纤维与基体的相容性差，为了改善两者的相容性，在两相的界面上加入一些改性剂，如偶联剂等，从而在纤维、基体之间的界面上，形成一种新的界面，该界面层的结构与性能已不同于原来的两相界面。复合材料的界面含义的好坏，其整体综合性能并不是各单一组分性能的简单加合，而是一种线性关系。在复合材料中，各组分起着独立的作用，但又不是孤立的，它们相互依存，这种相互依存关系是由组成复合材料之间的界面来实现的。

一、改性方式

增强材料的表面特性一般指表面的物理特性、表面化学特性和表面布吉斯自由能。

（一）增强材料的表面物理特性

增强材料的表面微结构和形态结构，都属于表面形态，完全理想的光滑表面是不存在的。任何固体表面都覆盖着微裂纹、空隙、孔洞等，借助光学和电子显微镜的研究表面，玻璃纤维表面光滑，相对粗糙度小，横截面为对称圆形。PAN基碳纤维的表面沟槽轻、平滑和规整，截面多为圆形和腰子形。人造丝纤维基碳纤维表面相当平滑，纵向有不规则的沟槽和条带，截面为圆形，不利于黏结。硼纤维表面类似玉米棒结构，但仍较平滑，比表面积较小，截面呈圆形，其内芯是硼化钨（WB_5和WB_4），外沿是纯硼（B）。碳化硅纤维表面呈凹谷状沟纹，但仍较平滑，比表面积小，纤维直径较大，截面呈圆形，内芯是钨丝，外沿是碳化硅复合结构。

表5-2列出了几种纤维的表面物理性质及其表面大小。可知，碳纤维比表面积大，而

表5-2　几种增强纤维的物理性质及其表面大小

纤维品种	密度（g/cm³）	直径（μm）	比表面积大小（m²/g）		在100cm³复合材料中的总表面积（m²）
			计算值	实测值	
S-玻璃纤维	2.50	10.0	0.160	0.13	19.5
硼纤维	2.70	101.6	0.015	0.01	3.1
碳化硅纤维	3.50	101.6	0.012	0.01	1.8
硼涂碳化硅纤维	2.80	105.4	0.014	0.01	2.16
Thornel 50	1.63	6.6	0.370	0.55	54.0
Hitco HMG 50	1.71	6.8	0.340	0.83	89.0
Morganite I	1.99	7.5	0.260	0.11	31.0
Courtaulds B	1.93	7.5	0.270	0.31	34.8

硼纤维、碳化硅纤维等比表面积小，玻璃纤维居中。表面积包括内表面积和外表面积，碳纤维内存在内孔和孔洞，内表面积较高，内孔和孔洞通常沿纤维轴取向排列，一般不延伸到纤维表面，这些内表面不吸附气体，与树脂黏结无关，所以碳纤维的表面利用率低。根据黏结机理，表面积越大，纤维与树脂间的黏结状况越好，而实际并非如此，实践证明，经表面处理后，一些纤维的表面积变化不大，但复合材料的层间剪切强度却有很大改善。有的纤维表面只能指出表面的状态，复合材料界面的黏结性主要由表面化学特性决定。

（二）增强材料的表面化学特性

增强材料的表面化学特性，主要是指材料表面的化学组成和表面的反应活性。

表面化学组成和官能团结构决定了纤维表面吉布斯自由能的大小和表面反应性，这决定着纤维使用时是否要进行表面处理、纤维和树脂能否形成化学结合、表面是否易于与环境发生反应等问题。

1. **玻璃纤维的表面化学特性**　研究玻璃纤维的表面化学组成，发现本体化学组成与其表面化学组成不完全相同。例如，E-玻璃纤维，其本体化学组成为 Si、O、Al、Mg、B、F、Na 等，而表面仅含有 Si、O、Al。在玻璃纤维表面，阳离子与阴离子的作用力处于不平衡状态，阳离子不能获得所需数量的氧离子，由此产生了表面吉布斯自由能，使玻璃纤维居于吸附外界物质的趋向。在玻璃纤维结构中，SiO_2 网络中分散着大小为 $1.5 \sim 20nm$ 的碱金属氧化物，这些氧化物吸湿性很大。另外，在 SiO_2 网络表面存在大量的极性 $—Si—OH$ 基团，吸湿性强。因此，纯净的玻璃纤维在大气中，会立即吸附一层水分子。表面物理吸附力可通过连续水层传递，纤维表面的水分子层并非单分子层，而是大约100个分子层的水膜。玻璃纤维表面的吸附水，与玻璃组成中的碱金属或碱土金属作用，形成羟基：

$$—Si—OM + H_2O \longrightarrow —Si—OH + M^+ + OH^-$$

羟基的形成导致玻璃纤维表面吸附水呈碱性，OH^- 进一步与 SiO_2 网络反应，使纤维强度下降。另外，部分吸附水与玻璃纤维表面的 $—Si—OH$ 之间，以及相邻 $—Si—OH$ 之间均可形成氢键结合。因此，纯净的玻璃纤维表面存在大量的 $—Si—OH$ 基团，它们具有一般活泼氢基团所具有的反应性质，有利于表面改性和化学键黏合。

2. **碳纤维的表面化学特征**　石墨纤维的本体化学组成含有 C、O、N、H 及微量的金属杂质，而其表面化学组成为 C、H、O。实验表明，PAN基高模 I 型和高强 II 型碳纤维 $10 \sim 15nm$ 深度的表层内至少含有两种不同结合的氧原子，这些成分的存在是由原丝的性质和碳纤维表面的反应活性造成的。

碳纤维表面存在酮基、羧基和羟基等极性的高反应性的官能团，可能与树脂发生次价力和化学键结合，因此，能大大地提高碳纤维复合材料的剪切强度。

3. **其他纤维的表面化学特性**　硼纤维表面有氧化硼，碳化硅表面有氧化硅，这些含氧基团的存在能大大地提高纤维的浸润和反应性。

（三）增强材料的表面吉布斯自由能

增强材料与基体能够黏结的重要条件是两者紧密接触，相互之间完全浸润，这取决于它们的表面吉布斯自由能，即表面张力。当固体的表面张力大于液体的表面张力时，液体可以湿润固体。常用的基体材料，其表面张力在$3.5 \times 10^{-4} \sim 4.5 \times 10^{-4} N/cm$，若要求这些基体材料能润湿增强材料，则增强材料的表面张力要大于$4.5 \times 10^{-4} N/cm$。

碳纤维、硼纤维、碳化硅纤维都有明显的氧化表面，有利于形成高表面吉布斯自由能的表面，若表面被污染，则会降低表面能，影响极性基体对它们的润湿，如玻璃纤维表面上吸附的单分子层水会影响极性基体对其表面的润湿。

二、改性技术

为了提高复合材料的界面结合强度，常常要对增强纤维进行表面处理。简言之，纤维增强材料的表面处理大体有如下作用。

（1）消除纤维表面的杂质或弱边界层，增大比表面积。

（2）提高纤维对基体树脂的浸润性。

（3）在纤维表面引入反应性官能团，以与基体树脂形成化学键。

（4）在纤维表面接枝，形成界面过渡层。

纤维的表面处理方法有许多种，如化学偶联剂改性技术、电化学改性技术、等离子体处理等其他改性技术。

（一）化学偶联剂改性技术

从化学偶联剂的分子结构来看，其分子两端通常含有性质不同的基团，一端的基团与纤维表面发生化学作用或物理作用，另一端的基团则能和树脂发生反应，从而使纤维和树脂能很好地通过化学键合的方式偶联起来，从而获得良好的界面黏合性，改善复合材料的性能。偶联剂在纤维与树脂之间起到了"桥梁作用"。由于偶联剂的一端与基体树脂发生反应，因此，它有一定的适用范围，即偶联剂与树脂之间存在一定的匹配关系。目前已经商品化的偶联剂近200多种，主要包括有机硅烷偶联剂、有机铬偶联剂、钛酸酯类偶联剂等。

以硅烷偶联剂表面处理玻璃纤维为例。目前，工业所用的硅烷偶联剂一般的结构式为：

$$R(CH_2)_n SiX_3 \quad (n = 0 \sim 3)$$

式中，X为可水解的基团，如甲氧基、乙氧基等，水解后生成Si—OH，与无机增强材料表面发生作用；R为有机官能团，它能与基体起反应。在硅烷偶联剂处理玻璃纤维表面的过程中，反应可分为以下五步。

第一步是玻璃纤维表面吸水生成羟基，有机硅烷水解生成硅醇。

第二步是硅醇与吸水的玻璃纤维表面生成氢键，以及硅醇分子间生成氢键。

第三步是低温干燥，硅醇之间进行醚化反应。

$$\underset{\text{玻璃纤维}}{\overset{\displaystyle\overset{ONa}{|}\quad\overset{ONa}{|}}{-Si-O-Si-}} \xrightarrow{H_2O} \underset{\text{玻璃纤维}}{\overset{\displaystyle\overset{ONa}{|}\quad\overset{ONa}{|}}{-Si-O-Si-}} + NaOH$$

$$\underset{\overset{|}{X}}{\overset{\displaystyle\overset{R}{|}}{X-Si-X}} \xrightarrow{H_2O} \underset{\overset{|}{OH}}{\overset{\displaystyle\overset{R}{|}}{HO-Si-OH}} + HX$$

第四步是高温干燥，硅醇与吸水的玻璃纤维表面间进行醚化反应。

第五步是与树脂基体作用。硅烷偶联剂的R基团是与树脂发生偶联作用的活泼基团，与不同的树脂所起的作用不同。在热固性树脂体系中，基于结构相同或相似则相溶的原则，与热塑性树脂分子发生溶解、扩散和缠结，或通过添加交联剂实现分子交联。对于不同的树脂基体，要选择含有不同R基团的硅烷偶联剂。

（二）电化学改性技术

电化学作为化学的分支之一，是研究两类导体（电子导体，如金属或半导体，以及离子导体，如电解质溶液）形成的界面上所发生的带电及电子转移变化的科学。电化学氧化法是目前工业上对碳纤维进行表面处理较为普遍的方法之一。该技术是把碳纤维作为电解池的阳极，石墨作为阴极，在电解水的过程中，利用在阳极生成的氧来达到氧化碳纤维表面的目的。这种技术可以通过电解质溶液和电解参数的控制实现对碳纤维的表面改性处理，故又被称为阳极氧化处理技术。这种方法的特点是，氧化反应速度快，处理时间短，氧化缓和，反应均匀易于控制，处理效果显著，处理后的纤维表面残存的电解质离子需经清洗出去。同液相氧化处理相比，所用电解液浓度较低（一般在1%～10%），清洗较为方便。一般纯水中需加入少量电解质，以提高导电率，减少能耗。

碳纤维阳极氧化法通常加入的电解质有NaOH、H_2SO_4、（NH_4）$_2CO_3$、Na_3PO_4等。以碳纤维作为阳极，不锈钢为阴极，在5%的NaOH水溶液中进行阳极氧化连续化处理碳纤维，结果见表5-3。

表5-3　阳极氧化对碳纤维表面物化性能及短梁剪切强度（ILSS）影响

处理时间（min）	电流密度（mA/cm^2）	比表面积（m^2/g）	总含氧基量（%）	ILSS（MPa）	破坏模式
0	0	1.8	42.11	56.5	多剪
2	1.5	1.6	44.29	90.5	单剪

有研究认为，电化学氧化处理碳纤维后，必须尽快与基体树脂复合或者涂覆树脂保护，否则处理效果会很快消失，其原因还有待进一步研究。电化学改性技术不仅可以有效地处理碳纤维丝束，还可以对由碳纤维织成的预制件中的纤维表面进行均一的氧化处理。例如，复配的电解质和特殊的电流处理方式，可以使三维立体织物复合材料的界面剪切强度提高40%以上，材料的压缩强度提高30%。

（三）等离子体处理

等离子体是一种全部或部分电离的气体状态物质，其中含有亚稳态和激发态的原子、分子、离子和电子，而正电荷类物质与负电荷类物质的含量大致相等，是一种准中性气体，所以称为等离子体。等离子体中的电离气体可由电晕放电、高频电磁振荡、射频等方法产生出来。其基本过程大致如下：少数粒子或电子在高频高压电场中被加速而得到较大动能，能量足够大的粒子碰到其他分子使其电离产生新的自由离子、电子、自由基等粒子，其中带电荷的粒子又被继续加速，再碰撞其他分子使其电离，如此循环反复形成等离子体。等离子体粒子的能量一般为几到几十个电子伏特，这已足够引起材料中各种化学键发生断裂或重新组合，使表面发生自由基反应并引入含氧极性基团。另外，高能粒子能量向纤维表层分子传递，表层分子被活化并产生活性点，使表面发生重排、激发、振荡、级联碰撞，从而引起纤维表面的结构变化。

在处理复合材料界面时所利用的等离子体是通过辉光放电或电晕放电方式产生的，因为所产生的粒子的温度接近或略高于室温，所以称这种等离子体为低温等离子体。低温等离子体引发聚合物表面改性的特征是：一方面具有足够高能量的活性物质使反应物分子激发、电离或断键；另一方面不会使被处理材料热解，纤维本体的性质不产生本质的影响，只是对表面层（＜10nm）改性，在增强纤维表面改性上具有独特的应用价值。

等离子体与增强材料表面相互作用，在表面上形成新的官能团和改变材料链结构，改善亲（疏）水性、粘接性、表面电学性能、光学性能以及生物相容性等，从而达到表面改性的目的。对增强纤维表面进行处理一般采用高频电磁振荡产生低温等离子体，由其引发的材料表面改性的反应大致可分为等离子体表面处理和等离子体表面接枝两大类。等离子体表面改性是首先通过等离子体引发并产生高聚物的自由基，随后这些自由基进行裂解、自由基转移、氧化、歧化与耦合等。在氧气、氨气气氛中的等离子体改性，主要是通过增加纤维的表面极性，改善纤维的润湿性，使复合材料的力学性能得到较大幅度提高。例如，对氮等离子体表面改性技术虽具有简便实用的特点，但处理效果会随时间而衰减，不能久贮。而等离子体表面接枝则一般分为两个阶段：第一阶段是纤维表面经等离子体处理后产生的活性自由基和官能团形成活性中心；第二阶段是将活性中心与气体接触，引发单体进行接枝聚合反应。芳纶1414经等离子体空气处理与接枝改性后，其表面能与复合材料的层间剪切强度见表5-4。

表5-4　芳纶1414纤维表面经等离子体空气与接枝烯丙胺处理对表面能及ILSS的影响

处理条件	表面能（mN/m）	ILSS（MPa）
未处理	34.05	46.0
等离子体空气 压力：0.15 torr 功率：200W　时间：120s	41.65	60.5
等离子体空气+烯丙胺 压力：0.15 torr 功率：200W　时间：600s	42.48	81.2

注1 torr=1.33322×10^2 Pa。

等离子体处理的优点是效果显著，工艺简单，无污染，可改变不同的处理条件获得不同的表面性能，应用范围广，更为重要的是，处理效果只局限于表面而不影响材料本体性能。其缺点是处理效果随时间衰减，影响处理效果因素的多样性使其重复性和可靠性差。

（四）其他改性技术

1. 高能辐照处理　高能辐照利用X射线、γ射线、电子束、紫外光、微波等电离辐射/辐照（直接或间接地导致分子的激发或电离）纤维表面，诱发一些物理化学变化，使纤维表面产生活性基团，与基体树脂形成强的化学键结合，提高界面结合强度或者形成界面过渡层，松弛界面应力。高能辐照处理技术具有效率高、节能环保、工艺操作简单等优点，适用于超高分子量聚乙烯纤维、碳纤维、芳纶纤维和PBO纤维等的表面改性。

2. **气相氧化法** 气相氧化法是采用氧化性的气相介质对纤维表面进行处理的方法。常用的介质有空气、臭氧或空气里加入一定量的氧气，可以通过对氧化时间、温度、氧化介质浓度等来控制并调节纤维的氧化程度，通常气相氧化法大多是用来处理碳纤维的。碳纤维在气相氧化剂气体中表面被氧化，使其表面形成含氧活性官能基团（如—OH、—COOH等），这些含氧活性官能团能与树脂的活性基团发生反应生成很强的化学键，从而大幅度提高碳纤维树脂基复合材料的界面强度。

3. **化学气相沉积** 化学气相沉积是指在高温或还原性气氛中，使烃类、金属卤化物等还原成以碳、碳化物、硅化物等形式在纤维表面形成沉积膜或成长晶须。这种改性技术不仅可以改善纤维的表面形态结构，还可以引入具有某些特殊功能或性能的新元素。该方法的反应条件和过程比较复杂，气体的种类、载气混合比、流量和炉内压力、温度等条件不同，析出物质的形态结构就会有很大的差别。因此，该方法的缺点在于沉积物微观结构及分布不可控，比如沉积到纤维表面的沉积物可能是不均匀的，从而影响处理的效果。目前该方法主要适用于碳纤维的表面改性、金属基和陶瓷基复合材料的纤维表面改性。最典型的例子就是在碳纤维表面沉积SiC，这样获得的效果超过了HNO_3氧化处理的效果，并且大幅度提高了碳纤维及其复合材料的耐热氧化性能。

4. **聚合物涂层** 为了提高纤维与树脂间的黏合性能，经常采用聚合物涂层浸涂纤维表面的方法。聚合物涂层有以下三个优点。

（1）聚合物涂层使纤维毛丝多、集束性差、不耐着等缺点得以避免，从而提高了纤维强度。

（2）由于聚合物涂层溶液的黏度较低，非常容易浸入纤维表面的微小沟槽中，比直接用树脂浸润效果好得多。

（3）聚合物涂层溶液对处理后的纤维表面起到保护作用，避免了处理效果的退化。

（4）若在聚合物涂层中引入特定的官能团还可以进一步改善界面的粘接性。对于碳纤维/环氧树脂复合材料，经常采用的涂层有酚醛树脂、糠醛树脂、环氧树脂等。将某种聚合物涂覆在碳纤维表面，改变复合材料界面层的结构与性能，使界面极性等相适应以提高界面黏结强度，并提供一个可塑界面层，以消除界面内应力。

总之，材料改性的处理方法还有很多，而且还在不断地发展中。一种行之有效的处理方法应该具有改性效果好、效率高、节能环保等特点，并且能够实现工业化生产。

第五节　界面设计与改性技术

作为结构材料，最主要、最重要的是它的力学性能。当把复合材料置于力场中时，外力场只有通过界面才能使填充剂和基体两相协同作用，即力的传递必须通过界面才能进行，因而界面就成为直接影响复合材料整个性能的关键之一。改变树脂基复合材料的界面结构与状态，可以改变树脂基复合材料的某些性能和适用性。因此，界面设计是聚合物基复合材料设计的主要组成部分。

一、界面的作用

正是由于界面区的存在，才使聚合物基复合材料呈现出特殊的复合效应。界面区对复合材料性能的贡献，可概括为：通过界面区将树脂基体和填充材料结合成一个有机整体，并通过它传递外场作用；界面的存在也将复合材料分割成许多微区，因此，具有阻止裂纹扩展、使材料破坏中断、应力集中的减缓等功能。

界面区的存在使复合材料产生了如下一些效应。

（1）不连续效应，如界面的摩擦现象以及抗电性、电感应性、磁性、耐热性、尺寸稳定性等。

（2）反射与吸收效应，如光波、声波、热弹性波、冲击波等过界面的反射和吸收等。

（3）感应效应，指在界面上引起的变形、内部应力及由此而产生的现象，如强的弹性、低的热膨胀性、耐冲击性、耐久性等。

二、复合材料的界面工程

近年来，对复合材料界面重要性认识的加深及对界面理论研究的逐步深化，促使人们逐渐形成了一些较系统的概念，因而产生了复合材料界面工程这一提法。虽然复合材料范围很广泛，诸如金属复合材料、陶瓷基复合材料、树脂基复合材料，但涉及的界面工程学是大同小异的，有许多共同点。图5-8所示为复合材料界面效应的影响因素与复合材料性能的关系，用此方框图概括示意出复合材料界面工程的主要内容。这对于填充塑料，同样有参考价值。

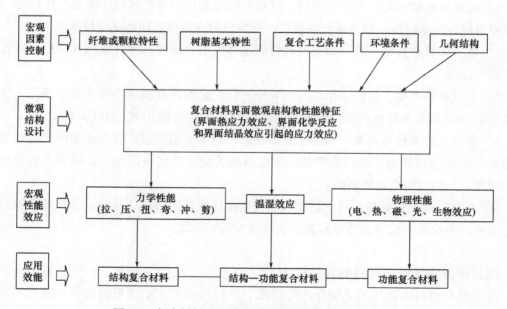

图5-8　复合材料界面效应的影响因素与其性能的关系

由图可见，复合材料的界面工程是一个系统工程，它包括宏观因素控制、微观结构设计、宏观性能效应及应用效能；它从原材料到复合工艺，甚至对环境条件的影响加以研究，而且均与性能与应用相联系。若按系统工程的观点全面广泛地开展对填充聚合物界面的研究，必然能更好地促进界面理论的深化，改善其复合工艺，从而大幅度提高填充聚合物复合材料的性能并推广其应用领域。

三、界面设计的基本原则

复合材料的界面工程是一个系统工程。在进行填充改性聚合物界面设计时，必须从填充改性聚合物制品的使用性能、功能、使用的环境条件以及制品的几何结构出发，考虑界面区应具有的结构特征、作用机理、外场作用下的破坏机理等，确定对填充材料的结构、性能、基体树脂的结构与性能的要求，以确认它们若不能完全满足要求时，如何进行改性。为实现界面设计构思，提高填充改性聚合物加工及成型制品的加工成型工艺要求，要同时设计出表征方法，以验证设计的正确性和准确性。

人们对"界面"的认识尚未完全清楚，过去人们误认为复合材料界面黏附越强，力学性能越好。其实不然，界面性能较差的复合材料在力场中受剪切破坏后断口的形态可看出纤维的拔出、脱粘、应力松弛等现象；而界面黏附太强则复合材料呈脆性，反而降低了材料的某些性能。为此，在提高填料（特别是纤维）与树脂基体之间黏附的同时应使复合材料具有一定厚度的柔性界面层，有利于界面应力松弛。这样就可以消除由于基体和填充剂膨胀系数相差较大在加工成型时产生的内应力，若复合材料有具有一定厚度的柔性界面层，产生的微裂纹就有自行消除的可能，从而可协调平衡其力学性能。

界面设计时除了考虑复合材料界面黏附的力学性能以外，还需考虑下述因素。

1. **化学性能的匹配**　如粒状填料、纤维与树脂基体间反应官能团的相互作用等，可有意识地进行化学改性，如改变粒状填料、纤维或树脂基体表面的化学特性。

2. **酸、碱性的匹配**　调节填充剂与树脂基体的酸、碱性，使之能相互作用而达到强化界面的作用。

3. **热性能的匹配**　线膨胀系数与热导率的匹配是保证界面应力低的基本条件，尽管对填充剂/树脂基复合材料的热性能难以匹配，但可通过界面的设计加以调整。

4. **物理几何形貌的匹配**　为强化界面黏附，对填充剂几何形貌及比表面积进行设计很重要，应用也很普遍。如填充剂的超细化可显著增加其比表面积，又如填充剂表面一定的粗化可加强与树脂的机械啮合作用。

5. **物理、化学性能的匹配**　填充剂与树脂基体表面的物理、化学性质相差悬殊，因此，在界面的设计中应充分考虑其表面能组成的匹配问题。

四、聚合物基复合材料的界面设计

由于复合材料的破坏形式随作用的类型、原材料结构、组成不同而异，故破坏可始于基体、颗粒填料、纤维，也可始于界面。界面性能差的材料大多呈现剪切破坏，且在材料的断口可观察到脱粘、纤维拔出、纤维与应力松弛等现象。但界面黏附过强的材料多呈脆性，材料的复合性能降低。界面最佳态的衡量是当受力发生开裂时，这一裂纹能转为区域化而不产生进一步界面脱粘，即此时的材料具有最大断裂能和一定的韧性。由此可见，在研究和设计界面时，不应只追求界面黏附而应考虑使其最优化并获得最佳综合性能。

（一）界面设计方法

前已述及，界面是复合材料中极为重要的组成部分，它是具有一定厚度的界面相或界面层。当然，界面相亦包括预先在填料表面涂布的表面层。界面层的好坏是决定复合材料性质的关键条件之一，因此，不少科学工作者长期以来对复合材料界面的改善进行了基础研究和应用研究工作，现取得了不少的成果。目前，科学工作者正致力于研究如何获得最优化的复合材料界面及其最佳性能，以期为材料设计提供有价值的科学依据。

通常，制备树脂基复合材料的目的是提高复合材料的力学性能及降低其成本。然而，填充增强树脂基复合材料经常出现提高了剪切强度或拉伸强度，但其冲击强度及其他性能下降，提高了冲击强度而其剪切强度等性能下降的现象。为解决以上矛盾，研究者进行了广泛的研究，提出一些可行的方法，如诱导界面结晶方法、纳米材料改性方法等。

1. 诱导界面结晶 一些热塑性结晶树脂，如聚乙烯、聚丙烯、聚甲醛、尼龙及聚苯硫醚等，通常用碳纤维、芳纶等为增强剂。在制备复合材料时，这些纤维表面会对上述热塑性结晶树脂诱发界面结晶而成横晶，使纤维与树脂间有良好的吸附，并获得好的界面层，它能消除内应力并很好地传递应力，达到同时提高剪切强度、拉伸强度及冲击强度的效果。

2. 纳米材料改性 通常，粒子越小，力学性能越好。纳米复合材料不仅具有传统复合材料的硬度、强度、韧性等优点，而且纳米级材料由于尺寸小，而比表面大，表面非配对原子多，与聚合物结合力强。它可阻碍基体产生塑性形变，从而起到强化基体的作用。如经丙烯酰胺处理的SiO_2与己内酰胺均匀混合并预热，应用原位聚合的方法制备尼龙6/SiO_2纳米复合材料。研究发现，用丙烯酰胺处理过的SiO_2与PA6制成的复合材料界面黏附很好，使得PA6基体在受到外界应力的作用下应力传递到SiO_2粒子表面，SiO_2粒子起到了应力集中点的作用，使体系的强度、韧性都有较大程度的提高。其弹性模量随SiO_2含量增加而增加，其拉伸强度、冲击强度及断裂伸长率都随SiO_2含量的增加先上升后下降，即有一个最佳值。

3. 制成弹性界面相 强度和韧性是结构材料的两个重要而又相互制约的力学性能，大幅度提高强度和韧性是聚合物改性研究中尤为关注的问题。刚性粒子和弹性体的加入是改善树脂基材料的强度和韧性的手段，然而这些增强和增韧的方法是以损失另一方为代价的。已有研究证明，无机刚性粒子具有同时增强、增韧树脂材料的必要条件是分散于树脂基体中的刚性粒子表面有弹性界面相的存在。例如，以填充母粒法制备具有弹性包覆层的刚性"核壳"粒子，强度和韧性均取得了良好的改进效果。

通常的填充母粒需包括以下基本组分：填料、载体、表面改质剂、加工助剂。其中，填料是填充母料的主体，载体是用来浓缩填料的，需与所填充的树脂有较好的相容性。表面改质剂的作用是通过化学和物理作用与填料、载体基体连成一个整体。加工助剂的加入是使填料能较好地分散在树脂中，便于填充母粒加工及造粒，提高填充母粒的质量。

4. 聚合包覆刚性粒子　用HTPB–TDI聚合包覆不同粒径的硅灰石，即在粒子的表面直至粒子凹缝中都包覆上一层聚氨酯，制得软硬结合的硅灰石粒子，然后与PP制成复合材料。结果表明，复合材料的综合性能获得较好的改善，其中刚性和韧性获得较大幅度的提高，且抑制拉伸强度的下降。

5. 制成有芯壳粒子的Kaolin/PP复合材料　用改性剂处理Kaolin粒子与PP制成复合材料。在复合材料中经界面改性剂处理的Kaolin粒子形态有细长棒状和圆球状两种。细长棒状的粒子体积小，外形细长，是表面没有被PP基体包覆的Kaolin粒子。圆柱状的粒子体积大，表面非常光滑，是被PP包覆后形成的Kaolin"芯壳"粒子。界面改性剂用量增加，"芯壳"粒子数量增加，当界面改性剂用量增至2%左右时粒子与基体间黏附显著增加，而拉伸强度则变化不大。

6. 形成互穿网络　针对填料与树脂基体的结构与性质，选用一端以化学键（或同时有配位键、氢键）与粉粒填料、纤维相结合，而另一端可溶解扩散于界面区树脂中的改质剂，与树脂大分子链发生缠结形成聚合物网络（IPN）。由于改质剂具有长柔性链，从而便于形成柔性的、有利于应力松弛的界面层，提高其吸收和分散冲击能量的效果，使复合材料具有更高的冲击强度，且拉伸强度也有所提高。例如，将含端羧基的聚丙烯酸丁酯用于环氧—Al_2O_3体系及PVC–$CaCO_3$体系都获得了剪切强度、冲击强度显著提高的复合材料。

（二）界面设计

1. 刚性粒子增强增韧硬质聚合物复合体系　基于聚合物/无机离子复合材料力学性能与界面粘接、结构状况关系的研究成果，有学者提出了刚性粒子增强增韧硬质聚合物基复合材料界面结构模型，如图5-9所示，在均匀分散的刚性粒子周围嵌入具有良好界面结合和一定厚度的柔性界面相，以便在复合材料经受破坏时既能引发银纹，又能终止银纹的扩展，在一定形态结构下还可引发基体剪切屈服，从而消耗大量的冲击能量，又能较好地传递所承受的应力，从而达到既增强又增韧的目的。属于这种类型的复合材料有无机刚性粒子填充尼龙类复合材料等。

2. 刚性粒子增强增韧软质聚合物复合体系　对于硬粒子填充较软基体树脂（如聚烯烃）的复合材料，类似地可提出如下界面结构模型：在均匀分散的硬性粒子周围嵌入非界面化学结合的，但能产生强物理性缠结的、具有一定厚度的柔性界面层。从一些复合材料的实例来看，当刚性粒子填充较软基体树脂时，单纯地引入非化学键合的柔性界面层，可以大幅度地提高复合材料的缺口冲击强度，

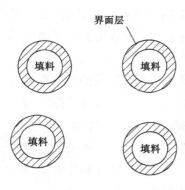

界面层

图5-9　刚性粒子增强增韧硬质聚合物基复合材料界面结构模型

而复合材料的拉伸强度和弯曲模量会受到一定影响。为了使刚性粒子填充较软基体树脂的复合材料达到既增韧又增强的目的，还可设计另外一种界面结构模型：在均匀分散的刚性粒子周围嵌入具有良好界面结合的、一定厚度的、模量介于粒子和树脂基体之间的梯度界面层。

3. 薄片状填料填充聚合物复合体系　云母是一种典型的片状填充材料，填充树脂具有明显的增强作用，但无增韧作用，有时还会使复合材料的韧性比基体树脂的还低。为改善聚丙烯与云母相界面，可采取对云母进行表面改性和加入相溶剂的方法，研制具有增强和增韧效果的PP/云母复合材料。

云母填充PP复合体系中，云母与PP基体界面结合强度是由两方面作用贡献的：其一是云母与PP的结合能力；其二是复合材料制备过程中，PP的结晶和PP的线膨胀系数比云母的大，从而形成对云母的热收缩压应力。对云母进行表面处理，可能给云母与PP基体界面粘接强度带来两种相反的作用：其一，增强云母与PP的结合能力，会使界面粘接强度提高；其二，引入柔性界面层，会使产生的热收缩压应力有较多的松弛，减少对云母的热收缩压应力，会使界面粘接强度降低。界面粘接强度的提高与降低，取决于这两种作用何者占主导地位。另外，界面对复合材料力学性能的影响因素，除界面粘接强度外，还有界面结构的其他因素。

4. 纤维增强聚合物复合体系　玻璃纤维毡增强热塑性塑料（Glass mat reinforced thermoplastic，GMT），如增强聚丙烯（PP-GMT），具有冲击强度高等许多优良性能，成为"绿色材料"。但与玻璃纤维毡增强热固性塑料相比，PP-GMT的刚性不够，模压成型的尺寸稳定性差，容易出现翘曲现象。云母是一种能显著提高PP刚性的增强材料，其效果还优于玻璃纤维。例如，将用γ-氨丙基三乙氧基硅烷处理过的云母（Mica）填充改性的聚丙烯与玻璃纤维毡层叠复合，热压成型出PP/Mica-GMT复合材料。云母的加入影响了玻璃纤维与树脂基体之间界面的结合强度。聚丙烯是非极性结晶聚合物，玻璃纤维是强极性的，虽然表面用γ-氨丙基三乙氧基硅烷进行了处理，二者的结合能力还是比较弱，界面结合主要靠复合材料冷却固化过程中聚丙烯基体较大的体积收缩对玻璃纤维形成的径向压缩应力，这种径向压缩应力使玻璃纤维和聚丙烯在界面处产生静摩擦力τ，即是界面结合力。

$$\tau = \rho_s \sigma_R \tag{5-1}$$

式中：ρ_s——静摩擦力系数；

$\quad\ \sigma_R$——径向压缩应力，可用式（5-3）计算：

$$\sigma_R = \frac{(\alpha_m - \alpha_f) \, \Delta T E_f E_m}{(1 + \nu_f + 2\varphi_f) \, E_f + (1 + \nu_m) \, E_m} \tag{5-2}$$

式中：E——弹性模量；

$\quad\ \nu$——泊松比；

$\quad\ \varphi_f$——玻璃纤维在PP/Mica-GMT中的体积分数；

$\quad\ \Delta T$——树脂基体固化温度（云母填充PP的固化温度可取120℃）与材料测试温度

之差。

下标f和m分别表示玻璃纤维和云母填充聚丙烯基体。

由于玻璃纤维的模量E_f远大于PP/Mica基体的模量E_m，所以式（5-2）可简化为式（5-3）：

$$\sigma_R = \frac{(\sigma_m - \sigma_f)\ \Delta T E_m}{1 + v_f + 2\varphi_f} \qquad (5-3)$$

式（5-2）和式（5-3）中α为热膨胀系数。云母填充PP的线膨胀系数可根据混合法则求得，即

$$\alpha_m = \alpha_{pp}\varphi_{pp} + \alpha_{mica}\varphi_{mica} \qquad (5-4)$$

式中：α_{pp}、α_{mica}——PP、云母的线膨胀系数；

φ_{pp}、φ_{mica}——PP、云母在PP/Mica中的体积分数。

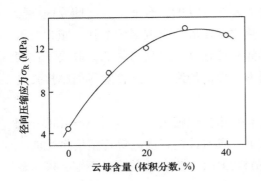

图5-10　σ_R与PP/Mica基体中云母含量与径向压缩应力的关系

由式（5-2）可以看出，在玻璃纤维含量一定的情况下，纤维受到的径向压缩应力σ_R与树脂基体的线膨胀系数、模量有关。在云母填充PP中，云母含量不太大时，可将云母填充PP看成均质体，云母的加入，对PP/Mica的α_0值影响不大，可使E_0值显著提高。由式（5-4）计算出纤维受到的径向压缩应力σ_R与PP/Mica基体中云母含量的关系，如图5-10所示。云母含量为10%（体积分数）时，σ_R显著提高，纤维与树脂基体间界面粘接强度也显著提高，PP/Mica-GMT复合材料的弯曲模量、弯曲强度、拉伸模量、拉伸强度也都显著提高。但是，界面粘接强度的提高，使PP/Mica-GMT复合材料受到冲击力作用时纤维的拔出量和拔出长度都会明显减少，而纤维的拔出是纤维增强复合材料吸收能量的主要方式，所以冲击强度显著下降。

当PP/Mica中云母含量比较高时，如含量为20%（体积分数）左右，不能再将PP/Mica复合材料看成均质体系，云母片与玻璃纤维相遇的概率大幅度增大，由于云母与玻璃纤维间不能形成有效的结合，使玻璃纤维和树脂基体间界面静摩擦系数τ大幅度下降，虽然此种情况下σ_R值很大，但仍会导致纤维与树脂基体界面粘接强度减小，复合材料的冲击强度提高，而弯曲、拉伸性能降低。

第六节　纤维的表面处理

无机纤维增强材料与有机聚合物基体在本质上属于不相溶的两类材料，直接应用不能获得理想的界面黏结。对于玻璃纤维来说，在制备过程中为了方便纺织工序、减轻机械磨损、防止水分侵蚀，在纤维的制备过程中，往往要在表面涂覆一层纺织型浸润剂。

这种浸润剂是一种石蜡乳剂，若不除掉会妨碍纤维与树脂的界面黏结性。对于未涂或脱除了浸润剂的玻璃纤维，其表面张力较大，在空气中极易吸附一层水膜。水的存在不仅侵蚀纤维本身，也将危害纤维与树脂的界面黏结。对于高模量碳纤维，其表面属于化学惰性材料，与树脂基体的浸润性差，其复合材料呈现较低层间剪切强度。

经过处理的纤维与基体形成理想的界面黏结，可使两者牢固黏结犹如架于两者之间的无数微桥梁，沟通了性能各异的材料，使它们联合起来，协同作用。因此，对无机材料进行表面处理就显得尤为重要。

一、增强材料的表面特性

增强材料的表面特性一般指表面的物理特性（包括表面微结构、比表面积和形态结构）、表面化学特性（包括表面化学组成、表面官能团和表面反应性）和表面吉布斯自由能。

（一）增强材料的表面物理特性

增强材料的表面微结构和形态结构都属于表面形态，完全理想的光滑表面是不存在的。任何固体表面都覆盖着微裂纹、空隙、孔洞等，借助于光学和电子显微镜的研究，玻璃纤维表面光滑，相对粗糙度小，横截面为对称圆形。PAN基碳纤维的表面沟槽轻、平滑和规整，截面多为圆形和腰子形。人造丝纤维基碳纤维表面相当平滑，纵向有不规则的沟槽和条带，截面为圆形，不利于黏结。硼纤维表面类似玉米棒结构，但仍较平滑，比表面积较小，截面呈圆形，其内芯是硼化钨（WB_5和WB_4），外沿是纯硼（B）。碳化硅纤维表面呈凹谷状沟纹，但仍较平滑，比表面积小，纤维直径较大，截面呈圆形，内芯是钨丝，外沿是碳化硅复合结构。

表5-6列出了几种增强纤维的物理性质及其表面大小。由表5-5可知，碳纤维比表面积大，而硼纤维、碳化硅纤维等比表面积小，玻璃纤维居中。表面积包括内表面积和外表面积，碳纤维内存在内孔和孔洞，内表面积较高，内孔和孔洞通常沿纤维轴取向排列，一般不延伸到纤维表面，这些内表面不吸附气体，与树脂黏结无关，所以碳纤维的表面利用率低。根据黏结机理，表面积越大，纤维与树脂间的黏结状况越好，而实际并非如此，实践表明，经表面处理后，一些纤维的表面积变化不大，但复合材料的层间剪切强度却有很大改善。而有的纤维表面只能指出表面的状态，而复合材料界面的黏结性主要由表面化学特性决定。

表5-5　几种增强纤维的物理性质及其表面大小

纤维品种	密度（g/cm^3）	直径（μm）	比表面积大小（m^2/g）		在100cm^3复合材料中的总表面积（m^2）
			计算值	实测值	
S-玻璃纤维	2.50	10.0	0.160	0.13	19.5
硼纤维	2.70	101.6	0.015	0.01	3.1
碳化硅纤维	3.50	101.6	0.012	0.01	1.8

纤维品种	密度（g/cm³）	直径（μm）	比表面积大小（m²/g）		在100cm³复合材料中的总表面积（m²）
			计算值	实测值	
硼涂碳化硅纤维	2.80	105.4	0.014	0.01	2.16
Thornel 50	1.63	6.6	0.370	0.55	54.0
Hitco HMG 50	1.71	6.8	0.340	0.83	89.0
Morganite I	1.99	7.5	0.260	0.11	31.0
Courtaulds B	1.93	7.5	0.270	0.31	34.8

（二）增强材料的表面化学特性

增强材料的表面化学特性主要是指材料表面的化学组成和表面的反应活性。表面化学组成和官能团结构决定了纤维表面吉布斯自由能的大小和表面反应性，这决定着纤维使用时是否要进行表面处理、纤维和树脂能否形成化学结合、表面是否易于与环境发生反应等问题。

1. 玻璃纤维的表面化学特性 研究玻璃纤维的表面化学组成，发现本体化学组成与其表面化学组成不完全相同。例如，E-玻璃纤维本体化学组成为Si、O、Al、Mg、B、F、Na等，而表面仅含有Si、O、Al。在玻璃纤维表面，阳离子与阴离子的作用力处于不平衡状态，阳离子不能获得所需数量的氧离子，由此产生了表面吉布斯自由能，使玻璃纤维居于吸附外界物质的趋向。纯净的玻璃纤维表面存在大量的—Si—OH基团，它们具有一般活泼氢基团所具有的反应性质，有利于表面改性和化学键黏合。

2. 碳纤维的表面化学特征 石墨纤维的本体化学组成含有C、O、N、H及微量的金属杂质，而其表面化学组成为C、H、O。实验表明，PAN基高模Ⅰ型和高强Ⅱ型碳纤维10～15nm深度的表层内至少含有两种不同结合的氧原子，这些成分的存在是由原丝的性质和碳纤维表面的反应活性造成的。

碳纤维表面存在酮基、羧基和羟基等极性的高反应的官能团，可能与树脂发生次价力和化学键结合，因此，能大大地提高碳纤维复合材料的剪切强度。

3. 其他纤维的表面化学特性 硼纤维表面有氧化硼，碳化硅表面有氧化硅，这些含氧基团的存在能大大地提高纤维的浸润性和反应性。

（三）增强材料的表面吉布斯自由能

增强材料与基体能够黏结的重要条件是两者紧密接触、相互之间完全浸润，这取决于它们的表面吉布斯自由能，即表面张力。若要求基体材料能润湿增强材料，则增强材料的表面张力要大于4.5×10^{-4}N/cm。

碳纤维、硼纤维、碳化硅纤维都有明显的氧化表面，有利于形成高表面吉布斯自由能的表面，若表面被污染，则会降低表面能，影响极性基体对它们的润湿，如玻璃纤维表面上吸附的单分子层水会影响极性基体对其表面的润湿。

二、玻璃纤维的表面处理

玻璃纤维和基体之间的黏度取决于增强材料的表面组成、结构与性质，黏结对复合材料的性质有重要影响。为了提高基体与玻璃纤维之间的黏结强度，可采用表面处理剂对纤维表面进行化学处理。表面处理剂的分子在化学结构上至少带有两类反应性官能团：一类官能团能与玻璃纤维表面的—Si—OH发生反应而与之结合；另一类官能团能够参与树脂的固体反应而与之结合。处理剂就像"桥"一样，将玻璃纤维与树脂联成一体，从而获得良好的黏结性，因此，处理剂也称为偶联剂。

（一）脱蜡处理

玻璃纤维为了在拉丝纺织工序中达到集束、浸润和清除静电吸附等目的，在抽丝过程中，在单丝上涂一层纺织型浸润剂。纺织型浸润剂是一种石蜡乳剂，它残留在纤维表面上，妨碍了纤维与基体间的黏结，从而降低复合材料的性能，因此，在与基体复合之前，必须将上述浸润剂清除掉。

浸润剂除去的程度用残留量来表示，即用玻璃纤维织物上残留的蜡等物质的质量分数表示。除去浸润剂的方法，主要有洗涤法及热处理法两种（表5-6）。

表5-6　除去浸润剂的方法

处理方法		处理条件	处理后外观	处理后强度保持率（%）	残留量（%）
洗涤法		用热水、酸液、碱液、洗涤剂、有机溶剂等溶解和洗去浸润剂	白色	60~80	0.3以下
热处理法	间歇法	将大量玻璃布放入加热炉中逐渐升温，使浸润剂慢慢挥发掉。时间为65~75h，最高温度为300℃	茶褐色	80~120	0.5以下
	分批法	玻璃布分批间隔放置在热风炉中处理。第一阶段：230℃，10~20h；第二阶段：350℃；60h以上	白色	40~60	0.1以下
	连续法	将玻璃布连续送入加热炉内，加热处理温度为550~650℃，速率为3~8m/min	白色	30~50	0.1以下

洗涤法就是针对浸润剂的组成，采用碱液、肥皂水、有机溶剂等溶解和洗去浸润剂的方法。经洗涤后，玻璃布上的残留量可以降低到0.3%以下。

热处理法就是利用加热的方式，使玻璃纤维及织物表面上涂覆的浸润剂，经挥发、碳化、灼热而除去。按加热温度高低，热处理法分为低温热处理（250~300℃）、中温热处理（300~450℃）和高温热处理（>450℃）。热处理温度越高，时间越长，浸润剂残留量越小，但强度下降也越大。在500℃处理1min，强度下降40%~50%。

根据处理过程连续与否，热处理法又分为间歇法、分批发和连续法。

间歇法是将大量玻璃布卷放入加热炉中逐渐升温，使玻璃布上的浸润剂慢慢挥发掉。

加热炉采用循环热空气加热，最高温度为300℃，处理时间为65~75h。一般多采用中低温，这种方法较方便，但每卷布从里到外处理得不均匀，处理时间长，残留量也大。

分批法是将玻璃布分批间隔放置在热风炉中，分阶段处理：第一阶段处理温度为230℃，时间为10~20h；第二阶段处理温度为350℃，时间为60h以上。处理物的外观为白色时，效果最好。

连续法是联合处理机组上，使玻璃布连续通过一个用煤气或电加热到一定温度的炉内，进行烘烤，然后自动卷曲。处理温度为550~650℃，玻璃织物在炉内只停留几十秒。织物一进入热处理炉即迅速加热，在入口不远处，部分浸润剂首先分解、挥发，引起自燃。在实际生产中往往通过火焰的位置和颜色来控制热处理程度。

热处理的效果可通过浸润剂的残留量与玻璃纤维的强度损失来定量判断。热处理后，玻璃布的颜色能定性地反应残留物的含量，即棕色＞金黄色＞白色。一般要求处理后的织物，既要有高的保留强度，又要有低的残留量。在确保织物强度不变的情况下，残留量越低越好。

玻璃纤维热处理后，在空气中极易吸附水分，因此，应该及时涂覆偶联剂。

（二）化学处理

化学处理是指采用偶联剂处理玻璃纤维，使纤维与基体之间形成化学键，获得良好的黏结，并有效地降低水的侵蚀。

1. 有机硅烷类偶联剂的结构与作用机理

（1）有机硅烷类偶联剂的结构。目前，工业所用的硅烷偶联剂一般的结构式为：

$$R（CH_2）_n SiX_3 \quad （n=0~3）$$

式中：X——可水解的基团，如甲氧基、乙氧基，生成—OH，与无机增强材料表面发生作用；

R——有机官能团，它能与基体起反应。

（2）偶联剂的作用机理如下。

①有机硅烷水解生成硅醇。这是最常用的偶联剂。

$$X—\underset{\underset{X}{|}}{\overset{\overset{R}{|}}{Si}}—X \xrightarrow{H_2O} OH—\underset{\underset{OH}{|}}{\overset{\overset{R}{|}}{Si}}—OH \ +3HX$$

②与玻璃纤维表面的作用。硅烷经水解后，生成三醇，其结构与玻璃纤维表面的结构相同，因此，很易接近而发生吸附。吸附在玻璃纤维表面的硅三醇，只有一个—OH基与硅醇相结合，其余的—OH与邻近的分子脱水形成Si—O—Si键。

③与树脂基体作用。硅烷偶联剂的R基团是与树脂发生偶联作用的活泼基团。对于不同的树脂，作用不同。在热固性树脂体系中，基于结构相同或相似则相溶的原则，与热塑性树脂分子发生溶解、扩散和缠结，或通过添加交联剂实现分子交联。对于不同的树脂基体，要选择含有不同R基团的硅烷偶联剂。

当R为—CH＝CH_2时，缠结并牢固黏结。

2. 有机铬络合物偶联剂的结构与作用机理

有机铬络合物由氯化铬与有机酸反应而制备，其结构式如下：

当R为 $H_2C=C-CH_3$ 时，即为常见的"沃兰"（甲基丙烯酸氯化铬络合物），其作用机理如下。

（1）"沃兰"水解。

水解后生成HCl，故"沃兰"水溶液呈酸性。

（2）与玻璃纤维表面作用。"沃兰"吸附于玻璃纤维表面与玻璃纤维表面的—Si—OH发生脱水缩合，生成抗水的—Si—O—Cr键，"沃兰"分子之间发生脱水缩合反应形成Cr—O—Cr键，过程如下：

$$CH_2=C-CH_3CH_2=C-CH_3CH_2=C-CH_3$$

（化学结构图：含 Cr、Si、O、H 的偶联结构）$+ \ H_2O$

上述物理与化学作用，使"沃兰"分子聚集于玻璃表面，对玻璃表面吸附水产生排除作用，使玻璃表面具有疏水性，其中化学键形式结合占35%，起着主要作用。

（3）与树脂的作用。"沃兰"中的 $H_2C=\overset{|}{C}-CH_3$，可参与聚酯的固化反应与之共聚，而 Cr—Cl、Cr—OH 可参与环氧与酚醛的固化反应与之加聚缩聚，因此，"沃兰"可适用于不饱和聚酯树脂、环氧树脂和酚醛树脂。对于热塑性树脂与 $H_2C=\overset{|}{C}-CH_3$ 结构相似的 PP、PE、PMMA 等均可应用。

3. 偶联剂的配制　大部分偶联剂都可以配成水溶液使用，为了达到处理目的，必须使用稳定的偶联剂水溶液。

就硅烷偶联剂而言，偶联剂分子会逐步由单体生成低缩聚体，而变成高缩聚体。其中，单体和低缩聚体可溶于水，能与玻璃纤维表面—Si—OH作用，达到处理目的。而高缩聚体不溶于水，会从溶液中沉淀出来，时间越长，沉淀越多，处理效果越差。因此，硅烷偶联剂要现配现用，以防失效。硅烷偶联剂的R基团的特性及溶液pH决定其溶液的稳定性。当R基团为甲基丙烯酸基、环氧基、乙烯基等中性基团时，最好在pH=4的稀乙酸中配制。当X基团，即水解基团为—Cl或 $-O-\overset{O}{\overset{\|}{C}}-CH_3$ 时，水解后生成HCl或 $H_3C-\overset{O}{\overset{\|}{C}}-OH$ 会使硅烷自缩聚形成高聚体，因此，这类偶联剂应配制成有机溶剂。当水解基团为烷氧基团—OCH$_3$、—OC$_2$H$_5$时，水解反应极慢，产物溶解度低，水解产物使溶液呈中性，溶液稳定。

"沃兰"水解后有HCl生成，使水溶液呈酸性，而HCl可催化缩聚反应，最终使水解产物脱水缩聚成不溶性聚合物膜，所以在使用时应严格控制"沃兰"水溶液的pH。实验证明，当pH=4～6时，水溶液稳定。

偶联剂在玻璃纤维表面并非以简单定向的单分子层覆盖，而是一种多层不均匀沉积物。Schrader等利用放射性示踪原子技术的研究结果认为，整个吸附层可分三个部分：第一个部分可被冷水冲走，称为物理吸附层，占总量的98%，约有270个单分子层厚度；第二个部分不能被冷水冲走，但在沸水中煮2h能被除去，称为化学吸附层，约有10个单分子层厚度；第三部分经过沸水煮也除不去，是化学吸附的单分子层，其中后两部分对界面黏结起作用，而物理吸附层不但不起作用，相反造成弱界面层，使复合材料界面黏结强度降低。因此，偶联剂溶液配制时，浓度过高没有意义，一般浓度采用0.1%～1.5%。

4. 玻璃纤维表面处理工艺　用偶联剂处理玻璃纤维表面，采用的加工方法主要有三种：前处理法、后处理法、迁移法。

（1）前处理法。在玻璃纤维拉丝过程中，采用增强型浸润剂涂覆玻璃纤维的方法。这种浸润剂中由于加入了偶联剂，因此，既可满足纺织工艺的要求，又不妨碍纤维与树脂的浸润与黏结。同时，偶联剂在拉丝过程中被涂覆到玻璃纤维表面上。采用这种处理法的玻璃布称为前处理布，这种布在用于制备玻璃钢时，不需要再进行任何处理。这种方法比后处理法简单，且避免了因热处理而造成的纤维强度的损失。

（2）后处理法。又称普通处理法，这种方法分两步进行，先除掉拉丝过程中涂覆在玻璃表面的纺织型浸润剂，再浸渍偶联剂，水洗、烘干，使玻璃表面涂覆一层偶联剂。使用纺织型浸润剂的玻璃纤维均采用后处理法。

（3）迁移法。又称潜处理法，是将偶联剂直接加到树脂胶液中，玻璃纤维在浸胶的同时就涂覆了偶联剂。偶联剂在树脂胶液中将发生向玻璃纤维表面的迁移作用，进而与玻璃纤维表面发生反应，从而产生偶联作用。迁移法处理的效果一般比前两种方法差一些。但是其最大优点是工艺操作简便，不需要复杂的处理设备。

三、碳纤维的表面处理

碳纤维尤其是高模量石墨纤维的表面是惰性的，它与树脂的浸润性、黏附性较差，所制备的复合材料层间剪切强度及界面黏附强度较差。长期以来，人们为了提高碳纤维与基体的黏合力，或保护碳纤维在复合过程中不受损伤，对碳纤维的表面处理进行了大量的研究工作。在20世纪60～70年代的十多年时间里，人们采用各种碳纤维的表面处理方法，在提高复合材料的界面黏结强度和层间剪切强度上都取得了不同程度的效果。近年来，又开展了碳纤维表面改性研究，这些方法使复合材料不仅具有良好的界面黏结力、层间剪切强度，而且其界面的抗水性、断裂韧性及尺寸稳定性均有明显的改进。碳纤维的表面处理方法主要有气相氧化法、液相氧化法、阳极氧化法、等离子体氧化法、表面涂层改性法、表面电聚合改性法和表面等离子体聚合接枝改性法等方法。

（一）气相氧化法

气相氧化法是碳纤维在气相氧化剂气体（如空气、O_2、O_3）中表面被氧化，在通常条件下，它的表面会被一般的气相氧化剂所氧化，为了达到氧化改性碳纤维表面，使其生成一些活性基团（如—OH、—COOH等）的目的，必须创造一定的外界条件（如加温、加催化剂等）以促进气相氧化剂氧化碳纤维表面，形成含氧活性官能基团。

1. 空气氧化法　在Cu和Pb盐催化剂存在下，在400℃或500℃下用O_2或空气氧化处理碳纤维表面，能使碳纤维表面氧化形成一些活性基团，使复合材料的层间剪切强度提高2倍左右。

2. **臭氧氧化法** 利用O_3的强氧化能力，在气相直接对碳纤维表面进行氧化处理，使它形成活性官能团（如—COOH、—OH等），但氧化的条件（如O_3的浓度、环境温度、氧化处理时间）对氧化效果有很大的影响，其中氧化处理时间影响最大，其次为O_3的浓度。碳纤维经O_3氧化处理后纤维本身抗拉强度提高了11%～13%，达到3.36GPa，表面含氧官能团的浓度增加了16%～45%，其复合材料的层间剪切强度提高了36%～56%，达到106MPa。

（二）液相氧化法

液相氧化法种类较多，有浓HNO_3法、次氯酸钠氧化法以及强氧化剂溶液氧化法。

1. **浓HNO_3法** 根据HNO_3的强氧化性能，在一定温度下将惰性的碳纤维表面氧化形成含氧活性官能团。纤维经HNO_3处理后，强度损失较大。

2. **次氯酸钠氧化法** 将浓度为10%～20%、pH为5.5的次氯酸钠水溶液加入乙酸，使其生成次氯酸，然后控制溶液温度达45℃，将碳纤维浸入，浸置时间为16h，浸置后将纤维表面残存的酸液洗去，经处理后的碳纤维，其复合材料的层间剪切强度从21MPa提高到70MPa，并提高了弯曲强度和模量。

（三）阳极氧化法

碳纤维阳极氧化法就是把碳纤维作为电解池的阳极，石墨作为阴极，利用电解水的过程，在阳极生成的氧，氧化碳纤维表面。一般纯水中需加入少量电解质，以提高导电率，减少能耗。通常加入的电解质有NaOH、H_2SO_4、$(NH_4)_2CO_3$、Na_3PO_4等。以碳纤维作为阳极，不锈钢为阴极，在5%的NaOH水溶液中进行阳极氧化，连续化处理碳纤维，结果见表5-7。

表5-7 阳极氧化对碳纤维表面物化性能及层间剪切强度的影响

处理时间（min）	电流密度（mA/cm²）	比表面积（m²/g）	总含氧基量（%）	ILSS（MPa）	破坏模式
0	0	1.8	42.11	56.5	多剪
2	1.5	1.6	44.29	90.5	单剪

（四）等离子体氧化法

等离子体又称为电晕，是由部分电子被剥夺后的原子及原子被电离后产生的正负电子组成的粒子化气体状物质，它广泛存在于宇宙中，常被视为是固、液、气外，物质存在的第四态。等离子体表面处理时，电场中产生的大量等离子体及其高能的自由电子撞击碳纤维表面晶角、晶边等缺陷处，促使纤维表层产生活性基团，在空气中氧化后生成—COOH、—CO—、—C—OH等基团。

此法处理效果好，原因之一是纤维强度几乎没有损失；原因之二是表面能增加22.25%，表面活性官能团增加11.33%，因而提高了对基体的浸润性及反应性，所以复合材料的层间剪切强度得到显著提高。

（五）表面涂层改性法

将某种聚合物涂覆在碳纤维表面，改变复合材料界面层的结构与性能，使界面极性等相适应以提高界面黏结强度，并提供一个可塑界面层，以消除界面内应力。用热塑性聚喹噁啉（PPQ）作为涂覆剂，涂层处理碳纤维表面增强环氧树脂，使碳纤维复合材料的层间剪切强度由64.4MPa提高到78.9MPa。

（六）表面电聚合改性法

电聚合是指由电极氧化还原反应过程引发产生的自由基使单体在电极上的聚合或共聚，聚合的机理取决于聚合所在的位置，即碳纤维作阳极或阴极，电极不同，则聚合机理各异。

1. **阳极引发聚合机理**　在乙酸钾溶液中，通过Kaeble反应引发单体（M）聚合：

$$CH_2COO = CH_3COO \xrightarrow{-e} CH_3COO \cdot \xrightarrow{-CO_2} CH_3 \cdot \xrightarrow{M} CH_3M \cdot \xrightarrow{nM} 聚合物$$

2. **阴极引发聚合机理**　含有单体的硫酸水溶液中，阴极表面发生如下聚合反应：

$$H^+ + e \longrightarrow H \cdot + M \longrightarrow HM \cdot \xrightarrow{nM} 聚合物$$

用于聚合的单体有各种含烯基的化合物（如丙烯酸系、丙烯酸酯系、马来酸酐、丙烯腈、乙烯基酯、苯乙烯、乙烯基吡咯烷酮等）以及环状化合物，这些单体既可以均聚，也可以共聚，形成的聚合物可与碳纤维表面的羧基、羟基等基团发生化学键合生成接枝聚合物，从而具有牢固的界面黏结，另外还可以选择柔性链的单体共聚，以改善碳纤维复合材料的脆性。电聚合的时间要控制得适当：时间过短，碳纤维表面聚合涂层薄，起不到应有的增强作用；时间过长，涂层太厚，反而会使层间剪切强度下降，这是由于时间长产生多层聚合，内层与碳纤维表面结合得很牢，但第二层与第一层是靠聚合物本身的内聚力结合，结合力不强，是一个弱界面层，因此，导致层间剪切强度下降。

美国专利采用甲基丙烯酸酯、硫酸和过氧化氢体系，碳纤维作为阳极，电聚合30s，碳纤维复合材料的ILSS可达到71.16MPa。

（七）表面等离子体聚合接枝改性法

在辉光放电等离子体作用下，材料表面生成大量活性自由基，单体分子与之接触则会被引发，在表面发生接枝聚合，此接枝聚合方法不需加任何的引发剂和溶剂，污染少，耗时短，设备简单，效率高，又很安全。

四、芳纶的表面处理

芳纶具有高比强度、高比模量和高耐热性等特性，与其他纤维比较，芳纶蠕变速率低，收缩率和膨胀率都很小，具有很好的尺寸稳定性。纤维表面呈惰性且光滑，表面能低，所以与树脂基体复合成的复合材料界面黏结强度低，因此，制成的复合材料的层间剪切强度较差，限制了自身优越性的发挥。芳纶的表面处理方法包括氧化还原处理、表面化学接枝处理、冷等离子体表面处理等方法。

（一）氧化还原处理

通过氧化还原反应可以在芳纶表面引入所需的化学活性基团，但用HNO₃或H₂SO₄进行氧化，纤维的抗拉强度急剧下降，而严重影响复合材料的层间剪切强度。Pem等研究了一种新的氧化还原法，引入氨基基团与环氧树脂反应，增加界面黏结强度。这种氧化还原法所采用的步骤是先硝化后还原引入氨基，在控制纤维表面氨基浓度不超过0.6个/100$\AA_2$的前提下，纤维的抗拉强度基本上不降低。但经过这种方法处理过的芳纶与环氧树脂基体的界面黏结强度提高约1倍。此氧化还原法，虽然界面黏结强度有较大的提高，但操作繁杂，最佳的处理条件不易掌握，同时纤维的损伤仍难以避免。

（二）表面化学接枝处理

利用冠醚使NaH均相地溶于二甲基亚砜（DMSO）中，将芳纶与之反应，使纤维表面金属化，然后再与卤代烃、聚合性单体或多官能环氧化合物接枝反应。

$$O=\overset{CH_3}{\underset{CH_3}{S}} + NaH \longrightarrow O=\overset{C-H_2Na^+}{\underset{CH_3}{S}} + H_2$$

$$O=\overset{C-H_2Na^+}{\underset{CH_3}{S}} + PPTA \longrightarrow \left[\overset{}{\underset{Na^+}{N}}-C_6H_4-\overset{}{\underset{Na^+}{N}}-\overset{O}{C}-C_6H_4-\overset{O}{C}\right]_n$$

$$+RX \longrightarrow \left[\overset{}{\underset{R}{N}}-C_6H_4-\overset{}{\underset{R}{N}}-\overset{O}{C}-C_6H_4-\overset{O}{C}\right]_n$$

式中，R是带有所需官能团的烷基或芳烷基，增加纤维与基体界面间的化学黏结。结果表明，接枝上环氧基，使复合材料的层间剪切强度提高3倍左右，但此方法工艺复杂，不易工艺化。

（三）冷等离子体表面处理

冷等离子体表面处理是一种比较好的方法，因为处理改性过程，不需要加入引发剂、溶剂，污染少，耗时短，设备简单，操作易行，效率高，又很安全。等离子处理后，纤维的抗拉强度会上升，其原因有两个：一是由于等离子体处理作用仅发生在表面浅层，不损伤本体强度，而且等离子体的缓慢刻蚀作用能完全消去表面的裂纹，减少了应力集中源，间接地提高了纤维的抗拉强度；二是纤维在高频场中受等离子体反复的撞击作用下，纤维内部发生松弛，使生产过程中累积的内应力得以释放降低，间接地提高了纤维的抗拉强度。用等离子体处理和聚合接枝改性芳纶1414表面，结果发现，芳纶1414经不同处理时间处理，抗拉强度有所提高，其结果如图5-11所示。不论是哪类等离子体处理芳纶1414，其抗拉强度都有所提高，而且随处理时间延长而上升。由于等离子体的活性与质量不同，上升的趋势也不同。芳纶1414经等离子体空气处理及接枝改性后，其表面能及复合材料的层间剪切强度见表5-8。

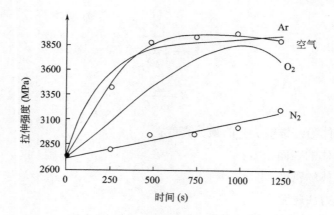

图5-11　处理时间与抗拉强度关系

表5-8　芳纶1414纤维表面经等离子体空气及接枝烯丙胺处理对表面能及层间剪切强度的影响

处理条件	表面能（mN/m）	ILSS（MPa）
未处理	34.05	46.0
等离子体空气 压力：0.15 torr 功率：200W　时间：120s	41.65	60.5
等离子体空气+烯丙胺 压力：0.15 torr 功率：200W　时间：600s	42.48	81.2

第七节　界面分析方法

一、表面浸润性的测定

　　增强材料与基体之间的浸润性好坏对复合材料性能好坏影响很大。一般来说，浸润性好，界面黏结强度就比较高。如果完全浸润，仅树脂在界面上物理吸附所产生的黏结强度要比树脂自身的内聚能还大。良好的黏结界面能很好地传递应力，材料就有较好的力学性能。如浸润性不好，界面上就会留有空隙，不但没有良好的黏结界面来传递应力而且成为应力集中源，使材料性能变差。因此，要制作高性能的复合材料，对增强材料的浸润性测定是十分必要的。

（一）接触角的测定

　　1. 单丝浸润法　将单丝用胶带粘在试样夹头上，然后悬挂于试样架上，纤维下端拉有重锤，纤维垂直状态与树脂液面接触。由于表面张力的作用，接触部分会产生一定的弯月面，使之成像，在放大镜下读得纤维直径和弯月面附近树脂沿纤维表面上升的最大高度，根据式（5-5）可以求出接触角：

$$\frac{Z_{max}}{a} = \frac{R}{a} cos\theta \left[0.809 + \ln \frac{a}{R(1+\sin\theta)} \right] \qquad （5-5）$$

其中，

$$a = \sqrt{\frac{\gamma}{\rho g}}$$

$$R = \frac{b}{\cos\theta}$$

式中：Z_{max}——液体沿纤维壁上升的最大高度；

γ——液体的表面张力；

ρ——液体的密度；

g——重力加速度；

b——纤维半径。

将式（5-5）整理成：

$$\frac{\cos\theta}{1+\sin\theta} = \frac{b}{a} e^{\frac{Z_{max}}{b}-0.809} \tag{5-6}$$

当 γ、ρ、Z_{max}、b 为已知时，则式（5-6）右边为一常数，即：

$$\frac{b}{a} e^{\frac{Z_{max}}{b}-0.809} = k$$

$$\frac{\cos\theta}{1+\sin\theta} = k \tag{5-7}$$

令 $t = \sin\theta$，$\cos\theta = \sqrt{1-t^2}$ 整理式（5-7），则得：

$$\sqrt{1-t^2} = k(1+t) \tag{5-8}$$

通过实验测得 k 值，代入式（5-8）求出 t 值，即可求得接触角 $\theta = \sin^{-1} t$。

2. **单丝接触角测定法** 利用单丝接触角测定仪，将纤维的一端穿过储器，用胶带将纤维的两端固定在样品座的定位细丝上，旋动张力调节螺母，对纤维施加张力到拉紧为止，用少量液滴放在储器中形成薄膜。然后将装好纤维的测定仪平放在显微镜平台上，校准焦距，缓慢旋转角度调节钮，使液体储器转动，直到液体表面膜与纤维接触处的圆弧突然消失，液体表面恰好成水平，作为终点，这时液面与纤维的夹角就为接触角。

3. **倾斜法** 倾斜法即将欲测的纤维试样绷紧在样品弓上，然后插入试液，开动接触角测定仪转动电动机，让纤维与液面的接触点对准在光轴位置上慢慢转动，每转2°拍照一次像。最后根据相片上液体沿纤维上升的情况和倾斜法测接触角的规定，确定所测的接触角。

4. **测单丝浸润力法** 用微天平测定单丝从液体中拔出的浸润力，然后按式（5-9）求出 θ。

$$\cos\theta = \frac{F}{P\gamma_1} \tag{5-9}$$

式中：θ——接触角，（°）；

F——测得的纤维从液体中拔出的浸润力，dyn（1dyn=10⁻⁵N）；

P——纤维的周长，cm；

γ_1——测试液的表面张力，mN/cm。

5. **动态毛吸法**　此方法是通过测定毛吸过程体系表面吉布斯自由能的变化值，进而求得浸润接触角，并进行一些数学处理，可得到表面吉布斯自由能改变值和浸润量间的关系：

$$\Delta\gamma = \frac{64(1-\varepsilon)H^2\rho_f\eta}{k^2\varepsilon^2\omega_f d_f\rho_1^2}\left(\frac{m^2}{t}\right) \tag{5-10}$$

$$\varepsilon = \frac{V_1}{V_T}$$

式中：V_1——纤维束内吸液总体积；

V_T——体系总体积；

ρ_f——纤维密度；

η——浸润液黏度；

H——纤维束长度；

k——水力常数；

ω_f——纤维束质量；

d_f——纤维直径；

ρ——润液密度；

m——纤维束毛吸浸润质量；

t——毛吸作用时间。

由浸润测定仪测得浸润曲线，由曲线得到浸润达平衡时m和t值，代入式（5-10）求得$\Delta\gamma$，然后由Yong方程$\cos\theta = \dfrac{\Delta\gamma}{\gamma_1}$（$\gamma_1$为浸润液表面张力）计算得到浸润接触角$\theta$。除此之外，也可以利用Fowkes提出的几何平均方程：

$$\gamma_1(1+\cos\theta) = 2(\gamma_s^d\gamma_1^d)^2 + 2(\gamma_s^\gamma\gamma_1^\gamma)^{\frac{1}{2}} \tag{5-11}$$

假定固体表面张力由极性与色散两部分组成，即用式（5-12）来测求纤维的表面张力。

$$\gamma_s = \gamma_s^d + \gamma_s^p \tag{5-12}$$

（二）动态浸润速率的测定

浸润速率是测定液体在表面上的接触角随时间的变化，由式（5-13）表示：

$$\ln\left(1-\frac{\cos\theta_t}{\cos\theta_\infty}\right) = -Kt \tag{5-13}$$

式中：θ_t——t时的接触角；

θ_∞——平衡时的接触角；

K——浸润速率常数。

以 $\left(1-\dfrac{\cos\theta_t}{\cos\theta_\infty}\right)$ 对 t 作图，由直线的斜率求得浸润速率常数 K。

（三）树脂固化体系临界表面张力的测定

在研究浸润性对复合材料界面黏结强度的影响时，用树脂的表面张力来表示整个树脂固化体系的表面张力是不确切的。为此，近年来Dearlore提出了动态表面张力的概念，并以树脂固化过程动态表面张力的平衡值来表示树脂固化体系的表面张力。

Zisman认为被测定的固体临界表面张力 γ_c 与液体表面张力 γ_1 之间有如下关系：

$$\cos\theta = 1 + b\,(\gamma_c - \gamma_1) \tag{5-14}$$

式中：θ——液体在固体表面上的接触角；

γ_c——固体的临界表面张力；

γ_1——液体的表面张力；

b——物质的特性常数。

当 $\theta=0$，即液体在固体表面完全浸润时，根据式（5-14）可得到 $\gamma_c=\gamma_1$，即液体的表面张力等于被测固体的临界表面张力。

使用Zisman接触角测定法测定树脂固化体系临界表面张力 γ_c 的具体方法是：测定一系列已知表面张力的液体，在树脂固化体系（加有固化剂、增韧剂等组分的树脂）表面，当树脂体系达到固化临界状态（当黏流态转变为固态）时的接触角 θ，并假定 $\cos\theta$ 和液体表面张力之间是线性关系，采用 $\cos\theta$ 和 γ_1 值作图，并外推到 $\cos\theta=1$（$\theta=0$）时，对应的液体表面张力为 γ_1，这时的 γ_1 就是树脂固化体系的临界表面张力 γ_c，用此数据来表示树脂固化体系的表面张力。

二、显微镜观察法

显微镜观察法是直观研究复合材料表面和界面的方法，主要用于对纤维的表面形态、复合材料断面的结构和状态进行观察。这种方法又可以分为扫描电子显微镜观察和光学显微镜观察两种。

扫描电子显微镜比光学显微镜具有高的分辨率，它能观察到表面层以下10nm左右的结构细节，其景深长，视场大，图像富有立体感，放大倍数易调节，而且对样品要求简单。通过扫描电镜可以观察到复合材料的破坏断面状态。当纤维与基体黏附得好时，则断面上能见到基体黏附在纤维上；当纤维与基体黏附得不好时，则可观察到纤维从基体内拔出，在基体断面上留下孔洞。例如，玻璃纤维经处理剂处理后与聚丙烯复合，其断面可见到聚丙烯与纤维黏附较好，断面无孔洞；当玻璃纤维未经处理剂处理就与聚丙烯复合，由于它们之间黏附较差，在断面上就可见到纤维拔出及孔洞的存在。

三、红外光谱法及拉曼光谱法

红外光谱法是通过红外光谱分析研究表面和界面，通过红外光谱分析的数据，可以了解到基体在增强材料表面是产生物理吸附还是化学反应。拉曼光谱法是利用氩激光激发的拉曼光谱研究表面和界面。它可以用于研究处理剂与玻璃纤维间的黏结。

四、界面力（强度）的测定方法

界面性能差的材料大多呈剪切破坏，在材料的断面可看到脱粘、纤维拔出、应力松弛等现象。界面间黏结过强的材料则呈突发性的脆性断裂。一般认为，界面黏结最佳的状态应当是受力发生开裂时，这一裂纹能转化为区域化而不发生进一步的界面脱粘，这时的复合材料具有最大的断裂能和一定的韧性。目前有许多测量界面力的方法，但在这众多方法中却没有一种既简便、可信度又高的方法。除存在用不同的方法得出的结构有差异外，最令人烦恼的问题是，材料的破坏不是由于界面的分离，而是在靠近界面的基体或增强材料破坏。通常使用的测试界面黏结强度的方法是单丝拔脱试验方法。

单丝拔脱实验（Monofilament pull–out test）是将增强材料的单丝或细棒垂直埋入基体的浇注圆片中，然后将单丝或细棒从基体中拔出，测定出它们之间界面的剪切强度，界面的剪切强度与施加给单丝或细棒的最大载荷间有如下关系：

$$\tau = \frac{P_{max}}{2\pi r l} = \frac{\sigma_{max} r}{2l} \tag{5-15}$$

式中：τ——界面的平均剪切长度；

P_{max}——对单丝或细棒施加的最大载荷；

r——单丝或细棒的半径；

l——单丝或细棒埋在基体中的长度；

σ_{max}——单丝或细棒的最大拉伸应力。

变换式（5–15）可以得出单丝或细棒埋入基体中长度l的计算式：

$$l = \frac{\sigma_{max} r}{2\tau} \tag{5-16}$$

当实际埋入基体中的单丝或细棒的长度大于式（5–16）的计算值时，单丝或细棒在拔出前将断裂；反之，当埋入基体中的实际长度小于计算值时，单丝或细棒将从基体中拔出。若已知单丝或细棒的拉伸强度极限，则可以根据将单丝或细棒从基体中拔出来的临界长度，用式（5–10）计算出界面的平均剪切强度。

研究界面的方法还有放射性示踪法、应力腐蚀法等。

第六章 聚合物基复合材料成型工艺

第一节 概述

纺织复合材料的性能在纤维与树脂体系确定后，主要决定于成型固化工艺。成型固化工艺包括三个方面的内容：预浸料等半成品的制备、增强材料预成型得到接近制品形状的毛坯和复合材料的固化成型，流程图见图6-1。不同的工艺方法中这三个方面可能同时或分别进行，但都要完成树脂与纤维的复合、浸渍、固化和成型，在同一个加工过程，复合材料的材料和产品（或结构）一次同时完成。

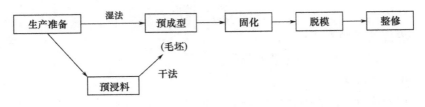

图6-1 复合材料成型加工的典型工艺流程图

复合材料结构在形成的过程中有组分材料的物理和化学的变化，过程非常复杂，因此，构件的性能对工艺方法、工艺参数、工艺过程等依赖性较大，同时也由于在成型过程中很难准确地控制工艺参数，所以，一般来说，复合材料构件的性能分散性比较大。

一、成型特点

与其他材料相比，纺织复合材料的性能有许多优势，其制备、成型工艺也有其特点。

（一）材料与结构的同一性

传统材料的构件成型是经过对材料的再加工，在加工过程中材料不发生组分和化学的变化，而复合材料构件与材料是同时形成的，它由组成复合材料的组分材料在形成复合材料的同时也就形成了构件，一般不再由复合材料加工成复合材料构件。由于复合材料这一特点，使之结构的整体性好，可大幅度减少零部件和连接件数量，从而缩短加工周期，降低成本，提高构件的可靠性。

（二）成型工艺简单

（1）使纤维增强材料预成型。树脂在固化前具有一定的流动性，且很柔软，依靠模具容易形成要求的尺寸与形状。很多工艺方法都是预先将纤维织造或铺展成接近制品形状的坯料等，然后再加压压紧。这样在制品成型过程中，材料就无需很大的相对流动，因而就减小了材料内摩擦以及材料与模具之间的摩擦力，节省了克服这些摩擦力所需的一部分压力。

（2）采用低压成型的树脂配方。这类树脂配方固化时不放出挥发性的副产物，或者单位时间内放出的挥发性副产物的量较少，从而可以降低压制时抵抗内部挥发物所需的一部分压力。

（3）利用弹性介质（如气体或液体）来传递压力，使压力垂直作用于制品表面，最大地发挥了加压作用，加压效果好。

二、成型工艺的分类

复合材料成型工艺是复合材料工业的发展基础和条件。从20世纪40年代聚合物基复合材料及其制件成型方法的研究与应用开始，随着复合材料应用领域的拓宽，复合材料工业得到迅速发展，其成型工艺日臻完善，新的成型方法不断涌现。目前，树脂基复合材料的成型方法已有20余种，下面从不同角度对常见的成型方法进行分类。

（一）按预成型方法分类

复合材料成型的特点之一是固化成型前对增强材料进行预成型，得到与制品形状、尺寸接近的毛坯。按预成型的工艺方法不同，复合材料有如下工艺。

1. **层贴法**　层贴法也叫裱糊法或手糊法，包括采用布、带或毡等增强材料或低黏度胶液手糊的湿法工艺和采用预浸料层贴的干法工艺。湿法手糊成型是目前玻璃钢制品应用最广泛的手艺方法；干法层贴预浸料，再经热压罐固化成型是目前先进复合材料最主要的成型工艺。层贴法增强材料一般为连续纤维的织物。

2. **沉积法**　沉积法预成型包括利用压缩空气将短切纤维喷积（射）到模具表面的纤维喷积法预成型和利用抽真空使短切纤维吸附到网膜上的纤维吸积法预成型。沉积法增强材料只能是短切纤维，它与湿法手糊成型相比，机械化程度和生产率大大提高。

3. **缠绕法**　缠绕法是将连续长纤维纱、布、带浸胶后连续地缠绕到相应产品内腔尺寸的芯模或内衬上，然后固化的成型方法。适用于回转体产品，机械化程度和生产效率高。采用预浸纱等缠绕则为干法缠绕。缠绕成型的增强材料为连续纤维，可按应力大小排布纤维，纤维含量高，制品强度高。

4. **编织法**　近20年来发展的纤维编织技术，将增强纤维编织成与产品形状尺寸基本一致的三维立体织物，是一种连续纤维纱新型预成型方法。再经树脂传递模塑等工艺完成树脂的浸渍、固化，得到具有较高层间强度的复合材料制品。

（二）按成型压力（大小）分类

（1）接触（压）成型。指成型固化时不再施加压力，仅靠手工活简单工具的辅助铺贴增强材料和树脂。接触成型包括湿法手糊成型工艺和喷射成型工艺。

（2）真空袋成型。利用真空袋将铺层等预成型体模具密封，由内向外抽去空气和挥发成分，借助大气压力对制品产生低于0.1MPa的压力，以降低制品空隙率。

（3）气压室（压力袋）成型。在制品表面，制造一个密闭的气压室，利用压缩气体，借助真空袋或橡皮胶囊等介质将气压室气体压力传递到制品上，实现对复合材料的加压。气压室压力一般为0.25～0.5MPa。

（4）热压罐成型。真空袋—热压罐成型是利用热压罐内部的加热气体，对封入真空袋中的复合材料叠层坯料加压、加热固化。热压罐是气体加压和程序控温加热的通用设备，其压力一般为0.5～2.5MPa。

（5）模压成型。模压成型包括软塞法的低压成型和金属对模法的高压模压成型。对于用作绝缘材料的复合材料层板的层压成型，是一种采用专用压机、多层平板模具的特殊类型中高压模具成型。

（6）树脂传递模塑（RTM）、树脂膜熔渗（RFI）、吸胶成型。这是一类利用压力使树脂流入模具，浸渍增强材料预成型毛坯，再加热固化的液体模塑方法。

（7）增强反应性注射成型（RRIM）。反应性注射成型是将反应聚合和注塑加工相结合的加工方法，借助专用注射设备，使两种高活性液体单体和短切或磨碎纤维按计量混合均匀，注入模具后迅速固化的工艺方法。

（8）拉挤成型。将浸有树脂的纤维连续通过一定型面的加热口模，挤出多余树脂，在牵引下固化。

（三）按开、闭模分类

按开、闭模可将复合材料诸多成型工艺分为以下三大类。

（1）闭模成型。包括模压成型、树脂传递模塑、注射成型、增强反应性注射成型。

（2）开模成型。包括手糊成型、喷射成型、真空袋成型、压力袋成型、热压罐成型、纤维缠绕成型、拉挤成型、离心浇铸成型。

（3）其他。包括编织、吸积（吸胶）成型。

三、成型工艺的选择

如何选择成型方法是组织生产的首要问题。由于复合材料及其产品是一步到位生产出来的，因此，在选择成型工艺方法时，必须同时满足材料性能、产品质量和经济效益等多种因素的基本要求。

具体的选择基本要点有：材料性能和产品质量要求；生产批量大小和供应时间；预定价格和经济效益。

（一）成型技术在复合材料结构中的作用

成型技术是将原材料转化为结构件、将设计思想转变为实物的必经之路。提高制造技术水平，降低制造成本是扩大复合材料应用范围的重要措施。纺织复合材料与金属材料，在性质上有着明显差异，在成型技术上也有显著不同，主要表现在以下几方面。

（1）材料成型与结构成型一次完成。

（2）结构设计与制造技术密切相关，在设计复合材料结构的同时必须考虑制造技术的可行性。

（3）制造技术的选用有较大的自由度，存在着可操作、质量稳定、低成本之间的协调问题。

（4）复合材料中存在着数以万计的纤维与基体界面，控制两者之间的反应是获得良好界面的基础。

（5）纤维与基体的热胀系数不同，在冷却过程中会产生热应力，其大小与成型工艺参数有关。

（6）纤维与树脂的分布均匀性对性能影响很大，尤其是厚度方向上的分布不均匀性可能导致变形，如何避免是成型中要注意的。

（7）力求最低的结构质量或发挥某一功能，需要采用多种类型的增强材料，这些增强材料之间的协调性是成型工艺的难点之一。

（8）不同的成型方法（如整体固化、分段共固化、胶接连接）所获得的结构、性能会有差异，效率也不相同。从成型工艺角度，不同结构其最佳成型方法总是不相同的，说明了成型工艺方法的可选择性。

（9）由于复合材料的各向异性，存在着常规材料所没有的耦合效应；如单向复合材料在受到非主轴方向拉伸时，由于纵向弹性模量大于横向，将引起剪切变形；单向复合材料受到非主轴方向弯曲时，将引起扭转变形；成型工艺中铺叠精度，对于耦合效应影响很大。

（10）应尽可能采用整体成型技术回避机械连接，以实现充分发挥纤维承载和减少应力集中的优越性，并减少连接件以达到最大减重效果。

（11）优良的复合材料结构出自设计师、工艺师、化学师、模具师的协调配合，反映了制造技术的综合性。

（12）在复合材料结构制造过程中最终检验仅仅是质量好与坏的判断，而无法挽救，每一步的工序管理才是保证生产合格产品的关键，从而反映过程质量控制或工序质量控制的重要性。

（13）选用高成活率的成型技术是获得高质量、低成本复合材料结构件的重要措施之一。

（14）修理是不可避免的，也是扩大复合材料使用的重要环节。

（二）成型三要素

树脂基复合材料在由原材料加工出成品的整个成型过程涉及三个重要的环节：赋形、浸渍和固化，也称为成型三要素。

对应于制品性能、产量、价格这三个基点，成型工艺三要素实现的手段在不断地进步和改善。

（1）赋形。赋形的基本问题在于增强材料如何达到均匀或保证在设定的方向上如何可信度很高地进行排列。将增强材料预成型是先行的赋形过程，使毛坯与制品最终形状相似，而最终形状的赋形则在压力下靠成型模具完成。

（2）浸渍。浸渍意味着将增强材料间的空气置换为基体树脂，以形成良好的界面粘接和实现复合材料的低空隙率。浸渍机理可分为脱泡和浸润两个部分。浸渍好坏与难易受基体树脂黏度、种类、基体树脂与增强材料配比以及增强材料的品种和形态的影响。预浸料半成品制备已将主要浸渍过程提前，但加热成型过程还需进一步完善树脂对纤维的浸渍。

（3）固化。热固性树脂的固化意味着基体树脂的化学反应，即分子结构上的变化，由线型结构交联形成三向网络结构。固化要采用引发剂、促进剂，有时还需加热促进固化反应进行。对于热塑性树脂，则是由黏流态或高弹态冷却硬化定型的过程。

赋形、浸渍和固化三要素相互影响，通过有机地调整与整合，可经济地成型复合材料制品。成型三要素与原材料的相互关系如图6-2所示：

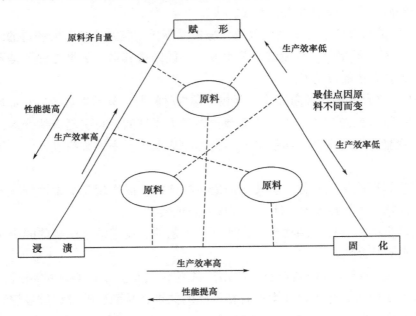

图6-2 成型三要素与原材料的相互关系

浸渍的好坏、赋形的快慢、固化的快慢同时影响产品性能和生产效率两个对立的方面。若强调经济性、加快成型周期，就要牺牲一部分性能；反之，若重视性能，就要牺牲一部分经济性。这意味着：原材料存在着一种最佳的组合，必须制作每一种成型方法的三要素相关图，并进行研究，选择其最合理方案。

（三）工艺方法在工艺过程中必须共同遵循的要点

复合材料不论采用哪种成型方法，在工艺过程中必须共同遵守的要点如下。

（1）纤维必须均匀地按设计要求分布在制品的各个部分。因为纤维复合材料的部分性能主要取决于纤维的分布状况和含量。纤维含量不足或不均匀，必然会在局部形成薄弱环节，严重影响制品性能。

（2）树脂必须适量地均匀分布在制品的各个部位，并适当地固化。树脂含量过高或过低都是不合适的。树脂含量局部过高或过低，会使制品形成局部的薄弱环节，从而降低整个制品的性能。树脂的固化是一个连续变化的过程，在工艺过程中必须使树脂达到一定的固化程度，否则将严重降低制品的性能。

（3）在工艺过程中要尽最大努力来减少气泡，降低空隙率，提高制品的致密性。在一般情况下，制备纤维复合材料制品时，不可能将挥发性气体全部排出，这样就在制品中形成了一定量的气孔，有的是肉眼可见的气泡，有的是看不见的微孔。气孔的含量一般用空隙率来表示，即气孔部分占复合材料总体积的百分比。气孔的存在对复合材料的性能，特别是长期性能带来极为不利的影响。因此，在工艺过程中应尽量减少气孔的含量。

（4）充分掌握所用树脂的工艺性能，制订合理的工艺规范。在整个工艺过程中，纤维没有变化，起变化的是树脂。在初期，树脂一般是黏度较低的液体，充分浸渍纤维，排除气泡，在工艺过程中黏度逐渐增加，形成凝胶，直至固化。有的树脂在固化时，还产生大量的气泡，放出一定的热量，体积有一定的收缩等。树脂在工艺过程中所表现的性能，一般称为工艺性能。只有充分掌握了所用树脂配方的工艺性能，才有可能制订出合理的工艺规范，制造出质量优良的制品。

（四）成型工艺选择

依据复合材料制品产量、成本、性能、形状和尺寸大小，可适当选择复合材料的成型工艺方法。表6-1列出了复合材料产品制造工艺的选择原则。

表6-1 复合材料产品制造工艺的选择原则

工艺	生产速度	费用	强度	尺寸	形状	所用材料
纤维缠绕	慢—快	低—高	高	小—大	圆柱或对称结构	连续纤维和环氧/聚酯树脂
拉挤成型	快	低—中	高	长度不限，小—中等尺寸	定截面	连续纤维和聚酯/乙烯基酯树脂
手糊成型	慢	高	高	小—大	简单到复杂	预浸料/织物和环氧树脂
湿糊成型	慢	中	中—高	中—大	简单到复杂	织物和环氧/聚酯树脂
喷射成型	中—快	低	低	小—中	简单到复杂	短纤维和含催化剂的树脂
RTM成型	中	低—中	中	小	简单到复杂	预成型坯/织物和乙烯基酯/环氧树脂
SRIM成型	快	低	中	小	简单到复杂	预成形坯/织物和聚氰酸酯树脂
压缩成型	快	低	中	小	简单到复杂	预成型件（如SMC、BMC）
模压成型	快	中	中	中	简单到复杂	热塑性树脂的预浸料
注射成型	快	低	低—中	小	复杂	扁平件（短纤维和热塑性树脂）
卷管成型	中—快	低—中	高	小—中	管状	预浸料

选择成型方法还得同时考虑产品的外形构造和尺寸大小等。一般来讲，生产批量、数量多及外形复杂的小产品，如机械零件、电工器材等，多采用模压成型等机械化的成型方法；对造型简单的大尺寸制品，如浴盆、汽车部件等，适宜采用SMC大台面压缩成型，也可用手糊工艺生产小批量产品；数量和尺寸介于中间的则可采用树脂传递成型法；对于回转体如管道及容器，宜采用纤维缠绕法或离心浇铸法；对于批量小的大尺寸制品，如船体外壳、大型储槽等，常采用手糊或喷射工艺；当要求制品表面带胶衣时，可采用手糊或喷射成型法，也可考虑用RTM成型法；对于板材或线型制品，可采用连续成型工艺如拉挤成型。对量大的制品应选择高度自动化的加工工艺，如SMC成型、注射成型等。

复合材料的制造成本与加工工具、原材料、周期和整装时间等有关，因此，复合材料的制造在综合考虑成本的基础上确定成型工艺方法。最重要的是复合材料的性能要满足使用要求，不同的工艺会有不同的性能，不同的材料（纤维与树脂）有不同的性能，纤维长度、纤维取向、纤维的含量（60%～70%）等均会大大影响复合材料制品的性能。

第二节　常用复合成型工艺

一、手糊成型工艺

手糊（也称裱糊、层糊）成型是以手工作业为主成型复合材料制作的方法，是指手工将纤维与树脂交互地铺层在模具上，黏结在一起然后固化成型的工艺。手糊成型的最大特色是以手工操作为主，适于多品种、小批量生产，且不受制品尺寸和形状的限制。但生产效率低，劳动条件差，且劳动强度大；制品质量不易控制，性能稳定性差，制品强度较其他方法低。

手糊成型分湿法与干法两种。湿法是将增强材料（布、带、毡）用含或不含溶剂胶液直接裱糊，其浸渍和预成型过程同时完成；干法手糊成型则是采用预浸料按铺层序列层贴预成型，将浸渍和预成型过程分开，获预成型毛坯后，再用模压或真空袋—热压罐的成型方法固化成型。

湿法手糊成型的具体工艺过程是：先在模具上涂一层脱模剂，然后将加入固化剂的树脂混合料均匀涂刷一层，再将纤维增强织物（先按形状尺寸等要求裁剪好）直接铺设在胶层上，用刮刀、毛刷或压辊迫使树脂胶液均匀地浸入织物，并排除气泡，待增强材料被树脂胶液完全浸透之后，涂刷树脂混合液，再铺贴纤维织物，重复以上步骤直至完成制作糊制，然后固化、脱模、修边。目前约50%的玻璃钢（FRP）制品是采用湿法手糊工艺制造的。

（一）原材料

1. 增强材料　手糊成型的增强材料要求易被树脂浸润，并有一定的可变形性。一般用于手糊成型的增强材料主要有玻璃纤维方格布、布带、单向布、短切纤维毡、表面毡。其他种类的纤维根据需要也可作为手糊成型的增强材料。手糊成型用增强材料在工艺上的特殊要求是适型性好，在一些曲面上铺放应产生褶皱。

无捻粗纱布即方格布是手糊成型的主要增强材料。它变形性好，易被树脂浸透，增厚效率高，能提高玻璃钢的抗冲击能力，易排除气泡，厂家多，货源足，规格品种齐全，厚度0.1～0.8mm，价格低。短切纤维毡对树脂浸透性好，气泡容易排除，变形性好，施工方便，制品的含胶量高（60%～80%），所以防渗效果好，在防水制品、耐腐蚀制品中作为防渗透层被大量采用。表面毡用于玻璃钢制品的最外表层，浸透性好，含胶量可高达90%以上，适型性好，主要起到美化表面、提高表面耐腐蚀耐老化的作用。单向布和玻璃布带主要用于加强型材料和特殊部位。短切纤维和纤维粗纱多用于填充死角。

一般小型和复杂的制品应预先裁剪，以提高工作效率和节约用布。简单形状可按尺寸大小剪裁，复杂形状则可利用厚纸板或明胶片做成样板，然后按照样板裁剪。

2. 树脂 手糊成型用的树脂必须与纤维有良好的浸润性，黏度适宜（0.2～0.8Pa·s），能在室温下适时凝胶（30min），常温常压固化，固化过程无低分子物放出，无需加压；无毒或低毒，使用期符合要求且价格优廉。

用于手糊成型的树脂体系有聚酯树脂、乙烯基树脂、环氧树脂、酚醛树脂、呋喃树脂等。最常用的是不饱和聚酯树脂，环氧树脂次之，酚醛树脂较少使用。聚酯树脂是手糊成型工艺中性能较合适，用量最大的树脂。它无色透明，可配成各种颜色，价格便宜，种类繁多。呋喃树脂毒性大，工艺性不好，只是对制品有特殊的耐温、耐腐要求时方被选用。

手糊成型工艺用的树脂还有胶衣树脂，胶衣树脂是用在制品表面，使制品的外观美化，且具有较好的硬度、耐腐蚀性能和耐老化性能。

3. 其他辅助材料 手糊成型用辅助材料主要有与树脂一起构成固化体系的反应型材料以及与树脂体系一起构成功能性体系的添加型材料。构成固化体系的有固化剂、催化剂、促进剂和引发剂等，构成功能体系的有增韧剂、稀释剂、消泡剂、着色剂、脱模剂和填料等。

4. 模具 模具是手糊成型中的主要工具，合理地选择模具材料和合理地进行模具的构造设计是保证产品质量、降低成本、提高效率的重要环节。手糊成型制品的外观很大程度上取决于模具表面的好坏，模具必须要符合制品设计的精度要求以及有足够的刚度和强度，要容易脱模，造价要便宜。

目前已用于模具制造的材料有木材、石蜡、水泥、金属、石膏、玻璃钢和陶土。玻璃钢模具是中小型批量玻璃钢产品最常用的模具材料，它可以由木模或石膏模翻制而成，优点是质轻、耐久和制造简便，适用于表面质量要求较高、形状复杂的中、小型纤维增强复合材料的生产。金属模具主要用钢材制造，有较高的强度、硬度和刚度，适用于制造批量大、尺寸精度要求高、表面粗糙度小的制品，但金属模加工成本高、重量大、制造周期长。

（二）手糊成型过程

手糊成型工艺流程如图6-3所示。

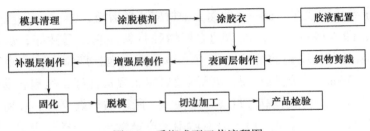

图6-3 手糊成型工艺流程图

手糊成型过程如下。

（1）增强材料剪裁，胶液配置。

（2）模具的清理。

（3）脱模剂涂刷。手糊成型工艺常用的脱模剂分为三类：第一类为聚乙烯醇类（PVA）脱模剂——5%PVA的水、乙醇溶液；第二类为蜡类脱模剂——目前多为进口的专用脱模蜡；第三类为新型液体脱模剂——为不含蜡的高聚物溶液。对于金属模还可用硅脂、甲基硅油等，木模可用聚醋酸纤维素等。

（4）胶衣层制作。为了解决纤维增强材料表面质量差（因UP固化收缩导致玻璃布纹凸出来），通常制作表面特制的面层，称表面层。表面层可采用玻璃纤维表面毡或加颜料的胶衣树脂（称胶衣层）制备。表面层树脂含量高，故也称为富树脂层。表面层不仅可美化制品外观质量，而且可保护制品不受周围环境、介质的侵蚀，提高其耐候、耐水、耐化学介质性和耐磨性能等，具有延长制品使用寿命的功能。胶衣层的好坏直接影响产品的外观质量和表面性能，选择高质量的胶衣树脂和颜料糊以及正确的涂刷方法非常关键。胶衣层不宜太厚或太薄。太薄起不到保护制品作用，太厚容易引起胶衣层龟裂。胶衣层的厚度控制在0.25~0.5mm，或者用单位面积用胶量控制，即为300~500g/m²。

胶衣层通常采用涂刷或喷涂两种方法。第一种方法，涂刷胶衣一般为两遍，必须待第一遍胶衣基本固化后，方能刷第二遍，两遍涂刷方向垂直为宜。待胶衣树脂开始凝胶时，应立即铺放一层较柔软的增强材料如表面毡，这样既能增强胶衣层（防止龟裂），又有利于胶衣层与结构层的黏合。涂刷胶衣的工具是专用毛刷（毛短，质地柔软，不掉毛）。注意涂刷均匀，防止漏刷或裹入空气。第二种方法，喷涂可使胶衣厚度均匀，遮盖率好，色泽均匀，产品表面质量高。采用胶衣机或胶衣喷壶喷涂。胶衣机可将胶衣或固化剂通过泵连续打入枪头混合后均匀地喷涂在模具表面，生产效率高，适合大批量生产。

UP胶衣树脂有许多专用品种，以适应不同的用途。常用的胶衣配方为：透明胶衣树脂为100份；过氧化甲乙酮为2份（引发剂）；萘酸钴为1~4份（促进剂）；颜料糊为8~10份（涂刷）或4~6份（喷涂）；稀释剂为2~8份（喷涂）。

（5）铺层糊制。成型操作包括铺层糊制（表面层制作、增强层制作、加固件制作）和固化。

表面层用表面毡铺层制作。表面层可防止胶衣显露布纹，使表面形成富树脂层，从而提高制品的耐渗透和耐腐蚀性。将玻璃纤维为30 g/m²或50 g/m²的表面毡按模具表面大小剪裁，铺在胶衣上，用毛辊上胶，然后用脱泡辊脱泡，要严格不含气泡。表面层的含胶量控制在90%。

增强层的制作。增强层是玻璃钢的承载层，增强材料为玻璃布或短切毡。先对玻璃布进行剪裁和编号，按一次糊制用量配胶后，转入铺层糊制工序。

糊制工具有玻璃钢专用毛刷、专用毛辊、脱泡辊和刮胶板等；糊制过程是先在模具表面上刷胶（或胶辊上胶），然后用手工将布层（或毡）平铺在表面，抹平后再用毛刷上胶（或胶辊上胶，来回碾压，使胶液浸入毡内），然后用刮胶板刮平，脱泡（或用脱泡辊将毡内胶液挤出表面，并排除气泡），再铺第二层，依次铺一层布（或毡），上一层胶液，重复直到所需厚度。遇到弯角或凹凸块时，可用剪刀将布剪口（或手工撕开毡），然后压平。糊制过程尽可能排除气泡，控制含胶量及含胶均匀性；搭缝尽量错开，搭接长度50mm；注意铺层方向与铺层序列。

（6）固化。纤维增强产品一般要求在室温15～30℃下固化8～24h，8h后即可脱模。如需提高生产效率，在60～80℃下固化1～2h后脱模。产品脱模后进行后处理，在60～80℃加热1～2h，可提高产品的固化度。

（7）脱模。脱模也是手糊玻璃钢工艺中关键的一道工序。脱模的好坏直接关系产品的质量和模具的有效利用。当然，脱模的好坏还取决于模具的设计、模具的表面光洁度、脱模剂和涂刷效果。手糊产品一般采用气脱、顶脱、水脱等方法脱模。

（8）切边加工。

（9）验收。

（三）手糊成型工艺的特点

1. 手糊成型工艺优点

（1）无需复杂设备，只需简单的模具、工具，投资少，见效快，适合乡镇企业。

（2）生产技术易掌握，只需经过短期培训即可进行生产。

（3）所制作的纤维增强产品不受尺寸、形状的限制。

（4）可与其他材料（如金属、木材、泡沫）同时复合制成一体。

（5）可现场制作一些不宜运输的大型制品，如大罐、大型屋面。

2. 手糊成型工艺缺点

（1）生产效率低，速度慢，周期长，对于批量大的产品不太合适。

（2）产品质量稳定性差，受操作人员技能水平及制作环境条件影响。

（3）生产环境差，气味大，粉尘大，需要从劳动保护上加以解决。

（4）手糊成型工艺特别适用量少、品种多、大型或较复杂制品。

（四）手糊成型工艺的应用

由于手糊成型工艺设计自由，不受制品尺寸和形状的限制，因此，可根据制品的技术要求等设计出理想的外观、造型以及多种多样的复合材料制品。手糊成型工艺制备得到的复合材料用途非常广泛，主要有以下几个方面。

（1）建筑制品。包括波形瓦、采光罩（屋顶）、风机、风道、浴盆、组合式卫生间、化粪槽、冷却塔、活动房屋、售货亭、装饰制品、座椅、门、窗、建筑雕塑、玻璃钢大篷等。

（2）船舶业。包括渔船、游艇、交通艇、救生艇、海底探测船、军用折叠船、巡逻艇、养殖船、水中浮标、灯塔、气垫船等。

（3）轨道交通。包括汽车车壳、火车门窗、火车卫生间、地铁车厢、电动车壳、机器杠、保险杠、冷藏车、工程车、消防车、高尔夫球车等。

（4）防腐产品。包括各种油罐、酸罐、水泥槽内防腐衬层、钢罐内防腐层、管道、管件等。

（5）机械电器设备。包括机器罩、配电箱、医疗器械外罩、电池箱、开关盒等。

（6）体育娱乐设备。包括赛艇、滑板、各种球杆、人造攀岩墙、冰车、风帆车、游乐车、碰碰车、碰碰船、水滑梯、海底游乐设备等。

二、树脂传递模塑（RTM）成型

RTM是Resin transfer molding首字缩写，称为树脂传递模塑过程，是将树脂注入闭合模具中浸润增强材料并固化成型的工艺方法，是从湿法铺层和注塑工艺中演变而来的一种新的复合材料成型工艺。它是一种适宜多品种、中批量、高质量复合材料制品的低成本技术。

（一）原料与设备

1. **增强材料预制件**　预制件是利用不同纤维或各种形式的纺织物，按照一定要求组合，形成接近成型净尺寸的增强材料型体。不同形态结构的预制件不仅决定产品的力学性能，也决定其成型加工性能。预制件材料的选择和结构设计要在力学性能和工艺性能之间寻找适当的平衡，因此，正确地设计、选择和织造增强纤维预制件是应用RTM技术关键的一步。RTM工艺对增强材料的要求如下。

（1）铺覆性好，适用性强，容易形成与制品相同的形状。

（2）质量均匀。

（3）耐冲刷性好，在树脂注入过程中保持铺覆原位，即增强材料铺好后，位置和状态应固定不动，不因合模和注入树脂而变动。

（4）对树脂的阻力小，易被树脂浸透。

（5）机械强度高。

（6）铺覆时间短，效率高。

一般的RTM增强材料的种类有玻璃纤维、碳纤维、碳化硅纤维和芳纶等，纤维体积含量可达到25%～60%（质量比）。在RTM工艺中，纤维要经受带压树脂的冲刷，为保证制品质量，宜采用长纤维或连续纤维制作增强材料。这些纤维通过织造技术制作成片状或近产品形态的预制件，其中三维织物（编织）可以非常精确地设计纤维的分布，使增强效果达到最优。预制件的使用大大提高了增强材料的铺模速度，因此，预制件的加工是一个关键步骤，它的进步是RTM技术得以迅猛发展和广泛应用的一个重要原因。

2. 树脂体系 RTM树脂选择的首要依据是制品性能，其次是该树脂的工艺性。一般RTM成型工艺对树脂体系工艺性的要求可概括为以下几点。

（1）室温或较低温度下具有低黏度（0.1～1Pa·s）及一定的适用期（如48h）。适用期长可保证在树脂固化前完全通过模具并浸润增强材料，黏度低可以使树脂以较小的流动阻力快速充满模具空间，还有利于树脂对增强材料的润湿。

（2）树脂对增强材料具有良好的浸润性、匹配性、黏附性。

（3）具有良好的固化反应性，树脂不含溶剂或挥发物，固化无小分子物放出，且后处理温度不应过高。

（4）固化收缩率小，保证制品尺寸的精度。

（5）为缩短成型周期，常选用在固化温度下固化速度快的树脂。

（6）高性能复合材料还要求树脂具有高耐热性、耐湿性、高强度、高模量和高韧性。

（7）在一些特殊场合，还应有低介电损耗、高电导、优良的阻燃性等功能。

目前可用于RTM工艺的高性能树脂有乙烯基树脂、环氧树脂、双马来酰亚胺树脂（BMI）和热塑性树脂。其中常用的环氧树脂体系为双酚A型环氧/胺类固化剂。乙烯基树脂具有较低的黏度、良好的黏结力、良好的耐腐蚀和老化性能。BMI树脂既有聚酰亚胺的耐高温、耐辐射、耐湿热等多种优良特性，又有类似于环氧树脂的易加工性，是发展RTM新的基体树脂的首选目标。

3. 辅助材料 辅助材料主要包括脱模剂、填料、促进剂和引发剂。RTM工艺对脱模剂有较高的要求，要求脱模容易，脱模剂主要有蜡、硅油及聚乙烯醇等。在树脂中加入填料不仅可降低成本，增加刚度，还可减少收缩。填料加入后对树脂黏度会产生很大影响，当填料含量较高时可加入触变剂以改善树脂体系的流变性能。目前，常用的填料有碳酸钙、氢氧化铝、滑石粉、玻璃微珠等。促进剂和引发剂的加入有助于树脂的固化成型。

4. 模具 在RTM工艺中，模具设计与制作的质量直接关系制品质量、生产效率和模具寿命等。RTM工艺对模具的要求可以归纳如下。

（1）使制品的形状、尺寸、上下模配合精度，满足制品表面精度的要求。

（2）具有可靠的夹紧和顶开上、下模和制品脱模装置。

（3）足够的刚度和强度，保证在合模、开模和在注射压力下不出现破坏和尽可能小的变形。

（4）可通电加热，在使用过程中不发生开裂和变形，有一定的使用寿命。

（5）有合理的压注口、流道、排气口等，保证树脂充满模腔，并排除制品中的气体。

（6）具有合理的模腔厚度，使模具对预制件具有合适的压缩量。

（7）上下模具的密封性要好，保证不漏气，以免气体进入模腔。

（8）以合适的材料和制造成本，满足成型制品数量和模具寿命的要求。

　　鉴于上述要求，模具结构多采用组合形式，有锁紧、开模和脱模装置，模具上设有注射口和排气口。注射口一般位于上模最低点，放在不醒目的位置以免影响制品外观质量。注射口还需垂直于模具，注射时务必使树脂垂直注入型腔中，否则会使树脂碰到注射口而反射到型腔中，破坏树脂在型腔内的流动规律，造成型腔内大量气泡的聚集，导致注射失败。排气口位于树脂流动方向的最高点以及其他树脂较难达到的地方，以保证树脂能充满整个模具型腔，并尽量排尽空气。密封材料一般为橡胶、改性橡胶或硅橡胶。密封位置在模具边缘，模具材料为金属或玻璃钢复合材料。金属模具的热传导性优越，可采用传统的电热板或加热管接触式加热，或者用电烘箱进行热气外部加热。由于玻璃钢导热性差，所以玻璃钢模具通常利用在制造模具时预埋在距模具型腔表面2～3mm处的电热丝进行加热，或者利用微波和感应加热。

（二）RTM成型过程

　　1. RTM成型工艺过程　　树脂传递模塑成型属于复合材料的液体成型工艺，其基本原理是在设计好的模具中放置经合理设计和制备的预成型增强体，闭合模具后，将所需的树脂注入模具内。当树脂充分浸润纤维增强材料后固化成型，最后脱模获得产品。RTM成型工艺过程示意如图6-4所示。

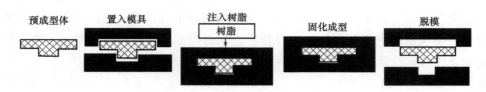

图6-4　　RTM成型工艺过程示意图

　　（1）预成件制造。将增强纤维按要求制成一定形状，然后放入模具中。预制件的尺寸不应超过模具密封区域以便模具闭合和密封。增强纤维在模腔内的密度须均匀一致，一般是整体织物结构或三维的编织结构以及毡子堆积体和组合缝纫件等。

　　（2）充模。在模具闭合锁紧后，在一定条件下将树脂注入模具，树脂在浸渍纤维增强体的同时将空气赶出。当多余的树脂从模具溢胶口开始流出时，停止树脂注入。注胶过程可对树脂罐施加压缩空气，对模具抽真空以排尽制件内的气泡。注胶时通常模具是预热的或对模具稍加热以保持树脂一定的黏度。

　　（3）固化。在模具充满后，通过加热使树脂发生反应，交联固化。如果树脂开始固化得过早，将会阻碍树脂对纤维的完全浸润，导致最终制件中存在空隙，降低制件性能。理想的固化反应开始时间是在模具刚刚充满时。固化应在一定的压力下进行，可一次在模腔内固化，可分为两个阶段固化，第二阶段可将制件从模具内取出，在固化炉内固化。

　　（4）开模。当固化反应进行完全后，打开模具取出制件，为使制件固化完全可进行后处理。

2. RTM成型工艺参数　RTM成型控制的主要工艺参数有注胶压力、注胶速率和注胶温度等。

（1）注胶压力。注胶压力是影响RTM工艺过程的主要参数之一。注胶压力的高低取决于模具的材料要求和结构设计。高的注胶压力需要高强度、高刚度的模具和大的合模力。RTM工艺希望在较低注胶压力下完成树脂压注。为降低注胶压力，可采取以下措施：降低树脂黏度；采用适当的模具注胶口和排气口设计；采用适当的纤维排布设计，降低注胶速率。

（2）注胶速率。注胶速率取决于树脂对纤维的润湿性和树脂的表面张力及黏度，受树脂的活性期、压注设备的能力、模具刚度、制件的尺寸和纤维含量的制约。提高注胶速率，可提高生产效率。从气泡排出的角度，也希望提高树脂的流动速率，但不希望速率的提高会伴随压力的升高。充模的快慢还影响树脂和纤维结合的紧密性，可用充模时的宏观流动来预测充模时产生夹杂气泡、熔接痕甚至充不满模等缺陷，用微观流动来估计树脂与纤维之间的浸渍和存在于微观纤维之间的微量气体的排除量。由于树脂对纤维的完全浸渍需要一定的时间和压力，较慢的充模压力和一定的充模反压有助于改善RTM的微观流动状况。但是，充模时间增加降低了RTM的效率。

（3）注胶温度。注胶温度取决于树脂体系的活性期和最小黏度的温度。在不大大降低树脂凝胶时间的前提下，为了使树脂在最小的压力下能使纤维获得充足的浸润，注胶温度应尽量接近最小树脂黏度的温度。过高的温度会缩短树脂的工作期；过低的温度会使树脂黏度增大，而使压力升高，也阻碍了树脂正常渗入纤维的能力。较高的温度会使树脂表面张力降低，使纤维床中的空气受热上升，因而有利于气泡的排出。

（三）RTM成型的特点

相对于其他成型技术，RTM成型工艺具有以下优点。

（1）充分发挥了复合材料的可设计性，RTM成型工艺将树脂浸润、固化成型过程和增强纤维结构设计与制造分开。

（2）增强材料预制件可以是短切毡、连续纤维毡、纤维布、无褶皱织物、三维针织物以及三维编织物，并可根据性能要求进行择向增强、局部增强、混杂增强以及采用预埋和夹芯结构。

（3）高的纤维体积含量，可达60%～65%。

（4）闭模操作工艺，工作环境清洁，减少树脂有害成分对人体和环境的伤害。

（5）低压注射，可采用玻璃钢模具、铝模具等，模具设计自由度高，模具成本低。

RTM也有一些不足之处，如加工双面模具最初费用高，增强材料预制件的投资大，对模具中的设置要求严格，模具设计复杂，制造复杂部件需要大量的实验。

（四）RTM成型工艺的应用

RTM技术是一种应用面很广的复合材料成型技术，它既可用于大批量工业制品的生产，又可用于航空航天领域的高性能复合材料构件，恰当的设计（包括结构设计和工艺设计）和应用可同时实现制品性能的提高和制造成本的降低。目前这项技术主要应用于以下几个方面。

（1）航空航天和武器领域。包括口盖和舱门、直升机传动轴、发射管、导弹弹体、引擎罩梁、推进器、鱼雷壳、转子叶片、空间站支撑组件等。

（2）汽车行业。包括车身板和壳、保险杠、车体构架、离合器和齿轮箱壳体、底盘横梁构件、前底盘和后底盘部分、减振弹簧等。

（3）建筑行业。包括商用建筑的门和框架、现场增强柱、配电间和门、门面装饰等。

（4）工业和商业领域。包括压缩机盖、地板、飞轮及其组件齿轮箱、保护头盔、冷却塔风扇叶片、传动轴静电过滤器、耐腐蚀设备、工具杆等。

（5）船舶领域。包括船体、舱盖及其组件、甲板、紧急逃生设备和舱室等。

（6）体育用品。包括娱乐车辆、滑雪板、帆船船体、冲浪板、游泳池等。

（7）交通运输等。包括轻轨车门、挂车、整流板、卡车厢组件（保险杠、挡板、地板等）。

三、纤维缠绕成型

纤维缠绕成型是在控制纤维张力和预定线型的条件下，将连续的纤维粗纱或布带浸渍树脂胶液后连续地缠绕在相应于制品内腔尺寸的芯模或内衬上，然后在加热或常温下固化成制品的方法，其成型示意图如图6-5所示。

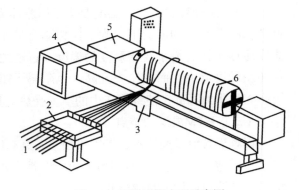

图6-5　纤维缠绕成型示意图
1—连续纤维　2—树脂槽　3—纤维输送架　4—输送架驱动器　5—芯模驱动器　6—芯模

1. 缠绕工艺分类　根据缠绕时树脂基体所处的化学物理状态不同、缠绕工艺可分为干法、湿法及半干法三种。

（1）干法缠绕。采用预浸纱（带），缠绕时，在缠绕机上对预浸纱（带）加热软化再缠绕在芯模上，干法缠绕的生产效率较高，缠绕速率可达100~200m/min，工作环境也较清洁，但是干法缠绕设备比较复杂，造价高，缠绕制品的层间剪切强度也较低。

（2）湿法缠绕。采用液态树脂体系，将纤维经集束、浸胶后，在张力控制下直接缠绕在芯模上，然后再固化成型，湿法缠绕的设备比较简单，但由于纱（带）浸胶后立即缠绕，在缠绕过程中对制品含胶量不易控制和检验，同时胶液中的溶剂易残留在制品中形成气泡、空隙等缺陷，缠绕时纤维张力也不易控制，劳动条件差，劳动强度大，不易实现自动化。

（3）半干法。半干法是在纤维浸胶到缠绕至芯模的途中增加一套烘干设备，将纱带胶液中的溶剂基本清除掉，半干法制品的含胶量与湿法一样不易精确控制，但制品中的气泡、空隙等缺陷大为降低。

近年来，对于热塑性树脂还发展了采用热塑性树脂粉末的形式。首先利用静电粉末法将热塑性树脂粉末均匀地涂覆到增强粗纱形成预浸纤维束，然后热塑性预浸纤维束通过绕丝嘴被加热软化缠绕在芯模上，最后再硬化获得制件。

2. 缠绕规律　缠绕制品规格、形式种类繁多，缠绕形式千变万化，但根据缠绕规律可归结为环向缠绕、纵向缠绕和螺旋缠绕。缠绕规律指的是绕丝头与芯模之间相对运动的规律，以满足纤维均匀、稳定、规律地缠绕到芯模上。

（1）环向缠绕（Hoop winding）。是指沿容器圆周方向进行的缠绕。缠绕时，芯模绕自身轴线做匀速转动，丝束（丝嘴或导丝头）在平行于芯模轴线方向的筒身区间均匀缓慢地移动。芯模每转一周，丝束沿芯模轴向移动一个纱片宽度。如此循环下去，直至纱片均匀布满芯模圆筒段表面为止。环向缠绕的特点是：缠绕只能在筒身段进行，不能缠绕到封头去。邻近纱片间相接而不重叠，纤维丝束与芯模轴线之间的夹角（即缠绕角）通常为85°~90°。环向缠绕层能很好地利用纤维的单向强度，可用来承受径向载荷，一般环向缠绕经常和其他角度的缠绕结合使用。

（2）纵向缠绕（Polar winding）。又称平面缠绕，缠绕时导丝头在固定平面内做匀速圆周运动，芯模绕自己轴线慢速间歇转动，最终一个复式纤维层以±β在芯模两端或极点交叠。导丝头每转一周，芯模转过一个微小角度，反映到芯模表面上对应一个纱片宽度。每转一周的纤维在同一平面上，纵向缠绕的纤维与芯模纵轴成0°~25°的夹角，并与两端极孔相切，依次连续缠绕到芯模上去。纱片排布彼此不发生纤维交叉，纤维缠绕轨迹是一条单圆平面封闭曲线。纵向缠绕层用来承受纵向载荷。

（3）螺旋缠绕（Helical winding）。也称测地线缠绕，缠绕时芯模绕自身轴线匀速转动，导丝头按一定运动速度沿芯模轴线方向往返运动。这样就在芯模的筒身和封头上实现了螺旋缠绕，缠绕角为12°~70°。芯模旋转速率与导丝头运动速率成一定比例（这里速比为单位时间内芯模主轴转数与导丝头往返次数之比），速比不同，缠绕的花样（线形）不同。

在螺旋缠绕中，纤维缠绕不仅在圆筒段进行，而且在封头上也进行。其缠绕过程为：纤维从容器一端的极孔圆周上某一点出发，沿着封头曲面上与极孔圆相切的曲线绕过封头，并按螺旋线轨迹绕过圆筒段，进入另一端封头，然后再返回到圆筒段，最后绕到开始缠绕的封头，如此循环下去，直至芯模表面均匀布满纤维为止。由此可见，螺旋缠绕的轨迹是由圆筒段的螺旋线和封头上与极孔相切的空间曲线所组成，即在缠绕过程中，纱片若以右旋螺纹缠绕到芯模上，返回时，则以左旋螺纹缠到芯模上。

螺旋缠绕的特点是：每束纤维都对应极孔圆周的一个切点；相同方向邻近纱片之间相接而不相交，不同方向的纤维则相交。这样，当纤维均匀缠满芯模表面时，就构成了双层纤维层。

（一）原材料

1. 增强材料　纤维缠绕成型工艺对增强材料的要求是：具有高强度和高弹性模量；

容易被胶液浸润；有良好的工艺性，在缠绕过程中不起毛、不断头；良好的耐环境性能（湿度、温度）；同一束纤维中各股之间的张紧程度应该均匀，不应有松有紧；性价比高，有良好的储存稳定性。

目前可用于缠绕成型的连续纤维主要有玻璃纤维、碳纤维、芳纶、超高分子量聚乙烯纤维和金属纤维等，国内目前使用最多的是玻璃纤维。缠绕用玻璃纤维一般是单束或多束粗纱。单束玻璃纤维粗纱是许多玻璃纤维单丝在喷丝过程中并丝而成的，其常用规格有2400tex、4800tex。目前最常用的剥离纤维是E-玻璃纤维或S-玻璃纤维，都是经硅烷偶联剂处理过后的，其状态一般分为有捻纤维和无捻纤维。有捻纤维工艺性好，使用过程中不起毛和断头，但由于加工工序较多，强度损失较大；无捻纤维工艺性较差，使用时容易发生松散、起毛、断头率高，但成本低、强度损失小。碳纤维是脆性纤维，容易磨损和折断。湿法缠绕比干法缠绕好，因为湿法缠绕可以避免预浸过程中的单丝折断和附加收卷，同时，在碳纤维缠绕过程中还应使用一个封闭式纱架以及尽早地使纤维浸渍上树脂，尽可能避免碳纤维短纤到处飞扬造成附近电器短路。

2. **树脂体系**　纤维缠绕成型工艺对树脂基体的要求是：对增强纤维有良好的粘接力和浸润性；树脂固化后有较高的强度和与纤维相适应的伸长率；具有较低的起始黏度和较长的使用期；不应含有难以去除的溶剂或低分子物；具有低的固化收缩率；尽可能小的毒性，较好的耐环境性；来源广泛，价格低廉。

根据缠绕工艺，目前缠绕成型可以使用三种形态的树脂体系：液态树脂体系，纤维通过树脂槽时浸渍，适用于湿法缠绕；溶液树脂体系，纤维浸渍溶液后需制成预浸纤维束（带）；热塑性树脂粉末体系，在缠绕时利用静电粉末法使树脂浸渍纤维。

湿法缠绕用的树脂黏度一般为1~3Pa·s，湿法缠绕用树脂主要包括环氧树脂、乙烯基酯树脂、不饱和聚酯树脂、酚醛树脂等，其中环氧、不饱和聚酯、酚醛树脂等用量较大，某些高性能缠绕制品通常采用环氧树脂为基体；军用耐热、耐烧蚀、耐高温气体冲刷的制品以酚醛树脂为基体；民用产品大都采用不饱和聚酯为基体；多数防腐产品用环氧树脂为基体。

缠绕用热塑性聚合物浸渍连续纤维，一般是将纤维与树脂制成预浸束或预浸带，然后在缠绕机上成型。成型过程中可采用激光、超声波或热气体对芯模与冷压辊之间的预浸料局部加热，制品成型在缠绕中完成。目前热塑性复合材料在纤维缠绕制品中的应用研究工作正在积极地进行中。缠绕时预浸带必须加热至树脂熔点以上，并借助张力和加热绕丝头，或其他装置给缠绕到芯模上的预浸带施加一定的压力。

对于热塑性树脂基复合材料，尤其是高性能热塑性树脂基复合材料，由于基体树脂的熔融黏度高，欲获得密实的低孔隙率缠绕结构，成型过程中通常需要施加较高的温度和压力。在缠绕过程中要同时实现高温和高压两个工艺条件十分困难，尤其是原位固结的高压工艺条件更难以实现。

3. **辅助材料**　在纤维缠绕用的树脂基体中常用的助剂有稀释剂、增韧剂和填料。前者是为满足改善湿法缠绕工艺性的要求，后两者则是改善缠绕制品性能的需要。

4. **芯模**　纤维缠绕制品在固化前是不定型的物体，只是将其附着于芯模上经过固化才能获得要求形状和性能的产品，芯模对于产品的生产是必不可少的，对产品的性能也有重要的影响。芯模可以是由单一材料制造，也可以由多种材料组合而成。可用于制造芯模的材料种类很多，根据产品结构和性能要求以及制造的难易、成本的高低、生产批量的大小决定材料的选择和芯模结构。可用于缠绕成型的芯模材料主要有金属（钢铁、铝合金、低熔点合金等）、石膏、砂、橡胶、玻璃钢、蜡模等材料。在芯模的设计方面，必须从强度要求、刚度要求、精度要求、脱模要求等方面综合考虑，典型的芯模结构有整体结构钢芯模、组合式金属芯模、大型骨架石膏芯模等。

5. **缠绕设备**　缠绕成型的主要设备为纤维缠绕机，缠绕成型的辅助设备有纱管和纱架、纤维浸胶（槽）及烘干设备、张力发生器和测量装置、加热固化装置和控制系统。纤维缠绕机按芯模主轴的位置分为卧式缠绕机、立式缠绕机、倾斜式缠绕机等。

基本型卧式（链条式）缠绕机主要由带动芯模旋转的主轴传动机构和带动导丝头平行于芯模轴线往复运动的环向缠绕机构和螺旋缠绕机构两个部分组成，从而实现芯模旋转和导丝头的相对运动。主轴传动机构中，主轴是由一个电动机，通过一个涡轮、齿轮减速机构转动的，芯模直接连接在主轴上。卧式缠绕机常用于湿法工艺，螺旋缠绕线形和环向缠绕机构包括一个与主轴平行的丝杠、一个位于丝杠上的滑块（在滑块上安装导丝头）和一个换向器。螺旋缠绕机构工作时，由电动机通过减速器使链条主动轮转动，然后链条主动轮带动链条做回转运动，并且通过固定在环形链条上的拨销带动一个四轮小车做平行于芯模的往返直线运动。导丝头安设在小车上。这种缠绕机进行螺旋缠绕时，是由芯模主轴的转动及导丝头（小车）由封闭链条带动做往返运动完成的；进行环向缠绕时，是由芯模主轴的转动及导丝头（小车）沿平行芯模轴线的丝杠带动完成的。为使纤维按一定线形均匀地布满芯模表面，链条的长度和布置、速比的调节和计算是设计及使用链条式缠绕机的关键。

浸胶槽是使纤维浸渍胶液的装置，是能控制纤维浸渍质量和含胶量的关键装置。胶槽具有可以通过调节温度来改善胶液黏度的功能，完成和改善浸胶的功能和有限地施加和调节纤维张力的功能。含胶量是在浸胶过程中进行控制的，缠绕工艺的浸胶通常采用浸渍法和胶辊接触法。浸渍法是通过胶辊压力大小来控制含胶量；胶辊接触法是通过调节刮刀与胶辊的距离，以改变胶辊表面胶层厚度来控制含胶量。对于不同的树脂体系，不同的物理、化学和工艺性能，必须将其与胶槽的功能结合起来综合考虑，才能获得优质缠绕制品。

纱架是缠绕纤维的存放供给装置，它还具有张力的施加和控制功能。大型工艺管道和储罐的缠绕成型，用的是粗的内抽头纱，在缠绕中虽也需要进行张力的施加与控制，但比较粗糙，实现也比较简单，即通过杆系摩擦来实现。而缠绕压力容器等高性能制品大多使用外抽头纱，对张力的控制非常精确，需要将纱团夹持在张力器上，在缠绕时张力器可以对旋转的纱团进行制动以使退绕的纤维产生张力。

（二）纤维缠绕成型过程

缠绕成型的工艺过程包括胶液配制、纤维的烘干及热处理、芯模或内衬制造、浸胶、缠绕、固化、检验、修整、成品。根据制品的技术要求、设备情况、原材料性能及生产批量等因素来综合确定采用干法、湿法或半干法的缠绕工艺。

应控制的主要工艺参数有纤维的烘干和热处理、纤维浸胶含量、缠绕张力、纱片宽度和缠绕位置、缠绕速率、固化制度和环境温度等。

1. 纤维浸胶 含胶量高低直接关系制品的重量和厚度。胶量过高，制品的强度降低，成型和固化时流胶严重；含胶量过低，制品空隙率增加，气密性、耐老化性、剪切强度下降。

2. 缠绕张力 张力的大小、各纤维束之间的张力均匀性以及各缠绕层之间纤维张力的均匀性，对制品的质量影响极大。合适的缠绕张力可以使树脂产生预应力，从而提高树脂抵抗开裂的能力。各纤维束之间如果张力不匀，当承受载荷时，纤维会被各个击破，使总体强度受影响。为使制品各缠绕层在张力作用下不出现内松外紧的现象，应使缠绕张力有规律的递减，以保证各层都有相同的起始应力，使内外层纤维的初始应力相同。容器充压后内、外层纤维能同时承受载荷。缠绕张力将直接影响制品的密实程度和空隙率，且对纤维浸渍质量和制品的含胶量影响很大。

3. 缠绕速度 缠绕速度是指纱线速度应控制在一定的范围内。速度过慢，则生产效率低；速度过快，则树脂容易溅洒、胶液浸润不透或杂质容易吸入。

4. 固化制度 固化制度是保证树脂充分固化的重要条件，直接影响制品的物理力学性能。固化制度包括加热的温度范围、升温速度、恒温温度及时间、降温冷却等。要根据制品的不同性能要求采用不同的固化制度，且不同的树脂体系其相应的固化制度也不同，一般要根据树脂的配方、制品的性能要求、制品的形状、尺寸及构造情况，通过实验来确定合理的固化制度。

（三）纤维缠绕成型的特点

1. 纤维缠绕成型工艺的优点 相对于其他成型技术，纤维缠绕成型工艺具有以下优点。

（1）纤维能保持连续完整，制件线形可按制品受力情况设计（可按性能要求配置增强材料），结构效率高，制品强度高，可使产品实现等强度结构。

（2）可连续化、机械化生产，生产周期短，劳动强度小，降低成本。

（3）避免了布纹交织点与短切纤维末端的应力集中。

2. 纤维缠绕成型工艺的缺点 纤维缠绕成型也存在以下缺点。

（1）在湿法缠绕中容易形成泡沫，造成制品内空隙过多，降低层间剪切强度、压缩强度和抗失稳能力。

（2）缠绕复合材料制品开孔周围应力集中程度高。为了连接配件而开口进行的切割、钻孔或开槽等都会降低缠绕结构的强度。

（3）缠绕过程中纤维的张力控制要适度。

（4）制品形状有一定的局限性，缠绕制品多为圆柱体、球体等，如管、罐和椭圆运输罐等。

（5）设备复杂，技术难度高，工艺质量不易控制。

（四）纤维缠绕成型的应用

由于缠绕制品强度高、质轻、耐腐蚀性好、耐久、方便，易于实现机械化和自动化，综合性能好，因此，纤维缠绕成型技术近年来得到飞速发展，在国防和国民经济各方面得到大量应用。缠绕工艺主要适合成型大型回转体制件，在化工、食品酿造、运输业及航空航天等领域中获得广泛的应用。缠绕成型还可制造异形截面型材和变截面制件等高性能、精确缠绕的结构，因此，在军工领域也有重要作用。纤维缠绕压力容器是纤维缠绕成型技术应用中最重要的产品之一。

（1）压力容器。承受内压和外压的压力容器（如气瓶、鱼雷壳体等）。

（2）化工管道。输送石油、水、天然气及其他流体介质等。

（3）储罐槽车。各种用以储运酸、碱、盐及油类介质的大型储罐和铁路罐车。

（4）军工制品。火箭发动机防热壳体、火箭发射管、燃料储箱及锥形雷达罩等军工产品。

四、拉挤成型

拉挤成型是一种连续生产固定截面的纤维增强树脂基复合材料的成型方法。它将有树脂的纤维连续通过一定截面形状的成型模具，并在模腔内固化成型或在模腔内凝胶，出模后进一步固化，在牵引装置拉力的作用下，形成连续不断的复合材料型材产品。这种工艺适用于成型制备各种不同截面形状的管、杆、棒、角形、工字形、槽型、板材等型材。

（一）原材料

1. 增强材料　拉挤制品中应用最广的增强材料是玻璃纤维无捻粗纱、玻璃纤维连续毡及短切毡、玻璃纤维无捻粗纱布及布带等。其次应用较多的是聚酯纤维及其织物。芳纶、碳纤维等高性能纤维则较多应用于航空航天工业及汽车工业等领域。

2. 树脂体系　拉挤工艺是一种连续成型工艺，其成型速度在$300 \sim 1000$mm/min，要求树脂体系在1min左右就固化完全。因此，要求树脂体系在常温下要有较长的适用期，在高温（固化温度）下又有较快的反应速度。在拉挤工艺中使用的树脂应同时满足以下要求：黏度较低（一般在0.2Pa·s以下），具有良好的流动性和对纤维增强材料的浸润性；较低的固化收缩率；具有较长的工艺适用期和较短的固化时间；有较好的黏结性与韧性。

拉挤成型工艺常用的热固性树脂主要有不饱和树脂、环氧树脂、乙烯基酯树脂、酚醛树脂以及聚氨酯树脂等。其中不饱和聚酯树脂体系对温度敏感、固化速度快，易于用无机矿物颜料着色，易于纤维增强，来源广泛，价格便宜，不饱和树脂占了拉挤树脂总量的90%左右。用于拉挤成型的不饱和树脂主要是间苯型不饱和聚酯树脂和邻苯型不饱和聚酯树脂。乙烯基酯树脂具有比不饱和聚酯树脂更高的延伸率，收缩率低，力学性能更接近环氧树脂，黏结性好，工艺性又与聚酯树脂类似，固化温度低，固化反应速度快。但其价格比聚酯树脂贵，因此，选用时应综合考虑成本、工艺性和使用性等方面的因素确定。

拉挤成型工艺常用的热塑性树脂主要有聚醚醚酮（PEEK）、聚醚酰亚胺（PEI）、聚芳硫醚（PAS）、聚苯硫醚（PPS）等。其拉挤成型的关键在于纤维增强材料的浸渍，目前常用的方法有热熔涂覆法和混编法。热熔涂覆法是使增强材料通过熔融树脂槽，浸渍树脂后在成型模中冷却定型；混编法是按一定比例将热塑性聚合物纤维与增强材料混编织成带状、空芯状等几何形状的织物，通过热模时基体纤维熔化并浸渍增强材料，冷却定型后成为产品。

3. **辅助材料**　拉挤制品中还有一些添加的辅助材料，其功能或作用主要是为了增加材料功能，如增加产品的硬度、阻燃和低收缩等。比如通过添加低收缩添加剂于树脂体系中来降低固化收缩，添加氢氧化铝填料提高其阻燃性。

4. **成型设备**　拉挤成型工艺设备有卧式和立式之分，目前一般以卧式为主。拉挤设备是非通用设备，因此，结构尺寸规格各式各样。一般的拉挤机是由增强材料供给单元、树脂供给单元、模具、牵引装置、同步切断装置以及其他辅助装置组成。

（二）拉挤成型过程

主要过程是连续的纤维增强材料或预制件由前方的牵引装置牵引，经过导向装置及装有固化剂、填料等的树脂体系的胶槽和通过具有一定型面的预成型模挤出多余树脂，再通过带有加热控温装置的模具，在牵引条件下进行定型固化，形成连续不断的复合材料型材产品。

拉挤成型机由纱架、集纱器、浸胶装置、成型模腔、牵引机构、切割机构和操作控制系统组成。典型的拉挤成型工艺由送纱、浸胶、预成型、固化成型、牵引和切割工序组成。连续纤维或织物浸树脂后，经牵引通过成型模腔，被挤压和加温固化形成型材，然后将型材按长度要求进行切割。拉挤成型生产系统示意图如图6-6所示。

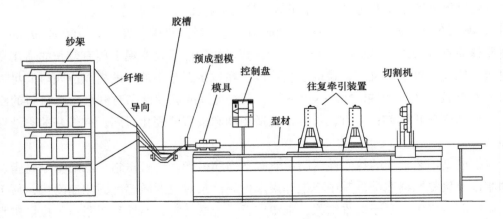

图6-6　拉挤成型生产系统示意图

影响产品质量和生产效率的几个因素如下。

1. **胶液黏度**　胶液黏度过大，纤维浸渍不充分，产品横向强度差；胶液黏度太低，会使模腔压力低，产品密实度不足，产品表面凹凸不平。因此，拉挤树脂体系中加入辅助填料，不仅是解决阻燃等产品功能要求，也是工艺上的考虑。

2. **树脂体系的反应活性**　工艺上要求树脂体系应有较长的适用期，对温度有较强的敏感性，在树脂进入模腔后要有较高的反应活性，否则拉挤速度就变慢，降低生产效率。

3. **模具长度**　根据拉挤成型的工艺性，适当增加模具长度可以提高拉挤速度。但是模具过长给加工精度带来困难，特别是薄壁型材，产品在模腔中所受的摩擦阻力也随之加大，这样的结果不仅容易损伤产品表面，也可能使产品拉断，降低生产效率。因此，要根据产品的结构、精度等要求，结合现实工艺，适度地增加模具长度。

4. **加热区域的控制**　加热区域一般分为三个加热区，而在模具入口要有冷却水降温，以保证入口的温度在常温范围内，否则树脂将在入口处固化，从而将使模具堵塞，降低生产效率。加热区域的温度一般都相同。但是若综合考虑树脂反应的规律和物料在不停地移动，从入口起的第一个加热区温度要高一些，并增加一个后固化区的方案。由于产品的不同，生产企业可根据产品的性能要求，适当改进工艺。

（三）拉挤成型的特点

（1）连续成型，制品长度不受限制，力学性能尤其是纵向力学性能突出。

（2）制造成本低，自动化程度高，生产效率高。

（3）原材料利用率高，制品中纤维体积含量一般为40%～80%，结构效率高，制品性能稳定。

（4）生产过程中树脂损耗少。

（5）其长度可根据需要定长切割。

（6）生产设备造价低。

（四）拉挤成型的应用

拉挤成型是制造高纤维体积含量、高性能低成本复合材料的一种重要方法。拉挤复合材料制品具有高强度、低密度（约为钢的20%，铝的60%）、便于维修、耐腐蚀、绝缘性好、尺寸精度高、可机械连接等优点。随着拉挤技术的发展，拉挤型材的质量性能有了极大的提高，更大的尺寸结构、更复杂形状的型材都可以被开发出来。因此，拉挤复合材料可以取代金属、塑料、木材、陶瓷等材料，从而在电气绝缘行业、建筑行业、化工防腐行业、交通运输行业、体育用品领域、航空航天等工业领域得到广泛应用。

（1）电气绝缘行业。包括高压绝缘的抗拉芯杆、电缆架、光缆加强芯、灯珠、变压器等。

（2）建筑行业。包括门窗结构用型材、桥梁、栏杆、支架、天花板吊架等。

（3）化工防腐行业。包括工业废水处理设备、化工挡板、格栅踏板、冷却塔的内外支撑结构等。

（4）交通运输行业。包括机场的着陆指示灯支架、汽车笼板、刹车片、行李架、地铁保护罩等。

（5）体育用品领域。包括滑雪板、撑杆跳杆、曲辊球杆、钓鱼竿、弓箭杆等。

（6）航空航天领域。包括飞机的次结构架、飞船用电机零部件、飞船天线绝缘管等。

目前，随着科学与技术的不断发展，正向着提高生产速度、热塑性和热固性树脂同时使用的复合结构材料方向发展。生产大型制品、改进产品外观质量和提高产品的横向强度都将是拉挤成型工艺今后的发展方向。

五、其他成型工艺

（一）喷射成型工艺

喷射成型（Spray-up）是通过喷枪将短切纤维和雾化树脂同时喷射到开模表面，经辊压、固化制取复合材料制件的方法。其模具的准备与材料准备等与手糊成型基本相同，主要改革是使用一台喷射设备，将手工裱糊与叠层工序变成了喷枪的机械连续作业。

喷射成型一般将分装在两个罐中的混有引发剂的树脂和促进剂的树脂，由液压泵或压缩空气按比例输送从喷枪两侧（或在喷枪内混合）雾化喷出，同时将玻璃纤维无捻粗纱用切割机切断并由喷枪中心喷出，与树脂一起均匀沉积到模具上。待沉积到一定厚度，用手辊滚压，使纤维浸透树脂，压实并除去气泡，再继续喷射，直到完成坯件制作，最后固化成型。

喷射成型对原材料有一定的要求。例如，树脂体系的黏度应适中（0.3~0.8Pa.s），容易喷射雾化、脱除气泡、润湿纤维而又不易流失以及不带静电等。最常用的树脂是不需加压、在室温或稍高温度下即可固化的不饱和聚酯树脂等，含胶量约为60%。纤维选用经前处理的专用无捻粗纱，制品纤维含量控制在28%~33%。纤维长度在25~50mm。

喷射成型的优点是：生产效率比手糊成型提高2~4倍，劳动强度低；可用较少设备投资实现中批量生产；用玻璃纤维无捻粗纱代替织物，材料成本低，制品整体性好，无搭接缝；制件的形状和尺寸不受限制；可自由调节产品壁厚、纤维与树脂比例。主要缺点是现场污染大，树脂含量高，制件的承载能力低。适于制造船体、浴盆、汽车壳体、容器、板材等大型部件。

（二）短纤维沉积预成型法

短纤维沉积预成型法是将短切纤维预先制成与制品形状相似的疏松毡状毛坯，然后再浸渍胶液，经压紧、固化而得到复合材料制品。通常有纤维吸积法和纤维喷积法两种方法。

1. **吸积法**　纤维吸积法是使短切纤维在吸风装置的作用下，均匀地层积在模型上，并脱模之前，在毛坯上轻轻喷上微量的树脂，于100~120℃下进行烘干，得到预成型的毡状毛坯。吸积法预成型的优点是机械化程度高，质量比较均匀。吸积法也有在液体（如水）介质中进行的，此时短切纤维分散在液体里用搅拌器使之均匀，同时用泵使液体形成循环，利用网模得到顶成型毛坯，再进行干燥备用。此法可制出比空气为介质时更厚、更重的毛坯，并且生产效率高，约150 kg/h。

2. **喷积法** 纤维喷积法是利用压缩空气流把短切玻璃纤维或事先混合的短切纤维喷射到模型上制成毛坯。纤维喷积法与纤维吸积法相同，截切机构把从纱筒上来的连续长粗纱切断成一定长的短纱。当短纱落至截切机构下面时，空气涡流将它分散成单根纤维并使之悬浮于空气中。通过软管将短切纤维喷向网模。在喷积纤维的同时，常常用喷枪喷出树脂胶液，与纤维混合后一起落到网模上，即前述的喷射成型工艺，它将纤维喷积预成型，树脂喷胶和浸渍在一个过程中同时完成。

用吸积法或喷积法预成型的短纤维毛坯，经进一步浸渍树脂胶液后，便可进行加压、加热固化。浸胶的方法可采用真空吸胶法或RTM法和喷胶法（纤维和胶液可在枪内混合或枪外混合）完成。对于较大尺寸的制品，可采用真空袋、压力袋、热压罐法加压；尺寸较小的制品，可采用热压机加压固化。

（三）模压成型

模压成型是将一定量模压料放入金属对模中，在一定温度和压力作用下固化成制品的一种方法。在模压成型过程中需加热和加压，使模压料（叠层毛坯或模塑料）在模腔内受热塑化、受压流动充满模腔，并使树脂发生固化反应，从而获得制品。

模压成型工艺具有重现性好、操作处理方便、操作环境清洁、生产效率高等优点，与热压罐成型的不同之处是成型过程不像热压罐中毛坯被置于一个似黑匣子的罐子里。它具有良好的可观察性，并且压力调节范围大，结构内部质量易于保证，有精确的几何外形，因而广泛用于形面复杂结构件的制造，如航空发动机的叶片。由该法制成的零件厚度公差可控制在±3%～±5%，挠曲在1mm（1m长度计）之内。模压成型的不足之处在于模具制造复杂，投资较大，加上受压机限制，最适合于大批量生产中小型复合材料制品。换言之，该成型方法的难点在于它的模具结构形式的选择、模具各模块协调配合以及零件的脱模取出技巧，因为纤维复合材料的层间剪切强度较低、易于分层。SMC等短纤维热固性模塑料以及GMT大多采用金属对模的模压成型法制造各种复合材料零件。

（四）层压成型

层压成型是将玻璃纤维布等增强材料经浸胶机浸渍树脂后，烘干制成预浸料（常称为半固化片、预浸胶布或漆布），然后预浸料经裁切、叠合在一起，经专用多层（真空）平压板机施加一定的压力、温度，保持适宜的时间，层压制成层压制品的成型工艺，这是一种平板模的模压成型。采用这种工艺可高效率地生产各种复合材料层压板、绝缘板、波形板和覆铜（箔层压）板等。

（五）注射成型工艺

注射成型是将颗粒状树脂、短纤维从料斗加入注射成型机的料筒受热熔化至流动状态并混合均匀，然后以很高的挤出压力和较快的速率注射到温度较低的密闭模具内，在模具内冷却固化定型，开模即得制品。整个过程包括加热、熔化、混合、注射、冷却硬化和脱模等步骤。该工艺主要是热塑性塑料的注塑成型。近来又发展了适合热固性树脂的注射工艺，主要有反应注射成型和增强反应注射成型。加工热固性树脂时，为了防止物料在进入模具之前发生固化，一般是将温度较低的树脂体系与短纤维混合均匀后注射到模具，然后再加热模具使其固化成型。

在注射成型过程中，较高的挤出压力、较快的注射速率都会使纤维在树脂基体中在一定范围内呈各向异性。如果制品形状比较复杂，则容易出现局部纤维分布不均匀或大量树脂富集区，从而影响复合材料的性能。因此，注射成型工艺要求树脂与短纤维混合均匀，混合体系有良好的流动性，而纤维体积含量不宜过高，一般在30%～40%。注射成型用的增强材料主要有短切纤维与磨碎纤维，其中短切纤维的长度一般为1.5～3mm，增强效果比磨碎纤维好。

（六）真空袋成型

真空袋成型是在固化时利用抽真空产生的大气负压对制品施加压力的成型方法。其工艺过程为：将铺叠好的制件毛坯密闭在真空袋与模具之间，然后抽真空形成负压，大气压通过真空袋对毛坯加压。真空袋应具有延展性，由高强度的锦纶薄膜等材料制成，用黏性的密封胶条与模具黏结在一起，在真空袋内通常要放有透气毡以使真空通路通畅，固化完全后脱模取出制件。

该法工艺简单，不需要专用设备，常用来制造室温固化的制件，也可在固化炉内成型高温、中温固化的制件。该方法适用于大尺寸产品的成型，如船体、浴缸及小型的飞机部件。由于真空袋法产生的压力最多是0.1MPa，故该法只适用于厚度为1.5mm以下的复合板材以及蜂窝夹层结构的成型，前者要求其基体树脂能在较低压力下固化，后者由于蜂窝夹层结构的自身特点，为了防止蜂窝芯子压塌而只能在低压下成型。

在低成本计划规划下，降低材料成本已受到人们的重视，为此，低成本的树脂基体材料也应运而生。低成本树脂基体材料是指能在130～150℃下固化，特别是能在0.1MPa，即真空压力下固化。这种树脂基体料无疑能大幅度地降低制造成本。由英国ACG公司研制的LTM树脂就是其中的一例，现已用它制造出大型的结构件，如X机翼、DG-10方向舵都是采用真空袋法制造的。

（七）压力袋成型

压力袋成型是在真空袋基础上发展起来的，为的是成型一些需要压力大于0.1MPa，而压力又不必太大的结构件。薄蒙皮的成型和蜂窝夹层结构的成型是该法的主要使用对象。压力袋固化成型是借助于橡皮囊构成的气压室（压力袋），通过向气压室通入压缩空气实现毛坯加压，所以也称气压室成型。压力可达0.25～0.5MPa，由于压力较高，对模具强度和刚度的要求也较高，还需考虑热效率，故一般采用轻金属模具，加热方式通常用模具内加热。该法与真空袋法一样，具有设备简单，投资较少，易于操作的优点。

（八）真空袋—热压罐成型

真空袋—热压罐成型是利用热压罐内部的程控温度的静态气体压力，使复合材料预浸料叠层坯料在一定的温度和压力下完成固化的成型方法。当前要求高承载的绝大多数复合材料结构件依然采用热压罐成型。这是因为由这种方法成型的零件、结构件具有均匀的树脂含量、致密的内部结构和良好的内部质量。由热固性树脂构成的复合材料，在固化过程中，作为增强剂的纤维是不会起化学反应的。而树脂却经历复杂的化学过程，经历了黏流态、高弹态和玻璃态等阶段。这些反应需要在一定的温度下进行，更需在一定的压力下完成。

热压罐由罐体、真空泵、压力机、储气罐、控制柜等组成。真空泵的作用是在制件毛坯封装后进行预压实吸胶时造成低压环境，压力机和储气罐为热压罐进行加压的充气系统。罐内的温度由罐内的电加热装置提供，压力由压力机通过储气罐进行气体充压，一般情况下使用空气。复合材料制件工艺过程为：首先按制件图纸对预浸料下料及铺叠，铺叠完毕后按样板作基准修切边缘轮廓，并标出纤维取向的坐标，然后进行封装。封装的目的是将铺叠好的毛坯形成真空系统，进而通过抽真空以排出制件内部的空气和挥发物，然后加热到一定温度再对制件施加压力进行预压实（又称预吸胶），最后进行固化。

热压罐成型的重要环节之一是需对叠层毛坯形成真空，并构成隔离、透胶、吸胶和透气系统，以决定叠层毛坯中的树脂流动及其去向、流出量及其控制、夹杂气体及其排除通路和外加压力的均匀分布，这也是热压罐的真空封装系统。这种真空系统有利于抽取预浸料中含有的低分子挥发物和夹杂在预浸料中的气体。高分子材料固化以获取均匀理想结构的先决条件是在一定阶段下对其施加压力，以获得致密的结构，然而压力必须在树脂发生相变时施加，即在由流动态向高弹态过渡的区间内施加。压力过早，会使大量树脂流失，压力过晚，树脂已进入高弹态。自由状态的高弹性会夹杂许多空隙与气泡，导致结构不致密。热压罐的均匀压力为获取良好的复合材料内部质量提供了保证。

热压罐法虽能源利用率较低，设备投入昂贵，又必须配有相辅的空压机和压缩空气储气罐及热压罐本身的安全保障系统。但由于其内部的均匀温度和均匀压力，模具相对简单，又适合于大面积复杂型面的蒙皮、壁板、壳体的制造，因此，航空复合材料结构件大多仍采用该法。但从降低制造成本角度应发展非热压罐成型法，如纤维缠绕法、拉挤成型法、RTM法等，尤其是缝编、树脂膜熔渗工艺，由于其成本低、适合大面积结构的成型而受到人们的普遍关注。

（九）树脂膜熔渗工艺

树脂膜熔渗（RFI）工艺是将树脂膜熔渗与纤维预制体相结合的一种树脂浸渍技术。它与树脂模塑传递（RTM）工艺一样，属液体模塑工艺，也是一种不采用预浸料制造先进复合材料结构件的低成本技术。其成型过程是将树脂制成树脂膜或稠状树脂块安放于模具的底部，其上层覆以缝合或三维编织等方法制成的纤维预制体，依据真空成型工艺的要点将模腔封装，随着温度的升高，并在一定的压力（真空或压力）下，树脂软化（熔融）并由下向上爬升（流动），浸渍预成型件，并填满整个预制体的每一个空间，达到树脂均匀分布，最后按固化工艺固化成型。

RFI技术是由RTM技术发展而来的，但它与RTM技术有较大的差别。RFI与RTM技术比较，RTM可在无压力下固化成型，而RFI通常需要在能产生自下而上的压力环境下完成。与RTM技术比较，RFI技术具有许多优点：RFI技术不需要像RTM工艺那样的专用设备；RFI工艺所用的模具不必像RTM模具那么复杂，可以使用热压罐成型所用的模具；RFI将RTM的树脂的横向流动变成了纵向（厚度方向）的流动，缩短了树脂流动浸渍纤维的路径，使纤维更容易被树脂浸润，RFI工艺不要求树脂有足够低的黏度，RFI树脂可以是高黏度树脂，半固体、固体或粉末树脂，只要在一定温度下能流动浸润纤维即可，因此，普通预浸料的树脂即可满足RFI工艺的要求。与热压罐技术相比，RFI技术不需要制备预浸料，缩短了工艺流程，并提高了原材料的利用率，从而降低了复合材料的成本。但是，对于同一个树脂体系，RFI技术需要比热压罐成型更高的成型压力。

RFI技术通常与缝合技术或三维编织技术结合在一起。在应用RFI技术制造复合材料制件时。首先采用织物缝合技术将增强材料按设计要求缝合成预成型体，或者利用三维编织技术直接编织成制件形状的预成型体。在RFI工艺过程中，首先将树脂膜或树脂片铺放在涂有脱模剂的底模上，然后依次铺放预成型体、带孔模板、有孔隔离膜、吸胶材料、透气材料等。最后封装真空袋并在热压罐中固化成型。

RFI成型技术除了能缩短复合材料的成型周期，也能大大提高复合材料的抗损伤能力，如缝合RFI复合材料与层合复合材料相比，其拉伸强度下降约8%，拉伸模量下降约5%，压缩强度降低约2%，压缩模量降低约3%，但是它们的I型层间断裂韧性GIC提高了10倍以上，Ⅱ型层间断裂韧性GIIC提高了25%，冲击后压缩强度CAI约为原来的2倍。

第三节 热塑性聚合物基复合材料的加工成型

一、概述

热塑性聚合物基复合材料主要包括热塑性树脂基无机粒子填充复合材料和热塑性树脂基纤维增强复合材料两大类。尽管无机粒子的几何形状多样，如球形、片状和短纤维状等，但无机粒子填充热塑聚合物基复合材料的加工成型与传统的热塑聚合物的加工成型基本相同，即按产品的结构类型，如板（片）材、管材、异型材、薄膜以及结构复杂的制品，可以相应地采用挤出成型、压塑成型、吹塑成型和注射成型等方法。

纤维增强热塑性聚合物基复合材料，就是以热塑性聚合物作为基体材料、纤维作为增强材料的一种复合材料。热塑性树脂基纤维增强复合材料亦称纤维增强热塑性材料（简称FRP材料），按纤维长径比的大小，纤维增强热塑性聚合物基复合材料可分为短纤维增强热塑性聚合物基复合材料和长纤维增强热塑性聚合物基复合材料两大类。前者的加工成型与无机粒子填充热塑性聚合物基复合材料的加工成型类似，而后者可以由具有高性能的纤维，通过包括传统的纺织加工在内的各种不同的加工成型手段，形成骨架结构（亦称为预成型体），然后在该结构的纤维间隙中注入树脂基材进行固化，使骨架结构稳定而最终形成的结构材料。长纤维增强热塑性聚合物基复合材料（LFRT）的最终性能取决于长纤维在热塑性树脂基体中的长度、分布及基体对长纤维的浸渍效果。由于热塑性树脂的熔体黏度较高，其熔体对纤维的浸润较为困难，而利用高剪切作用对长纤维进行分散和浸润又会严重损伤长纤维，使其长度大为减小，因此，如何使长纤维被热塑性树脂充分浸润并得到良好分散，同时又能避免其受到损伤，是LFRT制备工艺中需要解决的主要问题。

二、纤维增强热塑性聚合物基复合材料

高性能纤维是FRP材料的基本组成部分。常用作增强纤维材料的有玻璃纤维、碳纤维及芳纶。因此，按其增强纤维的种类可以分为玻璃纤维增强热塑性树脂基复合材料、碳纤维增强热塑性树脂基复合材料、芳纶增强热塑性树脂基复合材料和植物纤维增强热塑性树脂基复合材料。

（一）玻璃纤维增强热塑性树脂基复合材料

玻璃纤维作为增强纤维的历史最长，应用也最广泛。与其他作为增强纤维的材料相比，玻璃纤维的最大优点是价格便宜。玻璃纤维具有较大的断裂伸长，在需要材料有较大变形的场合（如用玻璃纤维增强的纤维增强材料平板弹簧）得到广泛的应用。此外，玻璃纤维有较高的拉伸强度，但其韧性较差，且密度较大。

（二）碳纤维增强热塑性树脂基复合材料

碳纤维具有高的强度和刚度，且密度较小。最先应用碳纤维增强复合材料的领域是航空航天领域。近年来，碳纤维的应用范围逐步拓宽到运动器材和汽车制造业。碳纤维典型的特性是在纤维长度方向的负热膨胀系数。由于树脂基材通常具有正的热膨胀系数，因此，通过纤维与树脂的适当匹配以及纤维在整体材料中的排列分布，可以使最终产品具有"零热膨胀系数"的性能。该性能对于工作在高温状态下的结构材料有着非常重要的意义。

（三）芳纶增强热塑性树脂基复合材料

增强纤维的另一种材料是芳纶。该类纤维的特点是良好的缓冲和能量吸收能力，并且具有较小的密度，因此，适应于一些对结构件重量有严格限制、工作在动载荷状态下且对抗冲击性能有较高要求的场合作为处于运动状态下的构件，较小的材料密度导致较低的惯性力，且良好的能量吸收能力又可使惯性力的峰值得以缓和。因此，以芳纶作为增强材料的纤维增强材料近年来得到广泛的应用。

（四）天然纤维增强热塑性树脂基复合材料

天然植物纤维复合材料是以天然植物纤维作增强材料，以树脂作基体的一种复合材料。传统的纤维增强复合材料是由聚丙烯纤维、玻璃纤维、芳香族聚酰胺纤维或碳纤维等化学纤维组成的，它们一般都存在着耗能大、造价高、易污染环境等问题。与化学纤维相比，各种天然植物纤维具有廉价、可回收、可降解、可再生等优点，并具有一般纤维的强度和刚度，且密度较小，比强度、比刚度均较高。天然植物纤维的化学组成以纤维素为主，其次是半纤维素、木质素、甲胶等。天然植物纤维本身就是天然植物的复合材料。各种纤维具有各自的性能优势，如麻的纤维长度是天然植物纤维中最长的，具有高强度、低断裂伸长率的特性。麻类纤维的初始模量和抗弯刚度比涤纶稍高。其中，苎

麻是麻纤维中性能最好的，它的比强度接近玻璃纤维。麻类纤维在天然植物纤维中最适合做复合材料增强剂。

以天然植物纤维为增强基的复合材料同样具有优良的性能，随着原料可持续发展主题的延伸，环境意识材料已成为新时期国际高技术新材料研究中的一个新领域，天然植物纤维在增强复合材料领域中扮演着越来越重要的角色。

常用的热塑性基体树脂有高密度聚乙烯（HDPE）、聚丙烯（PP）、锦纶6（PA6）、锦纶66（PA66）、聚对苯二甲酸丁二醇酯（PBT）、聚对苯二甲酸乙二醇酯（PET）、聚醚醚酮（PEEK）、聚碳酸酯（PC）等。

纤维增强热塑性复合材料吸收应力能量主要通过纤维断裂、纤维脱出、树脂变形断裂三种方式来实现。纤维长度增加，则纤维与基体的界面积增大，使拔出需要消耗更多的能量；而且长纤维可以将应力由一端传递到另一端，使所受的应力能被较大的区域来承担，因此，可以承担的最大应力远大于其拔出时所需要的力，这有利于强度的提高。另外，纤维端部是裂纹增长的引发点，在同样的纤维含量下，纤维越长，其端部数量越少，填充性能得到改善，从而使强度得到提高。与短纤维增强复合材料相比，长纤维增强复合材料主要有以下优点。

（1）材料的拉伸强度、抗疲劳性能等均有所提高。

（2）类似骨架的纤维结构，增强了制品的抗冲击强度，外观翘曲性低。

（3）在高温、高湿环境下仍能保持良好的力学性能。

但是并不是长度越长力学性能越好，这是因为长度越长，在加工过程中，纤维更容易发生断裂，断裂后长度大幅度减小，所以力学性能又会下降。

三、长纤维增强热塑性聚合物基复合材料的加工方法

长纤维增强热塑性塑料是近年来发展迅速的一类热塑性聚合物基复合材料，其加工方法主要有浸渍法、熔体包覆法和直接挤出法等。

（一）浸渍法

由于热塑性树脂基体均为高相对分子质量的聚合物，其熔体黏度高达500~5000Pa·s（热固性树脂基体一般为100Pa·s），很难使增强纤维获得良好的浸渍，因此，制备LFRT的关键技术是解决热塑性树脂对连续增强纤维的浸渍问题。浸渍法是采用热塑性树脂与长纤维在特定的设备与工艺条件下充分浸渍后再加工成型制得制品的。浸渍技术包括溶液浸渍法、熔融浸渍法、粉末浸渍法、原位聚合浸渍法、薄膜叠合浸渍法、混纱熔融法、反应浸渍法等。

1. *溶液浸渍法*　该方法是选用一种合适的溶剂，也可以是几种溶剂配成的混合溶剂，将树脂完全溶解，制得低黏度的溶液，并以此浸渍纤维，然后将溶剂挥发制得预浸料。该方法技术工艺简便，设备简单，克服了热塑性树脂熔融黏度高的缺点，可以很好地浸渍纤维。然而，它也存在许多不足：该方法费时，难度较大，一些热塑性树脂很难找到合适的溶剂；从预浸料中完全去除溶剂也是个问题，溶剂的蒸发和回收费用高昂，

而且排出的溶剂会带来环境污染；如果溶剂清除不完全，在复合材料中会形成气泡和孔隙，影响制品性能；采用该方法进行加工的复合材料，在使用的过程中其耐溶剂性必然会受到影响；此外，在去除溶剂的过程中还存在物理分层，溶剂沿树脂纤维界面渗透以及溶剂可能聚集在纤维表面的小孔和空隙内，使树脂与纤维界面粘接不好。

2. *熔融浸渍法* 熔融浸渍法是20世纪70年代初发展起来的一种制备预浸料的工艺方法。与溶液浸渍法相比较，熔融浸渍法由于工艺过程中无溶剂，减少环境污染，节省材料，预浸料树脂含量控制精度高，提高了产品质量和生产效率，可连续化生产，能加工一切可以熔融流动的热塑性材料。熔融浸渍法又可分为直接浸渍法和热熔胶膜法。直接浸渍法是通过纤维或织物直接浸在熔融液体的树脂中制造预浸料。通过熔融技术，在高黏度下浸渍纤维，因为熔体黏度高，将树脂压入纤维很困难，实际的办法是在一定的张力下将平行的丝束从树脂熔体中拉过而浸渍纤维。为了得到很好的浸渍效果，熔体的黏度不能太高。热熔胶膜法是将树脂分别放在加热到成膜温度的上下平板上，调节刮刀与离型纸间的缝隙以满足预浸料树脂含量的要求，开动机器，主要通过牵引辊使离型纸与纤维一起移动，上下纸的胶膜将纤维夹在中间，通过压辊将熔融的树脂嵌入到纤维中浸渍纤维，通过夹辊控制其厚度，经过冷却板降温，最后收起上纸，成品收卷。例如，采用一种熔融浸渍工艺制备长玻璃纤维增强锦纶6复合材料，其工艺过程如下：首先，用低相对分子质量的PA6浸渍玻璃纤维，制得长玻璃纤维增强PA6预浸料；然后热处理增强PA6预浸料，使PA6的相对分子质量达到工程塑料级。该复合材料的拉伸强度为234MPa，弯曲强度为349MPa，弯曲弹性模量为11.4GPa，缺口冲击强度为313J/m，综合力学性能明显优于短玻璃纤维增强锦纶6复合材料。

熔融浸渍工艺的缺点是：热塑性树脂，尤其是高性能热塑性树脂的高熔融黏度造成有限的浸渍速度，生产效率比较低，增强纤维只能选择价格昂贵的小丝束纤维，而且热塑性树脂长时间暴露在高温下易发生降解反应，导致最终复合材料性能下降。

3. *粉末浸渍法* 粉末浸渍法是在硫化床中，通过静电的作用将树脂细粉吸附在纤维单丝的表面，使树脂粉末首先均匀包覆在纤维周围，然后再经加热过程使两者融为一体而使纤维得以浸渍的方法。

粉末浸渍方法最初由美国的Ripe提出，它将一束玻璃纤维通过热塑性树脂粉末床，粉末粒子由于静电吸引而黏附于纤维之上，但粒子仅仅是包覆在一束纤维周围而非单根纤维，因而仍然存在着浸渍不良的问题。按浸渍工艺过程不同，粉末浸渍工艺可分为湿法粉末浸渍和干法粉末浸渍。

（1）湿法粉末浸渍。湿法粉体浸渍工艺是使热塑性树脂粉末和表面活性剂在浸渍室中配成以水为介质的悬浮液，用牵引连续玻璃纤维通过树脂的悬浮液，使树脂粉末均匀地渗入纤维之间，再使附着树脂粉末的玻璃纤维束通过除水干燥装置，然后加热压实成型、冷却，再由拉出机拉出。采用该工艺进行长纤维增强热塑性树脂基复合材料的生产，成本低，工艺简单，设备投资少，制备周期短，生产出的预浸料可以直接投放市场。

（2）干法粉末浸渍。干法粉末浸渍最早是Price在1973年发明的，其后不断加以改进。例如，采用连续无捻粗纱通过带电的聚丙烯树脂的粉末流化床，树脂粉末由于静电的作用被吸附到纤维上。为使每根单丝得到良好的浸渍，需在粉末硫化床中加入几根分散辊或者凹凸的销钉，使纤维束能充分地张开，同时，分散辊还可以与连续玻璃纤维进行摩擦而使连续玻璃纤维产生静电，进一步增加树脂粉末的吸附量。带有树脂粉末的连续玻璃纤维被牵引至加热通道，熔融形成预浸料，最后冷却切成长纤维增强聚丙烯粒料。此外，还可在优化树脂粉末粒径、浸渍槽内分散辊数目和排布、温度和牵引速度设置及界面改性方法的基础上，获得浸渍效果及界面结合良好的预浸料。

粉末浸渍工艺的特点是工艺控制容易、操作方便、生产效率高，适合多种树脂基体。其缺点是预浸料质量对树脂粉末的粒径要求较高，而将树脂加工成小于$10\,\mu m$的微粉工艺困难，制造成本高，因而限制了粉末浸渍工艺的广泛应用。目前具有代表性的粉末浸渍工艺制备的预浸料产品有：美国Philips公司生产的连续纤维增强杂萘联苯聚芳醚树脂基复合材料的单向预浸料和预浸编织物；德国BASF公司生产的CFIPEEK单向预浸料和预浸编织物。

4. **原位聚合浸渍法**　原位聚合浸渍法是采用低黏度的单体或预聚体来浸渍长纤维及其织物，然后将单体聚合为热塑性树脂，可解决热塑性树脂浸渍长纤维难度大的问题。例如，采用低相对分子质量的PA6浸渍玻璃纤维，制得长玻璃纤维增强PA6预浸料，然后热处理增强PA6预浸料，使PA6的相对分子质量达到工程塑料级的全新工艺路线。该新工艺的优点是PA对长玻璃纤维的浸润性好，PA6在玻璃纤维表面形成了大量的接枝，因此，长玻璃纤维与PA6之间具有良好的界面黏合性。也可将未交联的丁二烯橡胶溶解在苯乙烯中，并加入丙烯酯和引发剂，形成低黏度的单体溶液，然后利用该单体溶液将经表面处理的玻璃纤维布充分浸渍后通过平板流化机加热、加压而制得长玻璃纤维增强ABS复合材料。由此工艺制得的增强ABS材料孔隙率低、力学性能好。

5. **薄膜叠合浸渍法**　薄膜叠合浸渍法是将增强纤维（大多为纤维织物）放置在两层聚合物薄膜之间，加热使得聚合物薄膜熔融并浸润纤维来制备复合材料预浸料，使纤维浸渍与复合材料成型同时完成。其工艺过程是：先将热塑性树脂热熔制成衬有脱模纸的薄膜，铺层时撕去脱模纸与增强纤维间隔铺纸，然后加热、加压将树脂压入纤维区固化。施加的压力要足够大，使熔体既能进入纤维层之间，又不至于在增强层之间出现流动，典型的压力值小于2MPa。冷却之后的复合物应该没有孔洞，真空辅助施压可以保证片材无孔。例如，使用特殊的方法使一定长度的、经表面处理过的长玻璃纤维均匀、有序地附着在聚丙烯薄膜上，然后在开炼机上薄通七次后出片，最后在模压机上制备一系列不同纤维长度、不同含量以及不同表面处理的玻璃纤维/PP复合材料。实验结果表明，所采用的复合材料制备方法可使纤维的排布更加有序，并可改进材料的力学性能。

薄膜叠合浸渍法工艺简单易行，可以获得高质量的层压制品，广泛应用于成型表面形状复杂的片材。其缺点在于：热塑性树脂的高黏性需要较高的压力，还有树脂含量高、成本高，尤其是高性能热塑性树脂的高熔融黏度使得树脂基体不能很好地浸渍纤维。因而制成的复合材料性能较差，且要加工低孔隙含量的复合材料很困难，目前多用于模压制品的加工。

6. **混纱熔融法**　混纱熔融法是将热塑性树脂纺成纤维或薄膜带，然后根据含胶量的多少将一定比例的增强纤维束和树脂纤维束紧密地合并成混合纱，再通过一个高温密封浸渍区，将树脂纤维熔成连续的基体。该法的优点是树脂含量能控制得比较准确，纤维能够得到充分浸润。例如，应用混纱熔融法加工长纤维增强聚丙烯（PP）基复合材料时，采用经过特殊改性的PP树脂纤维与长玻璃纤维复合混纱，然后与PP树脂基体相互熔融混合而制得长纤维增强热塑性树脂。

在上述几种方法中，混纱熔融法是较为经济有效的一种方法。特别是它可方便地加工结构复杂的构件。这一技术始见于美国制备碳纤维与PBT、PET和液晶聚合物（LCP）的混杂纤维束，并由此发展而来。混纱熔融法具有良好的加工性能，树脂含量易于控制，纤维能得到充分的浸润，混合纱可以织成各种复杂形状，包括三维结构，也可以直接缠绕，制得性能优良的复合材料。但该技术不适合用于玻璃纤维材料的复合以及日用品或低温热塑性工程材料的成型。目前，混编纱主要有混合纱、包芯纱和包缠纱三种。

7. **反应浸渍法**　反应浸渍法是利用单体或预聚体初始相对分子质量小、黏度低及流动性好的特点，使纤维与其一边浸润一边反应，从而达到理想的浸渍效果。采用反应浸渍技术要求单体聚合速度快、反应易于控制。目前仅主要对聚氨酯、PA6等一些可以进行阴离子型聚合的体系进行研究，存在的主要问题是：工艺条件比较苛刻，反应不易控制，尚不能在工业上推广应用。

（二）熔体包覆法

熔体包覆法类似电缆线的生产，这种方法是最早采用的制备LFRT的方法。该方法是将预热的纤维，经导向轮进入十字包覆口模，在口模中实现聚合物熔体对纤维的包覆，然后经冷却、切粒制得长纤维增强聚合物基复合材料粒料。该方法由于长纤维束聚集在一起，热塑性树脂熔体对长纤维的浸渍较为困难。为此，可选用熔融指数较高，即流动性好的树脂，其次，在热流道内加入一些凹凸的销钉或者一些圆柱形分散辊，可以加快浸渍速度，提高浸渍效果。例如，采用熔体包覆模头制得长纤维亦容易获得良好的分散。

（三）直接挤出法

直接挤出法是将长纤维直接在螺杆挤出系统中与热塑性树脂熔体混合，通过特殊的长纤维加料方式和螺杆设计可以实现长纤维在热塑性树脂中以较长的长度分散并受到良好的浸润。

直接挤出法最早由美国复合材料公司（CPI）在1989年开始研究。该工艺采用两台单螺杆挤出机，第一台挤出机用于将树脂和添加剂熔融混合，然后将其送入第二台低剪切作用的挤出机与预热的玻璃纤维混合，挤出树脂/玻璃纤维混合模塑料。后来，CPI公司将此技术进行了改进，直接把挤出机和压模机通过注射筒连接在一起，通过活塞的挤压把熔体输送到压模机上，省略了用人工或机械手输送熔体的工序。

1998年，Johnson公司自行开发研制了直接挤出法模压工艺生产线，命名为Fibropress，该工艺采用均聚的PP粉末以及5mm长的短切玻璃纤维，通过重力加料至往复式的单螺杆挤出机中浸渍复合，挤出带状的模塑料。Dieffenbacher公司采用了两台双螺杆挤出机，用一台长径比大的双螺杆挤出机对PP和添加剂进行熔融，混合后喂入长径比较小的双螺杆挤出机；连续纤维经预热后被牵引至长径比较小的双螺杆中与熔融树脂混合。由于长径比较小的螺杆中特殊的螺杆元件设计，使得最终挤出的复合材料中纤维的长度为17~70mm。

四、长纤维增强热塑性聚合物基复合材料的成型工艺

由于LFRT是从复合材料和聚合物两个不同领域开发出的一种新型复合材料，因此，其成型工艺具有聚合物和复合材料工艺的特征。此外，LFRT可以进行热成型，就使其又具有了金属材料成型的特点。LFRT的成型方法主要分为以下几种：模压成型法、注射成型法、纤维缠绕成型法、拉挤成型法、树脂传递成型法及弹性体储存成型法等。

（一）模压成型

LFRT的模压成型工艺与热固性的压缩模塑相类似，是LFRT粒料经加热使其中的树脂熔化或经特殊设计的单螺杆挤出机塑化挤出，置于模具内进行压缩模塑。可以通过合模速度、压力、模具温度和模压时间等工艺参数的优化，改善纤维的取向、空隙率和材料的力学性能。CPI公司等所开发的DLFT模压工艺，将在线混炼制备的模塑料直接用于模压，减少了模塑料反复加热熔融所消耗的能量，使得成型过程更加经济。

（二）挤出成型

挤出成型是在挤出机中通过加热、加压，使树脂以熔融流动状态连续通过口模成型的方法，是一种连续的、适合大规模生产的加工过程。该工艺的路线和传统的基本一致。成型通常采用单螺杆或者双螺杆甚至是几台挤出机同时使用进行挤出成型。例如，利用挤出机的十字模头将预浸有树脂的片状玻璃纤维覆盖于基体树脂层表面或内部，配合模头的形状设计可生产出具有平板状、L形或圆棒状等特定形状的增强复合材料产品。通过调整纤维在基体材料中的增强位置、增强的层数及搭配表层树脂于增强纤维的外面等措施，可以获得不同结构的增强复合材料产品，其弯曲强度和弯曲弹性模量亦可随之调节。

（三）注射成型

与DFRT一样，LFRT可以通过注塑成型工艺制备各种制品。注塑成型可制备更复杂、更小的零部件，几乎无废料产出，成型时间较短。LFRT中热塑性树脂的黏度较大且含有长纤维，所以注塑充模的流动性较差。为了改善LFRT的流动性，一般采用加大浇口、流道直径、增加注射压力、提高料筒温度与模具温度等手段，通过螺杆背压的控制使得纤维的分散性得到改善。注塑过程中，因为剪切作用，纤维将受到一定程度的损伤。通过调整浇口、流道的尺寸及相关工艺条件，可减少纤维的断裂。

（四）拉挤成型

拉挤成型是一种连续的自动化生产复合材料型材的工艺方法，也是制造恒定截面型材的工艺方法。最初用于制造单向纤维增强实心截面的简单制品，逐渐发展成为目前可以制造实心、空心以及各种复杂截面的制品，并且型材的性能可以设计，能够满足各种工程的结构要求。

拉挤成型技术尤其适合于生产高纤维体积含量、高性能、低成本的复合材料。它是将增强材料经树脂浸渍，再经过具有一定截面形状的成型模具的成型工艺。拉挤成型工艺有两种：一种是预浸纤维拉挤成型工艺，即先用热塑性树脂浸渍纤维，制得预浸纤维，再用预浸纤维进行拉挤成型；另一种是用纤维直接进行拉挤成型。连续拉挤成型过程包括在纤维基材上浸渍树脂、引入模具、在模具中或刚离开模具时使树脂固化、拉出型材四道工序。这四道工序连续操作的成型方法随着树脂的浸渍方法、金属模具的结构以及树脂固化方法的不同而又分为很多种。根据拉挤方向来分，则有立式（垂直上下拉挤）和卧式（水平拉挤）两种。

实现拉挤工艺的设备主要是拉挤机。拉挤成型是将预浸带或预浸纱在一组拉挤模具中固结、预浸料；或边拉挤边预浸，或另外浸渍。一般的浸渍方法是纤维混纺浸渍和粉末流化床浸渍。拉挤成型工艺具有生产效率高、工艺易于控制、产品质量稳定等优点。再者，拉挤制品中纤维按纵向布置，又是在引拔预张力下成型，因此，纤维的单向强度得到了充分的发挥，制品具有高的拉伸强度和弯曲强度。连续拉挤成型所用的树脂和其他纤维增强制品一样，从其使用性能、工艺性能和经济性出发，目前以通用的树脂为主，必要时用难燃或耐化学药品的特种聚酯树脂，也可使用环氧树脂和丙烯酸树脂。由于拉挤成型工艺是在一组拉挤模具中边浸渍边拉挤，故其缺点如下：生产速度受到胶液加热和固化速度的限制，通常只用于耐热性较低的聚酯树脂；制品性能具有明显的方向性，其横向强度差，只限于生产型材，一般难于用它制造截面形状急剧变化的结构；设备复杂，对各工序必须严格准确控制，生产过程不能轻易中断。

（五）在线配混直接注射成型

将挤出机与注塑机相连，直接成型LFRT制品可以降低生产成本，提高生产效率。利用此方法可以避免二次熔融塑化对树脂和长纤维造成的影响。

Woodshed Technologies公司于2000年开发出Pushtrusion工艺，该工艺的原理是通过挤出机向一包覆模中供给热塑性树脂熔体，然后利用高压熔体包覆长纤维并将其拖向浸渍模末端的切刀，切刀根据事先设定的长度将包覆在熔体中的长纤维切断，而后熔体进入注塑机内注射成型。该种方法适合于加工商自己配混原料，以此来降低生产成本，并且该方法所用的设备小而轻便，适合生产更小的部件。

（六）隔膜成型

隔膜成型法是制造具有双曲面大型热塑性聚合物复合材料结构制品的一种最有希望的成型方法。它是近来以金属超塑性成型和复合材料热压罐成型为基础开发出的一种新型的适合于热塑性聚合物复合材料的成型方法。它是将未固结的热塑性预浸料平铺在两个可以变形的隔膜之间，放置在热压罐内，然后在隔膜之间抽真空，并加热、加压将铺层固结在一起。

（七）片材成型工艺

用连续纤维和织物作增强材料制备增强热塑性聚合物制品，一种重要的制造方法是将增强材料和作为基体材料的热塑性树脂预先制成成品片材，再将它剪裁成坯料模压或冲压成不同的制品。这种半成品片材称为增强热塑性聚合物复合材料片材（RTPS）。

（1）连续纤维毡增强的热塑性聚合物片材。连续纤维毡是一种非织造织物，连续纤维呈无定向圈状分布，以纤维之间相互缠结或粘接成毡。

（2）单向连续纤维增强热塑性聚合物片材。片材中纤维取向相同，性能呈很强的各向异性。

（3）短切纤维针刺毡和短切原丝毡。增强热塑性聚合物片材的制造工艺有熔融浸渍工艺、悬浮沉积工艺、流化床工艺、静电吸附工艺等。

①熔融浸渍工艺，又称为干法工艺。首先将连续纤维或短切纤维制成毡，预热，与挤出机挤出的热塑性树脂薄膜层合，经双带压机热压浸渍、热固结、冷却，切割成所需规格的片材。片材中增强材料可以是一层，也可以是多层。纤维毡里纤维长度可根据需要选取。纤维毡的厚度也是根据需要调节：毡的孔隙率为0.4~4.9。这种工艺制备的片材的结构基本上属于层合片材结构。

②悬浮沉积工艺，又称为湿法、抄纸法工艺。首先将玻璃纤维、粉末热塑性树脂和悬浮剂加入水中，借助于悬浮助剂和搅拌作用，将密度差较大的玻璃纤维和树脂微粒均匀地分散在水介质中，使玻璃纤维单丝、树脂呈单颗粒分散，再将这种均匀的悬浮液通过流浆箱和成型网，从悬浮液中将水滤出后形成湿片，再经过干燥、粘接压轧成为增强热塑性树脂片材。采用的纤维是中等长度（5~50mm）的短切纤维。要求纤维长度适中，太短片材的机械强度比较低，太长纤维在悬浮液中很难均匀分散。选用树脂粉末的粒径通常为100~400μm。制出的片材里，纤维的含量一般为25%~40%（体积分数）。纤维含量低于20%（体积分数）时，片材中纤维难以达到连续分布；高于40%（体积分数）时，片材性能的各向异性太明显，形成工艺也比较难。在形成片材的过程中，为提高固结效果，干片材加热之前和加热过程中应轻微压实，当聚合物熔融后再加大压力，使熔融聚合物液滴熔结形成连续的基材，避免纤维的松弛。这种工艺制造出来的片材结构属于随机分布纤维的片材结构。

③流化床工艺。该方法首先将一定粒度的树脂粉末放在容器中的多孔床上，再通入空气使粉末树脂流态化；然后使分散的纤维从容器中通过，于是在纤维周围就附着了树脂粉末；附有树脂粉末的纤维通过切断器被切成定长，降落在输送网带上，铺成片，通过热轧区和冷却区后制成增强热塑性塑料片材。所制片材的结构属于随机分布纤维的片材结构。

④静电吸附工艺。该法是首先将热塑性树脂制成薄膜并使薄膜带静电；当带静电的树脂薄膜通过短纤维槽时，纤维被吸附在薄膜上；将吸附有纤维的薄膜与另一层树脂薄

膜层合，通过热轧冷却，制得增强热塑性树脂片材。树脂薄膜的厚度为0.1~1mm。为改善片材的表面状态，在热轧层合时，上、下表面应各加一层（或两层）没有吸附纤维的纯树脂薄膜。制出的片材厚度一般为0.2~6mm，纤维的含量为5%～80%（体积分数）。这种片材的结构属于层合片材结构。

（八）纤维增强热塑性树脂管成型工艺

用连续纤维和织物作为增强材料制造的增强热塑性树脂制品中，还有一类制品——增强热塑性树脂管。这类增强树脂制品的复合结构是树脂基体为三维连续的，增强材料为二维连续的。下面以织物增强聚氯乙烯管、聚氯乙烯夹网管的成型为例说明这类制品复合结构的形成过程。

1. *织物增强聚氯乙烯管*　织物增强聚氯乙烯管，也称为维塑管，所用的基体树脂为加有增塑剂、稳定剂、润滑剂、着色剂等的聚氯乙烯。所用的增强材料是由维尼纶或聚酯纤维、锦纶等合成纤维或植物纤维织成的筒带（管坯）。其成型工艺为：把织好的筒带送至送带辅机上，将筒带经过预热箱预热后送进机头；在机头内熔融的树脂从挤出机中挤出，首先涂在筒带外表面，与此同时熔融树脂透过筒带和内模套进入到内模芯和内模套之间，树脂熔体沿内模套和内模芯之间的间隙向前流动，从内模芯前面出来涂在筒带的内表面上。这样，筒带经过挤出机机头后其内外表面便均匀涂上了一层树脂，再经过冷却水箱，由牵引辅机不断向前牵引即成制品。

2. *聚氯乙烯夹网管*　聚氯乙烯夹网管的成型工艺为：将配好的聚氯乙烯树脂（加有增塑剂、稳定剂、润滑剂等）加入装有水平挤管机头的挤出机内，挤出内管；内管充分冷却后，在内管的外壁上按一定规律由缠网机缠上线网；然后在缠有线网的内管上用第二台挤出机挤出复合外管，再经冷却，即得到制品。

（九）其他成型工艺

1. *热成型*　热成型工艺与热固性树脂复合材料的模压成型类似，是一种快速、大量成型热塑性树脂复合材料制品的工艺方法。用热成型工艺制造复合材料制品与制造纯树脂制品不同，其预浸料在模具内不能伸长，也不能变薄。模具闭合之前，预浸料要从夹持框架上松开放至下半模具上，闭合模具时预浸料铺层边缘将向模具中滑移，并贴敷到模具型面上，预浸料层厚保持不变。

2. *辊压成型*　辊压成型主要借鉴于金属成型方法。设备由一系列（一组或多组）热压辊和冷压辊组成。把几层铺好的预浸料按设计要求叠合对齐并放在模具上，用远红外线、电或激光加热方法使之加热软化，然后通过牵引装置经过一系列的辊压台，使预浸料逐渐成为所需形状的复合材料制品。

3. *冲压成型工艺*　冲压成型工艺是先按模具大小裁切成热塑性树脂基复合材料预浸片材，将几层裁好的片材放在模具内，然后送入加热炉内加热至高于树脂基体熔点或软化点温度（低于基体树脂黏流温度10~20℃）后，投入到温度为50~70℃的模具型腔中，快速合模压制成型。这种方法的特点是成型温度低、压力小、周期短（成型周期一般在几十秒至几分钟）。该工艺成型工艺能耗、生产费用均较低，操作简便，生产效率高，但只适用于熔融加工性能好的热塑性树脂基复合材料及成型形状比较简单的制品，对于熔融黏度较大的高性能热塑性树脂基复合材料则不适用。

4. 层压成型工艺 层压工艺属于热压成型工艺之一，适合于热塑性树脂基复合材料板材的成型。层压工艺是将裁切好的热塑性树脂基复合材料预浸片材铺放在模具内，加热模具至高于树脂基体熔点或软化点温度，然后施加压力使预浸料完全粘接成一体，并在压力作用下直接固结为层压板。层压成型工艺相对于冲压成型工艺最大的不同在于成型周期较长，一般要几十分钟。成型时间的延长有助于树脂基体的充分流动。所以层压成型工艺特别适合于熔融黏度较大的高性能热塑性树脂基复合材料。

5. 弹性体储存成型 弹性体储存成型（ERM）是美国于20世纪70年代中期开发的一种制备轻型纤维增强塑料的工艺方法，20世纪80年代初已用于工业生产。该工艺具有劳动力投入少、设备投资低、原理简单等优点，其制品的比模量超过传统的纤维增强塑料，工艺过程与SMC类似。

（1）用不饱和聚酯树脂或环氧等热固性树脂浸渍开孔的聚氨酯泡沫塑料，制成储存树脂的弹性体芯材。

（2）在芯材的上下两面铺覆玻璃纤维增强材料，制成坯料，裁切包装后可低温储存备用。

（3）采用模塑工艺成型，模塑时加压将储存于芯材中的树脂挤出，浸润玻璃纤维，经固化后即可脱模取出。

ERM制品实际上是一种以聚氨酯泡沫为芯材，以纤维增强塑料为面层的夹层结构材料，它的优点是比SMC的密度低，弯曲模量高。模塑压力低，对制品性能要求有较大的适应能力。可根据不同的需求，选择不同的材料作为面层。但这种工艺因为纤维不随树脂流动，对形状复杂及有凸面的制品不宜采用。

第七章 纺织复合材料的性能与测试

表征材料性能的各种数据是材料研究、开发、设计、应用方面的重要信息和依据。对于传统材料，设计人员在选定材料的同时就可以从手册或者厂家提供的材料说明书中获得性能数据。而复合材料是各向异性材料，它的性能与基体材料、增强材料的种类、材料状态、制造工艺方法、界面状况、存放时间和环境等多种因素有关。在进行复合材料设计工作之前，了解复合材料性能数据和复合材料性能数据与各因素之间的关系是非常必要的。影响纺织复合材料性能的因素，不仅取决于原材料和工艺本身，还受到测试方法的影响。复合材料性能测试是组分材料选择，评价增强材料、基体材料、界面性能及其相互匹配性，评价工艺条件和制造技术、产品设计的重要依据。

本章以纺织复合材料的制备过程对复合材料的影响为主线，从纺织复合材料性能相关的原材料性能开始，到纺织复合材料的最终性能，全面介绍了原材料的力学性能与工艺性能、树脂与纤维之间的界面性能和复合材料的性能，同时也介绍了对应性能的测试方法。

第一节 纤维及其集合体的性能与测试

一、纤维的性能

纺织复合材料是由增强体纤维和树脂基体组成的。其中，纤维是组成纺织复合材料的最基本单元，其力学性质对纺织复合材料的性能影响极大。当纺织复合材料受到复杂的外力作用时，其中纤维受到的外力主要是拉伸作用。

（一）拉伸曲线

纤维的拉伸曲线有两种形式，即负荷—伸长（p—Δl）曲线和应力—应变（σ—ε）曲线。以负荷为纵坐标、伸长为横坐标作得的拉伸过程图为p—Δl曲线，它是在带有绘图装置的拉伸试验仪上得到的。由于负荷大小与纤维的线密度有关，对于相同材料，试样越粗，负荷也越大；而伸长大小与纤维试样长度有关，所以负荷—伸长曲线对不同粗细和不同试样长度（即强力仪上、下夹头间距离）的纤维没有可比性。如果将负荷除以试样的线密度（或横截面积）得比应力（或应力）作为纵坐标，将伸长除以试样长度得应变（或以百分率表示的伸长率）作为横坐标，可得σ—ε曲线。纤维的应力—应变曲线可以用来比较各种纤维拉伸性能的不同。两种形式的纤维拉伸曲线，可用同一曲线表示，仅坐标的单位标尺不同而已，如图7–1所示。

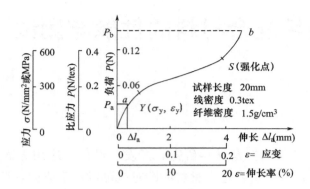

图7-1 纺织纤维的拉伸曲线

（二）拉伸性能指标

在比较不同纤维的拉伸性能时，通常采用从拉伸曲线上求特性指标。常用的指标有强伸性、初始模量、屈服点、断裂功四类指标。

1. 强伸性 强伸性能是指纤维断裂时的强力或相对强度和伸长（率）或应变。

（1）强力P_b。又称绝对强力、断裂强力。它是指纤维能承受的最大拉伸外力，或单根纤维受外力拉伸至断裂时所需要的力，单位为牛（N）。纺织纤维的线密度较细，其强力单位通常用厘牛（cN），1N=100cN。

（2）断裂强度（相对强度）P_b。它是考虑纤维粗细不同，表示纤维抵抗外力破坏能力的指标，可用于比较不同粗细纤维的拉伸断裂性质，简称比强度或比应力。它是指每特（或每旦）纤维能承受的最大拉力P_t（或P_D），单位为N/tex（N/旦），常用cN/dtex（或cN/旦）。

（3）断裂应力σ_b。为单位截面积上纤维能承受的最大拉力，标准单位为N/m²（即帕，Pa），常用N/mm²（即兆帕，MPa）表示。

（4）断裂长度L_b。以长度形式表示的相对强度指标，其物理意义是设想将纤维连续地悬挂起来直到其因自重而断裂时的长度，即纤维重力等于其断裂强力时的纤维长度，单位为千米（km）。

三类相对强度的表达式分别为：

$$\sigma_b = \frac{P_b}{A} \tag{7-1}$$

$$P_t = \frac{P_b}{N_t} \text{ 或 } P_D = \frac{P_b}{N_D} \tag{7-2}$$

$$L_b = \frac{P_b}{g} \cdot N_m \tag{7-3}$$

式中：A为纤维的横截面积（mm²）；g为重力加速度（9.80665m/s²）；N_t、N_D和N_m分别为纤维的特数、旦尼尔数和公制支数。

其间相互关系，可通过纤维质量表达式$M=AL\gamma$来转换。其中M为纤维质量（g）；L为纤维长度（m）；γ为纤维密度（g/cm³）。

$$\sigma_b = \gamma \cdot P_t \times 10^3 \text{ 或} \sigma_b = \gamma \cdot P_D \times 9 \times 10^3 \tag{7-4}$$

$$P_t = 9P_D \tag{7-5}$$

$$L_b = \frac{P_t}{g} \times 10^3 = \frac{P_D}{g} \times 9 \times 10^3 \tag{7-6}$$

$$\sigma_b = L_b \cdot \gamma \cdot g \tag{7-7}$$

目前，尚有许多强力机采用工程单位制，强力读数单位为克力（gf）或公斤力（kgf）。当断裂比应力单位采用克力/特或克力/旦时，则断裂长度和断裂强度间的换算式应为：

$$L_b = P_t \text{ 或} L_b = 9 \times P_D \tag{7-8}$$

（5）断裂伸长率（应变）。纤维拉伸至断裂时的伸长率（或应变）称为断裂伸长率（或断裂应变）ε_b。其表达式为：

$$\varepsilon_b = \frac{l_b - l_0}{l_0} \times 100\% \text{ 或} \varepsilon_b = \frac{l_b - l_0}{l_0} \tag{7-9}$$

式中：l_0 为拉伸前的试样长度，又称隔距或夹持距（mm）；l_b 为拉伸断裂时的试样长度（mm）。

断裂伸长率或断裂应变，表示纤维断裂时的伸长变形能力的大小。

2. **初始模量** 初始模量是指纤维拉伸曲线的起始部分直线段的应力与应变的比值，即 $\sigma-\varepsilon$ 曲线在起始段的斜率。依据负荷—伸长曲线（图7-1），可在曲线起始直线段上任取一点 a，根据该点的纵、横坐标值和纤维的线密度、试样长度，可求得其初始模量。

$$E_0 = \frac{P_a \cdot l_0}{\Delta l_a \cdot T_t} \tag{7-10}$$

式中：E_0 为初始模量（N/tex、MPa或N/旦）。

如果拉伸曲线上起始段的直线不明显，可取伸长率为1%左右的一点来求初始模量，但纤维拉伸前，必须处于伸直状态，即有初张力。

初始模量的大小表示纤维在小负荷作用下变形的难易程度，即纤维的刚性。纤维的初始模量大，制品比较挺括；反之，初始模量小，制品比较柔软。

3. **屈服应力与屈服伸长率** 在纤维的拉伸曲线上，伸长变形突然变得较容易时的转折点称为屈服点 Y。对应屈服点处的应力和伸长率（或应变）就是屈服应力和屈服伸长率（或应变 ε_Y，见图7-1）。

纤维材料的屈服点很不明显，往往表现为一段区域，通常用作图法定出（图7-2）。如角平分线法，是在屈服点前后作拉伸曲线的切线1和2，再作两切线1、2交角的角平分线，交拉伸曲线于 Y 点，Y 即为屈服点［图7-2（a）］；如果从两切线1、2的交点作横坐标的平行线交拉伸曲线于 Y_C 点，Y_C 即为屈服点［图7-2（a）］，此方法称考泊兰（Coplan）法；如果作坐标原点和断裂点连线 ob 的平行线，且与拉伸曲线转折区域相切，切点 Y 即为屈服点［图7-2（b）］，此方法称曼列狄斯（Meredith）法。

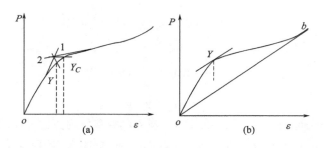

图7-2　纤维屈服点的确定

纤维在屈服以前产生的变形主要是纤维大分子链本身的键长、键角的伸长和分子链间次价键的剪切，所以基本上是可恢复的急弹性变形；而屈服点以后产生的变形中，有一部分是大分子链段间相互滑移而产生的不可回复的塑性变形。一般屈服点高，即屈服应力和屈服伸长率高的纤维，不易产生塑性变形，拉伸回弹性好，纤维制品的尺寸稳定性较好。

屈服平台区后，纤维拉伸曲线会再次上扬，通常称为强化区。其间转变点为强化点S（图7-1），强化点的求法与屈服点一样，对纤维来说更不明显，且往往是一段区域。强化区分子链段（或称构象）的调整完成，是纤维大分子主链的受力过程，故曲线上升加快。

4. 断裂功

（1）断裂功W。指拉伸纤维至断裂时外力所作的功，即图7-1中p—Δl伸长曲线（ob）下的面积，是纤维材料抵抗外力破坏所具有的能量。

它可在强力机测得的拉伸曲线图上用求积仪求得，或以数值积分完成。现行电子强力仪可直接显示或打印出断裂功的数值。断裂功的大小与试样粗细和长度有关。同一种纤维，若粗细不同，试样长度不同，则断裂功也不同。为了纤维间性能的相互比较，常用断裂比功ω表示纤维材料抵抗外力做功的能力。

（2）断裂比功ω。又称拉伸断裂比功。它有两个不同的定义：一是拉断单位体积纤维所需做的功ω_V，单位为N/mm²，即折合成同样截面积、同样试样长度时的断裂功；另一定义是重量断裂比功ω_W，是指拉断单位线密度与单位长度纤维材料所需做的功（N/tex）。

（3）功系数η。又称功充满系数。它是指纤维的断裂功与断裂强力P_b和断裂伸长Δl_b的乘积之比。

断裂功是强力和伸长的综合指标，它可以有效地评定纤维材料的坚牢度或耐久性能。断裂功或断裂比功大的纤维，表示纤维在断裂时所需吸收的能量大，即纤维的韧性好，耐疲劳性能好，能承受较大的冲击，纤维制品的耐磨性也较好。

对于各种不同纤维，如果断裂点相同时，功系数大的纤维材料，其断裂功也大。同种纤维的不同试样，其功系数变化不大，各种纤维的功系数在0.46～0.65。因此，可在测得断裂强力与断裂伸长后，根据功系数推知其断裂功的大小。

（三）纤维拉伸性能的测量

常用的纤维拉伸性能测试仪器有三种不同类型，即摆锤式强力仪、称杆式强力仪和电子强力仪。

1. **摆锤式强力仪** 摆锤式强力仪种类很多，如Y 161型单纤维强力机、Y 162型束纤维强力机、Y 371型缕纱强力机和Y 361型单纱强力机等都是摆锤式强力仪，受力拉伸方式较老，现国家标准和常规测量中使用。其基本结构如图7-3所示。上、下夹头夹持住纤维，夹持距由标尺显示，l_0为隔距。下夹头由传动机构带动向下运动。在下夹头下降时，通过试样拉动上夹头下降。上夹头挂在半径为R的圆盘上，并随上夹头下降而绕支点顺时针方向回转，带动重锤杆和重锤拾起形成力矩M，$M = (G_1/2 + G) L \cdot \sin\theta + f$，其中$f$为圆盘转动摩擦力矩，一般忽略。$M$与纤维拉力形成的力矩$M_f = R \cdot P$达成平衡，

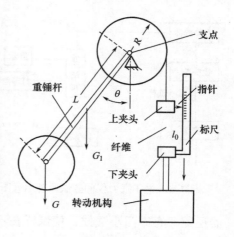

图7-3 摆锤式强力仪

即$P = M/R$。由此可知，试样上的负荷P与重锤杆摆动角θ的正弦成正比。随着传动机构引导下夹头不断下降，试样上张力增大，此时试样被拉伸，上、下夹头之间的距离增加，可以由标尺和上夹头上的指针读出伸长量。仪器上配备有自停装置。许多仪器还附有绘图装置，自动绘制拉伸曲线。带自动积分仪的还可直接读出断裂功数值。

摆锤式强力仪属于等速牵引式强力仪，由上、下夹头同时以不同速度下降，力的施加亦呈非线性，所以试样的拉伸变形无一定规律。

2. **秤杆式强力仪** 早期采用的测定棉纤维的卜氏（Pressley）强力仪和Uster公司生产的Dynamat自动单纱强力仪（斜面式）都属于这一类型，又称杠杆式强力仪。其工作原理如图7-4所示。上、下夹头夹持纤维，在秤杆上的重锤以等速v左移，使纤维受力拉伸。重锤左移产生力矩，纤维受力矩$P \cdot R$平衡，所以与l成正比。由于下夹头不动，上夹头上移量就是试样的伸长。这类仪器属于等加负荷CRL（Constant rate of loading）型的。

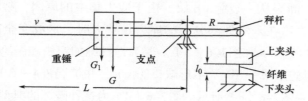

图7-4 秤杆式强力仪

3. **电子强力仪** 电子强力仪的测力和测伸长机构不是机械式的。其测力机构是在固定梁上装有电阻应变丝，上夹头受到试样传送来的拉伸力，引起电阻应变丝的微小变形而改变电阻值。通过电阻应变仪对信号的检测放大后，直接显示出拉伸力的大小。同时，由于电阻应变丝的变形极小，下夹头的位移量基本上就等于试样伸长变形量Δl，从而直接根据移动速度v与时间t的积，得出Δl。电子强力仪的测试原理如图7-5所示。理论上，惯性和摩擦阻力对测量的影响为零，精度高，且能适应高速负荷试验。仪器还可以

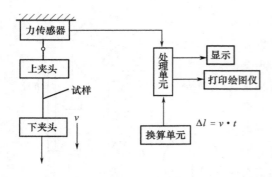

图7-5　电子强力仪的测试原理示意图

配备电子式的自动记录仪、自动绘图仪、自动积分仪等，使测量、读数、记录、绘拉伸图、计算等工作全部自动化。常用的Instron材料试验机还备有不同负荷容量的传感器，可以分别测定纤维、纱线、织物或绳索的拉伸性能。还配备有不同形式的夹头装置和附件，可以进行拉伸、压缩、剪切、弯曲和摩擦等性能测量，同时还可以对试样进行定负荷或定伸长反复拉伸疲劳实验。这类仪器还配备有专门小气候，使试样在不同温度和湿度条件下进行力学性能测定等。这类仪器属于等速伸长CRE（Constant rate of elongation）型，因功能全，常称为万能材料试验机（Universal material testing machine）。

（四）拉伸断裂机理

纺织纤维在整个拉伸变形过程中的具体情况是十分复杂的。纤维开始受力时，其变形主要是纤维大分子链本身的拉伸，即键长、键角的变形。拉伸曲线接近直线，基本符合胡克定律。当外力进一步增加，无定形区中大分子链克服分子链间次价键力而进一步伸展和取向，这时一部分大分子链伸直，紧张的可能被拉断，也有可能从不规则的结晶部分中抽拔出来。次价键的断裂使非结晶区中的大分子逐渐产生错位滑移，纤维变形比较显著，模量相应逐渐减小，纤维进入屈服区。当错位滑移的纤维大分子链基本伸直平行时，大分子间距就靠近，分子链间可能形成新的次价键。这时继续拉伸纤维，产生的变形主要又是分子链的键长、键角的改变和次价键的破坏，由此进入强化区，并表现为纤维模量再次提高。直至达到纤维大分子主链和大多次价键的断裂，致使纤维解体。

具有弹性但伸长很小的纤维，如玻璃纤维，断裂表现为经典的脆断模式，即当负荷增加到一定程度时，断裂从一裂缝A开始，由于应力集中的原因，裂缝迅速扩展，形成光滑的断裂面A—B。当在未断裂部分上的应力足够大时，形成完全破坏的粗糙断裂端面（B—C），见图7-6（a）和图7-6（b）。黏弹性纤维如锦纶和涤纶，在拉伸过程中除断裂扩展外，开始时先形成一"V"字形缺口（A），并扩展（A—B），最后断裂（B—C），如图7-6（a）～图7-6（c）所示。图7-6（d）为这种破坏的典型特征；图7-6（e）是纤维拉伸中纤维表面出现的裂缝特征。

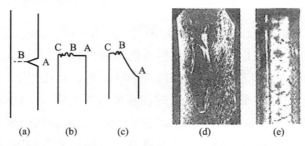

图7-6　纤维拉伸断裂时的裂缝和断裂面

（五）纺织纤维拉伸性质的影响因素

影响纺织纤维拉伸性质的主要因素有纤维内部结构和试验条件。

1. **纤维内部结构**　这是影响纤维拉伸性质的根本原因（或内因）。其中主要是纤维大分子的聚合度以及表示纤维大分子链集聚排列特征的取向度和结晶度。

（1）纤维大分子的聚合度影响纤维的强度。纤维强度随纤维大分子聚合度的增大而增加，但当聚合度 n 增加到一定值后，n 再增加时，纤维强度增加减慢甚至不再增加。聚合度的作用如同短纤维纱中的纤维长度。纤维长度短，纤维易于滑移而不是断裂。故纤维的断裂决定于大分子的相对滑移和分子链断裂两方面。随着聚合度增加，大分子链间的次价键数目增多，剪切阻力增大，大分子链间不易滑移，大部分分子链断裂，所以纤维断裂强度提高。当聚合度足够大，分子链间滑动阻力已大大超过分子链的断裂强力时，再增加聚合度，其作用也就越来越不显著了。对于化学纤维，聚合度太高，纺丝液黏度增加还会出现纺丝困难。但是，生产高强度化纤时，提高聚合度是保证高强的首要条件。

（2）纤维大分子的取向度决定有效承力分子数。取向度高的纤维，有较多的大分子排列在平行于纤维轴的方向，且夹角越小，拉伸纤维时，分子链张力在纤维轴向的有效分力越大、纤维强度也越高。在化学纤维中，纤维分子取向度随纺丝过程中的牵伸倍数的增大而提高，使纤维断裂强度增加，断裂伸长率降低，如图7-7所示。

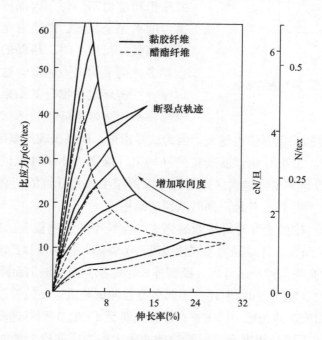

图7-7　不同取向度纤维的应力—应变曲线

（3）纤维的结晶度影响纤维的强度。结晶度越高，纤维中分子排列越规整，缝隙孔

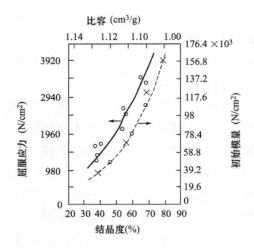

图7-8 聚丙烯纤维结晶度对拉伸性能的影响

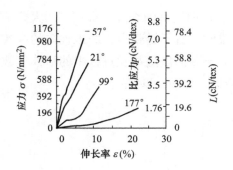

图7-9 温度对涤纶拉伸性能的影响

洞较少且较小，分子间结合力越强，纤维的断裂强度、屈服应力和初始模量表现得较高，但其伸长率低，脆性增强。图7-8所示为聚丙烯纤维结晶度对拉伸性能的影响。

2. 试验条件　这是外因，包括温度、湿度、试样长度、试样根数、拉伸速度以及拉伸试验机类型等方面。对同样的纤维，由于试验条件不同，所得到的拉伸性能实测结果将有很大的差异。所以，纺织纤维力学性质的实验结果均为"条件值"，它随试验条件不同而改变，这在实际应用中必须注意。

（1）温度。温度高时，纤维大分子热运动能高，大分子柔曲性提高，分子间结合力（次价键力）削弱。因此，纤维断裂强度下降，断裂伸长率增大，初始模量降低，如图7-9所示为温度对涤纶拉伸性能的影响。

（2）试样长度。纤维长度方向上各处截面的面积和结构不均匀，因而同一根纤维上的截面强度不完全相同，断裂总是发生在纤维最弱处。当试样长度长时，最弱的弱环被测到的机会就多，则平均强力偏低。这一概念称为弱环定律。按弱环定律推导的结果可知，纤维试样越长，平均强度越低；被测试样的不均一性越

大，试样长度对测得的强度影响也越大。因为试样越长，弱环出现的概率越大。

（3）试样根数。由束纤维试验所得的平均单纤维强力比单纤维试验时的平均强力低，而且束纤维根数越多差异越大。这是由于束纤维中各根纤维的断裂伸长率不均匀，伸直状态也不相同，导致各根纤维不同时断裂的结果。

（4）拉伸速度。拉伸速度对纤维断裂强力与伸长率的影响较大。拉伸速度v大，即拉伸至断裂经历的时间短，纤维强力（或比强度P_b）偏高，初始模量E_o偏大，但断裂伸长率ε_b无一定规律。对高强低伸型的纤维，断裂伸长率随拉伸速度增加而降低。

（5）拉伸试验机类型。如前所述，不同类型拉伸试验机，在拉伸过程中对试样施加负荷的方式不同，如等速伸长型（CRE）、等加负荷型（CRL）和等速牵引型。同时，绝大多数纺织纤维一般不服从胡克定律，其拉伸曲线大多为凹向应变轴的非线性形式。因此，不同类型的试验机所测得的纤维拉伸性能没有可比性。例如，采用等速伸长型得到的纤维断裂强度要比等加负荷型低，而初始模量则较高。其主要原因是由于在纤维的各变形阶段拉伸速度是不同的。

二、纱线的性能

纱线是由纤维须条或长丝束经加捻得到的集合体，截面中至少由数十根到上百根纤维组成。纱线直径在毫米尺度，其长度可以是连续无限的，是典型的细长物体。因此，用于表征纤维力学性质的指标和力学性质时间依赖性完全适用于纱线。区别在于纱线的力学性质不仅与纤维本身性状有关，更为关键的是取决于纤维在纱中的排列形态，即纱线结构特征和纤维间的相互作用。由于纱线中纤维排列的不规则和卷曲、纤维间相互作用的不完善和滑移，使纱线的力学行为不同于纤维，如初始模量低、断裂强度低、断裂伸长率大、屈服点不明显、应力松弛和蠕变较容易、动态模量低和正切损耗高等。

平行长丝纤维束必须经加捻后才能顺利进行织造，否则容易引起毛丝。长丝用作绳、线时也必须进行适当加捻，以使长丝纤维间形成一个紧密的、相互作用的整体。但加捻后的长丝条与长丝纤维的拉伸性能有较大的区别。下面对长丝纱条的初始模量和断裂强度进行简单分析。

假设长丝纱在短片段内具有理想的圆柱形螺旋线的几何结构，即每根长丝在纱中保持着螺旋角不变的螺旋线轨迹，其径向位置没有转移变化；纱条中的长丝纤维性质均匀；在拉伸时，纱的直径没有变化。则可以得到纱中纤维轴与纱轴倾角为θ的纤维变形与纱轴向变形间关系为：

$$\varepsilon_f = \varepsilon_y \cdot \cos^2\theta \qquad (7-11)$$

式中：ε_f为纤维的应变；ε_y为长丝纱的应变。

上式表明：在纱中心的长丝纤维（$\theta=0$）的应变与长丝纱的应变相等，在纤维倾斜角为θ（相应于纱半径r处）时的应变值降低到$\varepsilon_y\cos^2\theta$。

假设纤维服从胡克定律，所受的张力P_f为：

$$P_f = E_f\varepsilon_y \cdot \cos^2\theta \cdot \pi r^2 \qquad (7-12)$$

式中：E_f为纤维的弹性模量；r为纤维的半径。

该纤维对长丝纱轴向的应力σ_y贡献为：

$$\sigma_y = \frac{P_f \cdot \cos\theta}{\pi r^2/\cos\theta} = E_f\varepsilon_y \cdot \cos^4\theta \qquad (7-13)$$

式中：分子表示纤维张力P_f在纱轴向的有效分力；分母表示纤维横截面积在纱轴向的占有面积，如图7-10所示，图中（a）为纱中r半径位置、一个螺距h、螺旋线纤维l的展开图。

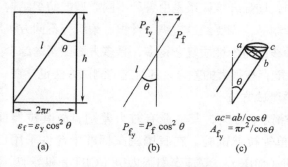

图7-10　加捻长丝纱中倾斜纤维的受力分析

将上式推广到整个纱条截面积分可得纱条的应力σ_y为：

$$\varepsilon_f = \varepsilon_y \cdot \cos^2\theta \qquad (7-14)$$

α为纱条外层纤维的倾斜角（或捻角）。根据模量的定义：

$$E_y = \frac{\sigma_y}{\varepsilon_y} = E_f \cos^2\alpha \qquad (7-15)$$

这表明长丝纱的模量随着捻回角α的增大而减小。这一简单关系与实验结果较一致。

普拉持（M.M.P1at）指出：既然位于纱轴线上的纤维变形等于纱的轴向变形，在拉伸纱线时，纱条中心的长丝纤维首先断裂，然后剩下的长丝继续断裂，并逐渐向外层扩展，直到长丝纱断裂为止。赫尔进一步假设，如果中心纤维断裂时的纱条张力为纱条的断裂强力，且长丝符合胡克定律，则长丝纱条的断裂强度为$E_f\varepsilon_b\cos^2\alpha$。式中，$\varepsilon_b$为长丝纤维的断裂应变，$E_f\varepsilon_b$即为长丝纤维的断裂强度，即加捻长丝纱条的断裂强度为纤维断裂强度的$\cos^2\alpha$倍。

上述简单分析表明：加捻长丝纱条的初始模量或断裂强度随着捻系数的增大而降低，其定量关系可用捻回角α的$\cos2\alpha$倍来表示。但是实际长丝纱的拉伸性质是复杂的，图7-11原理性地表示了长丝纱断裂强度与捻回角余弦$\cos\alpha$间的关系。即随着捻度增加，长丝纱的断裂强度逐渐降低。弹性模量与捻度间关系也有类似的结果。实际中，模量或断裂强度在开始时的上升，主要是由于长丝纱中纤维拉伸性能的不均匀性在加捻中得到改善。当捻度为零

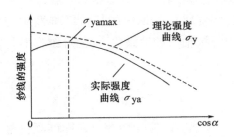

图7-11　长丝纱的强度与捻回角余弦的关系

时，相当于平行纤维束，各根长丝纤维是在各自最薄弱的地方断裂；随着捻度的增加，纤维间压力增大，相互抱合，减少了纤维在自身薄弱处断裂的可能性；随着捻回角增大，逐步达到在整根长丝纱条截面上最薄弱环节处的纤维同时断裂，这时的长丝纱条强度最大，为σ_{max}。当进一步增大捻回角或捻系数，纤维倾斜产生的负作用增加显著，纱条强度开始下降。

三、织物的性能

在纺织复合材料中，增强纤维体系是由各种不同类型的纺织结构（即织物）组成。织物是纤维和纱线的后续制品，需要经过机织、针织、编织等不同方法制备。因此，织物的力学性质要比纤维和纱线的力学性质复杂得多，是多方面因素的综合。相同纤维或纱线经不同方法制备的织物性能存在很大的差异，其对应的测试方法也存在一定的区别。

（一）拉伸性能的测试方法

织物平面有经、纬两个方向，其性质有较大差别，故其拉伸性能测试，应在经、纬两个方向分别进行单轴拉伸试验。在我国国家标准中允许采用三种类型的强力试验机——等速伸长强力机（CRE）、等速牵引强力机（CRT）和等加负荷强力机（GRL）。

应用广泛的摆锤式强力机属于等速牵引类。

1. **机织物** 对机织物拉伸性能的测试方法，一般有扯边纱条样法、抓样法与切割条样法三种。

（1）扯边纱条样法（Raveled-strip method）。将一定尺寸的织物试样扯去边纱到规定的宽度（一般为5cm），并全部夹入织物拉伸试验机夹钳内的一种测试方法，如图7-12（a）所示。

（2）抓样法（Grab method）。将一定尺寸的织物试样仅一部分宽度夹入夹钳内的一种试验方法，如图7-12（b）所示。

（3）切割条样法（Cut-strip method）。对部分针织品、缩绒制品、毡制品、非织造布、涂层织物及其他不易扯边纱的织物，则采用切割条样法。此方法为切割成规定尺寸的试样全部夹入夹钳内。但必须注意，切割时应尽可能与织物中的经向（或纬向）纱线相平行。

与抓样法相比，扯边纱条样法所得试验结果的离散较小，所用试验材料比较节约，但抓样法的试样准备较容易和快速，并且试验状态较接近实际使用情况，所得试验强度与伸长的结果比条样法略高。

2. **针织物** 针织物不宜采用上述矩形试样做拉伸试验。因为针织物裁成矩形试样拉伸时，会明显出现横向收缩，使夹头钳口处产生剪切应力特别集中，从而造成大多数试样在钳口附近断裂，影响试样结果的准确性。有关实验研究表明，以采用梯形或环形试样较好。梯形试样如图7-12（c）所示，试验时，两端的梯形部分被钳口夹持。环形试样如图7-12（d）所示，试验时，两端是缝合的（图中折线缝合处）。这两种试样能改善钳口处的应力集中现象，且伸长均匀性也比矩形试样好。如果要同时测定强度和伸长率，以用梯形试样为宜。

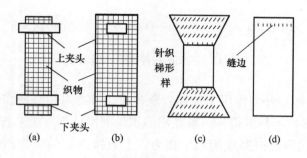

图7-12 织物拉伸试验的试样及夹持方式

3. **非织造布** 非织造布可以采用机织或针织试样和夹持方法进行拉伸试验，但大多采用宽条（一般10~50cm，甚至更宽）或片状试样。前者在一般强力仪上进行；后者在双轴向拉伸机上进行。

针织物在被拉伸时由于线圈的变形、滑移，伸长率比机织物大。

非织造布的拉伸行为，即应力—应变曲线，与其主结构的纤维排列方向密切相关。

（二）织物的拉伸性能指标

织物拉伸断裂时所应用的主要力学性能指标有断裂强度、断裂伸长率、断裂功、断裂比功等。这些指标与纤维、纱线的拉伸断裂指标意义相同，这里就不同之处加以比较。

1. **断裂强度和断裂伸长率** 断裂强度是评定织物内在质量的主要指标之一。断裂强度指标，也常常用来评定织物日照、洗涤、磨损以及各种后整理加工后对织物内在质量的影响。织物断裂强度指标单位常用N/5cm，即5cm宽度的织物的断裂强力。当不同规格织物需要进行相互比较时，也可与纤维和纱线一样采用相对断裂强度指标如N/m^2、N/tex、$N/(g/m^2)$等进行比较。

通常分别对织物的经、纬向测定其断裂强度和伸长率，但有时也对其他不同方向测定。因为衣服的某些部位是在织物不同方向上承受张力的。近年来，开发出双轴向拉伸试验机，其拉伸作用原理如图7-13所示。图7-13（a）为两向拉伸力均等的情况；图7-13（b）为两向拉伸力不等（或一端保持不动）的情况；图7-13（c）为非对称的平行四边形变形拉伸。双轴向织物强力机尚未普及，但由于织物在使用过程中同时受到来自多个方向的拉伸作用，特别是对伸缩性较大的针织物和产业用非织造布。双轴拉伸有时比单轴拉伸更为重要。

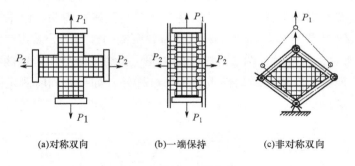

(a)对称双向   (b)一端保持   (c)非对称双向

图7-13 双轴向拉伸试验作用原理

2. **断裂功** 织物在外力作用下拉伸到断裂时，外力对织物所作的功称为断裂功。因为织物拉伸曲线函数不易取得，一般是用面积仪或用计算方法来测量拉伸曲线下的面积即断裂功。目前国内已试制成附加于强力仪上直接读数的织物断裂功仪。用这种仪器测量比用画图计算方法效率高。为了对不同结构的织物进行比较，常采用断裂比功$W_W[J/(g/m^2)]$表示：

$$W_W = \frac{W}{w} \tag{7-16}$$

式中，W为织物断裂功（J）；w为织物试样的平方米重量（g/m^2）。

断裂功为织物拉伸至断裂时所吸收的能量，也就是织物具有抵抗外力破坏的内在结合能，因而织物的断裂功越大，织物越坚牢。

（三）织物的拉伸断裂机理

在单轴拉伸试验中，当织物采用条样法拉伸时，其基本受力变形过程如图7-14所示。

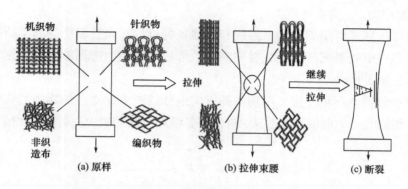

图7-14 纤维在单轴拉伸时的基本受力变形过程

（1）机织物的拉伸断裂机理。对机织物，拉伸力作用于受拉系统纱线上，使该系统纱线由原先的屈曲逐渐伸直，并压迫非受拉系统纱线，使其更加屈曲。在拉伸的初始阶段，随着拉伸力增加，织物的伸长变形主要是由受拉系统纱线屈曲转向伸直而引起的，并包含一部分由于纱线结构改变以及纤维伸直而引起的变形；到拉伸后阶段，由于机织物受拉系统纱线已基本伸直，伸长变形主要使纱线和纤维伸长与变细，使织物的线密度或平方米克重下降，拉伸方向的试样结构变稀。

（2）针织物的拉伸断裂机理。对针织物，拉伸力作用于受拉方向的圈柱或圆弧上，首先使圈柱转动、圆弧伸直，引起线圈取向变形，沿拉伸方向变窄、变长，纱线的交织（纠缠）点发生错位移动；使织物在较小受力下较大地伸长；当这类转动和伸直完成后，纱线段和其中的纤维开始伸长，直接表现出织物的稀疏和垂直受力方向的收缩。

（3）非织造布的拉伸断裂机理。对非织造布，拉力直接作用于纤维和固着点上，使其中纤维以固着点为中心发生转动和伸直变形，并沿拉伸方向取向，表现出织物变薄，但密度增加，强度升高；随后，纤维伸长，固着点被剪切或滑脱。前者为主导时，则非织造布强度增加；后者为主导时，则强度增加减缓或下降。

因此，通常织物拉伸的初始模量均较低，随着织物中纱线、纤维的伸直和沿受力方向的调整，拉伸曲线陡增。机织物拉伸方向的纱体显著变细，纤维变长，垂直于拉伸方向产生纱线屈曲收缩；而针织物的纱线和非织造布的纤维相互靠拢，使织物逐渐横向收缩，呈束腰现象，如图7-14（b）所示。但机织物的束腰现象不如针织物和非织造布明显，这也是针织物、非织造物要求加大试样夹持宽度或双轴向拉伸的原因。此后继续拉伸，部分纱线或纤维达到断裂伸长，而开始逐根断裂，直至大部分纤维和纱线断裂后，织物结构解体，试样断裂。

织物在整个拉伸过程中，因为束腰其截面积是在变化的。实际中，以织物的强力除以截面积A_F或平方米克重w所获得的强度（应力σ_F或比强度p_F）只是一个名义上的强度。

真实强度应该是截面积$A(\varepsilon)$或平方米克重$w(\varepsilon)$随应变ε变化的函数，即：

$$\sigma_F = \frac{P_F}{A_F(\varepsilon)} \text{ 或 } P_F = \frac{P_F}{w(\varepsilon)} \qquad (7-17)$$

式中：σ_F为真应力；p_F为真比应力。

此概念和计算式可用于纤维、纱线和其他各种材料。而且织物的真实断裂不是同时发生的，而是在织物最弱的纱线处首先断裂，形成应力集中进而纱线迅速逐根断裂，致使织物断裂，如图7-14（c）所示。

织物中纱线强力利用程度，可用拉伸方向的纱线或束纤维在织物中的强度利用系数表示。它是织物某一方向的断裂强力P与该向各根纱线断裂强力P_i之和的比值。计算式如下：

$$e_F = \frac{P_F}{A_F(\varepsilon)} \text{ 或 } P_F = \frac{P_F}{w(\varepsilon)} \qquad (7-18)$$

式中：e_F为纱线或纤维在织物中的强度利用系数；p_F、p_Y、p_B分别为织物、纱线、平行纤维束的强度值。

针织物和非织造布不存在$e_F>1$的情况，原因是这种交互作用和均匀化不存在，但针织物和非织造布随着各自的密度增加，也有e_F值增大的趋势，因为密度越大所提供交互作用的可能性增大。

如果机织物和针织物的紧度或排列密度过大，或织物中各根纱线强力不匀，或纱线在织造时过多损伤，尤其是纱线捻系数过大（接近甚至超过临界捻系数），交织点挤压的补偿作用已不能弥补纱线的强度损伤或残余应力，织物中的纱线强度利用系数$e_F<1$。

（四）织物断裂强力的估算

1. 机织物　机织物断裂强力除实测外，还可根据织物密度、纱线断裂强力来估算。对机织物条样法的估算式如下：

$$P_{eT,W} = \frac{P_{T,W}}{2}\overline{P}_Y e_F \qquad (7-19)$$

式中：$P_{eT,W}$分别为织物经向和纬向断裂强力估算值（N）；$P_{T,W}$为织物经向和纬向排列密度（根/10cm）；$\overline{P}_Y$为纱线的平均断裂强力（N），e_F为纱线强度利用系数。

2. 针织物　对针织物可以根据横密P_A（5cm内线圈横列方向的线圈纵行数）或纵密P_B（5cm内线圈纵行方向的横列数）和纱线的勾接强力$\overline{P}_L$来估算断裂强度P_e。

$$P_e = \frac{1}{2}P_{A,B}\overline{P}_L e_F \qquad (7-20)$$

式中：P_e为针织物断裂强力估算值；$\overline{P}_L$为纱线的平均勾接强力；e_F为强度利用系数。

因为每只线圈是由两个线圈柱和两个弧段组成，纵向强度因变形后的双根圈柱作用约比横向大两倍。而横向拉伸时，由于圈弧的伸直和圈柱纱线的转动，横向伸长约为纵向的两倍。

3. 非织造布　假设一支纤维束的平均断裂强度为p_B（N/tex）；用该纤维制成非织造布在零隔处拉伸时的强度利用系数为e_F，则不考虑黏结和纠缠作用的非织造布强度为p_{F0}，即：

$$p_{F0} = e_F p_B \qquad (7-21)$$

考虑黏结和纠缠作用，总强度 p_F 实际为力学的串联结构模量，而力值或模量值相当于电阻的并联，即：

$$\frac{1}{p_F} = \frac{1}{p_{F0}} + \frac{1}{B} \qquad (7-22)$$

式中，B 为黏结作用强度。当 $B=0$ 时，$p_F=0$，且往往 $B<p_{F0}$，即黏结作用弱于纤维的强度，所以非织造布要增强，一定要增加黏结作用强度 B。

（五）织物拉伸性能的影响因素

1. 机织物 影响机织物拉伸性能的因素主要有纤维性质、纱线的线密度和结构、经纬密度和织物结构、上机张力以及测试条件。

2. 针织物 针织物拉伸性能的影响因素与机织物相同，只是强度相对机织物偏低，这是因为针织物的勾接强度小，且纱线相互间的挤压、摩擦作用小。而针织物伸长大是由于线圈的变形、纱线在交织点的错位移动等。影响针织物的强伸性能的还有线圈及圈套结构。其对纱线乃至纤维的弯曲性能要求更高，影响纤维弯曲刚度的所有因素都将间接地影响织物的拉伸性能，尤其是纤维的表面摩擦性能和卷曲特性，将直接影响纤维间的相互作用，进而影响织物的拉伸性能。

3. 非织造布 影响非织造布的拉伸性能的因素，除去不存在纱线这一结构元素和上机张力外，还有非织造布织物的密度 ρ 或空隙率 ε 或体积分数 f_v。纤维排列状态对非织造布的拉伸性能影响更大。

第二节　树脂基体的性能与测试

树脂基体是复合材料的重要组成部分，其结构、组成、配比以及制成树脂浇铸体的基本力学性能，直接影响复合材料的最终性能。此外，树脂与纤维复合过程中，树脂与纤维的复合成型工艺方法、温湿度、树脂含量、固化条件（温度、压力、时间）、后期热处理、固化度等工艺性能也都影响着复合材料的最终性能。

一、力学性能

高性能树脂基体的力学性能主要包括拉伸强度和模量、断裂伸长率、弯曲强度和模量、冲击强度和表面硬度等。这些性能会随温度、加工和固化条件的变化而变化。与其他结构材料相比，高性能树脂基体的一个重要特征是黏弹性，即其性能依赖于作用温度和时间，由于存在黏弹性，高分子材料，尤其是热塑性树脂基体，在使用过程中会发生蠕变和应力松弛。高性能树脂基体一般具有高的模量，但断裂伸长率和韧性偏低。

1. 强度与模量 当考虑基体的力学性能时，还必须了解使用的时间、温度、环境等，同时考虑温度、时间、环境等几方面因素的作用，才能真实地反映材料的性能指标。复合材料的力学性能与聚合物基体的力学性能有密切的关系，而一般复合材料用的热固性树脂固化后的力学性能并不高。

决定聚合物强度的主要因素是分子内和分子间的作用力。聚合物材料的破坏，是由主链上的化学键的断裂或是聚合物分子链间相互作用力的破坏引起的。由于工艺及内应力而使聚合物实际强度低于理论强度，其中内应力有的是杂质造成的。这样，在材料内部的平均应力还没达到它的理论强度以前，在缺陷部位的应力首先达到该材料的强度极限值，材料便从那里开始破坏，从而引起整个材料的断裂。

2. **树脂的内聚强度与结构的关系**　未固化的树脂呈线型结构，相对分子质量也不大，通常处于黏流态，此时内聚强度很低。由于固化反应的进行，相对分子质量加大，分子间力随之增大，以致强度有所升高，但仍然是固化过程中的量变阶段。当固化反应进一步进行，量变引起质变，树脂分子间产生交联，变成凝胶，此时树脂的相对分子质量迅速增加，以致机械强度也随之迅速提高。若固化反应继续进行，交联键不断增加，树脂强度则逐渐增大到相当稳定的数值，如果继续使交联密度增大到很大，树脂形变能力降低，呈现脆性。

3. **树脂的断裂伸长率与结构的关系**　树脂的断裂伸长率与结构的关系问题，实质是树脂在外力作用下形变能力的问题，高分子化合物的形变分为普弹形变、高弹形变及黏流形变等类型，其中黏流形变在已固化树脂中是不存在的。从普弹形变和高弹形变引起的原因看，前者是由于有机分子的键长和键角的改变引起的，而后者则是由于大分子链的链段移动引起的。由于普弹形变引起的树脂形变很小（约1%），而高弹形变引起的树脂形变则相当大，因此，树脂结构与断裂伸长率的关系，实质上就是树脂结构与高弹形变的关系。

对于已固化树脂来讲，在玻璃化转变温度以下出现强迫高弹形变主要取决于两个因素：一是大分子链的柔韧性；二是大分子链间的交联密度。具有柔性链结构的树脂其伸长率就比较大；反之，大的刚性分子链树脂的断裂伸长率就比较小，呈现脆性。从分子链间交联密度来看，交联密度较大，则树脂断裂伸长率越小，脆性就较大。

4. **树脂的体积收缩率与其结构的关系**　热固性树脂在固化时伴随着体积收缩的现象。由于体积收缩，往往引起与增强纤维黏结不良，树脂出现裂纹，对复合材料制品的质量带来不良影响。影响树脂体积收缩的因素是固化前树脂系统（包括树脂、固化剂等）的密度、基体固化后的网络结构的紧密程度、固化过程有无小分子放出等。环氧树脂的固化收缩率小，是由于环氧树脂在固化前的密度比较大，固化后的网络结构也不太紧密，而且固化过程又无小分子放出的缘故。

二、耐热性

复合材料在温度升高时，其物理性能和化学性能会发生变化。物理性能包括模量、强度、变形等，化学性能包括失重、分解、氧化等。

树脂的耐热性一种是指树脂在一定条件下仍然保留其作为基体材料的强度，即物理耐热性；另一种是指树脂在发生热老化时的温度范围变化，即化学耐热性。将聚合物加热，一般会发生物理及化学变化。物理变化指树脂的形变、软化、流动、熔融。化学变化指分子链断裂、交联、氧化、产生气体、质量变化等。从物理性能上看，耐热性主要是指在升高温度过程中大分子能否发生链段运动或整个分子的运动。因而凡是引进能束缚分子运动的因素，均能提高基体的耐热性。

1. **玻璃化转变温度**（T_g） 玻璃化转变温度是聚合物从玻璃态向高弹态的次级转变。在玻璃化转变温度下，聚合物的比热和比容发生突变，分子链段开始运动，线胀系数迅速增大。聚合物链段中强极性基团的存在增加分子间作用力，进而增加链密度，因此，极性聚合物具有相对较高的T_g。在聚合物主链和侧基的庞大刚性基团阻碍链段的自由转动，有利于T_g的提高；而柔性的侧基能使链段间的距离增大，使其更易于运动从而降低T_g。

T_g是高分子链柔性的宏观体现，增加高分子链的刚性，高聚物的相应提高。在高分子主链中尽量减少单键，引进共轭双键、叁键或环状结构（包括脂环、芳环或杂环），对提高高聚物的耐热性特别有效。因此，为了获得高的T_g和耐热性，高性能树脂基体一般被设计成含有大量庞大刚性基团的链段。例如，芳香环聚酯、芳香族聚酰胺、聚苯醚、聚苯并咪唑、聚酰亚胺等都是优良的耐高温聚合物材料。

2. **热氧化稳定性** 为了满足高科技领域（航空航天等领域）的需求，已经发展了能在300℃以上长期使用的耐高温树脂基体。热氧化稳定性主要由组成分子链的原子间键能决定。在主链上引入—C—O—C—（醚键）、—CONH—（酰胺键）、—CONCO—（酰亚胺键）、—HN—CO—NH—（脲键）或在侧基上引入—OH—、—NH₂—、—CN—、—NO₂—、—CF₃—都能提高结晶高聚物的熔融温度T_m。芳杂环结构，如苯和氮杂萘，具有高的键能，因而具有高的热氧化稳定性。其中，最稳定的聚合物是由杂环和芳香共轭结构组成的梯形聚合物。最稳定的柔性链基团为所有氢被氟和苯基取代的脂肪族化合物。—O—、—S—、—CONH—和—CO—也具有较好的热稳定性；—SO₂—，—NH—，亚烃类和含氯基团的热稳定较差。对于含有苯撑基团的聚合物，其热稳定顺序为$p > m > o$。交联以强有力的化学键来代替分子间的次价键，因此，随着交联度的增加，耐热性不断提高。当转变为充分交联的体形高聚物时，耐热温度便是T_{ox}（氧化）或T_d（降解）。

3. **线胀系数** 两种不同线胀系数（CTE）的材料结合在一起，当温度变化时，会在界面上产生应力。如果这种线胀系数差别较大，则有可能导致界面结合的破坏。复合材料是由树脂和纤维增强材料组成，随着温度的变化，树脂和纤维界面会产生应力，严重时会出现界面分层。胶接构件极易在胶接界面发生破坏。因此，高性能树脂基体必须考虑和纤维增强材料的线胀系数匹配问题。表7-1为部分常用复合材料树脂基体和纤维增强材料的线胀系数。一般来说，无机材料的线胀系数比有机高分子材料低。降低高分子材料的线胀系数主要有以下几种方法。

（1）在聚合物中引入有序结构，如结晶体。

（2）使用庞大刚性结构，如芳杂环，减少聚合物分子链段的运动。

（3）增加交联密度。

表7-1 部分树脂基体和纤维增强材料的线胀系数

材料	CTE（$10^{-6}K^{-1}$）	材料	CTE（$10^{-6}K^{-1}$）
聚酯	70～101	酚醛	16～25
聚砜	59～86	碳纤维	3.2～12.1
环氧	59	玻璃纤维	8.46
聚酰亚胺	45～50	石英纤维	0.31

三、电性能

树脂基体在电子工业的应用增长很快，包括绝缘材料、透波材料等。因此，了解树脂基体的电性能也是极其重要的。材料的电性能主要包括介电性能和电击穿强度。材料的介电常数指的是单位电场强度下材料单位体积内平均能量储存。介电常数的大小和材料的介电极化（电子极化、原子极化和取向极化）程度有关。高分子材料在作为绝缘材料使用时，除考虑在使用条件下耐热性、机械性能满足要求外，还需考虑材料的绝缘性能。当在某一电场作用下其介电损耗所产生的热量超过材料散发的热量时，会引起材料局部过热，随之会产生材料的击穿。高分子材料在应力作用下发生变形也会影响其击穿行为，使击穿强度下降。在这种情况下发生的击穿行为称为电机械击穿。

树脂分子由共价键组成，是一种优良的电绝缘材料。影响树脂电绝缘性能的因素有两个：一是树脂大分子链的极性，二是已固化树脂中杂质的存在。一般来说，树脂大分子链中极性基团多，极性越大，则电绝缘性能越差；反之，若树脂大分子由非极性分子组成，无极性基团如热固性丁苯树脂、1，2-聚丁二烯树脂则具有非常优良的电绝缘性能。另外有无增塑剂，也影响电性能。常用热固性树脂的电性能见表7-2。合成树脂的电性能一般优于玻璃纤维。因此，欲制得介电性能良好的复合材料，既要选择电绝缘性能较好的增强材料，又要选择电绝缘性能较好的树脂。

表7-2 部分热固性树脂基体的电性能

性能	酚醛	聚酯	环氧	有机硅
密度（g/cm^3）	1.30～1.32	1.10～1.46	1.11～1.13	1.70～1.90
体积电阻率（$\Omega \cdot cm$）	1012～1013	1014	1016～1017	1011～1013
介电强度（kV/mm）	14～16	15～20	16～20	7.3
介电常数（60Hz）	6.5～7.5	3.0～4.4	3.8	4.0～5.0
介质损耗（60Hz）	0.10～0.15	0.003	0.001	0.006
耐电弧性（s）	100～125	125	50～180	—

四、耐腐蚀性

在组成复合材料的基体和增强材料中，玻璃纤维对水、酸或碱的侵蚀抵抗能力是比较差的，但对有机溶剂则几乎不受侵蚀。

基体对水、酸或碱溶液的侵蚀抵抗能力一般要比玻璃纤维好，而对有机溶剂的侵蚀抵抗能力要比玻璃纤维差。但树脂的耐化学腐蚀性能随其化学结构的不同可以有很大的差异。同时，复合材料中的树脂含量，尤其是表面层树脂的含量与其耐化学腐蚀性能有密切关系。

树脂和介质之间作用引起的腐蚀主要有物理作用和化学作用两种。物理作用是指树脂吸附介质引起溶胀或溶解导致树脂结构破坏，性能下降；化学作用是树脂分子在介质作用下引起化学键的破坏，或生成新的化学键而导致结构破坏，性能下降。所以树脂耐溶剂介质能力主要由组成体系的化学结构决定，它们之间极性大小、电负性和相互间的溶剂化能力都影响化学腐蚀性能。

一般来说，树脂交联度大，耐介质腐蚀性好，所以热固性树脂固化时必须控制一定的固化度，固化度太低会严重影响其耐腐蚀性能。

固化树脂耐水、酸、碱等介质的能力，主要与其水解基团在相应的酸碱介质中的水解活化能有关。表7-3列出了一些基团的水解反应活化能。活化能高，耐水解性就好。

表7-3　一些基团的水解反应活化能

基团类型		酰胺键	酰亚胺键	酯键	醚键	硅氧键
活化能（kJ/mol）	酸性介质	~83.7	~83.7	~75.3	~100.4	~50.2
	碱性介质	66.9	66.9	58.5	—	—

第三节　复合材料的界面性能与测试

纤维与树脂复合后，纤维与树脂之间的界面性能将直接影响复合材料的最终性能。主要是了解纤维表面形态、界面黏合强度和界面残余应力。

一、纤维表面形态

影响界面结合性能的纤维的表面形态主要有比表面积、表面粗糙度、表面浸润性、表面官能团等。

（一）表面物理性能与测试

纤维的表面物理性能包括比表面积、表面吸附性能和表面粗糙度等。纤维的比表面积影响纤维与树脂的接触面的大小。一般纤维的比表面积通过氮气吸附法测定，即通过表征纤维的表面吸附性能测定，其原理是依据气体在固体表面的吸附规律。在恒定温度下，在平衡状态时，一定的气体压力，对应于固体表面一定的气体吸附量，改变压力可以改变吸附量。通过对平衡吸附量随压力而变化的曲线（即吸附等温曲线）研究，可以计算纤维的比表面积和孔径分布。

纤维的表面粗糙度则是纤维表面的不平度，一般采用原子力探针和扫描探针显微镜等来表征。扫描探针显微镜是利用探针和样品表面之间微小距离产生的特殊的物理相互作用，在非常精细的尺寸范围内观察复合材料界面及增强纤维表面特征的方法。到目前扫描探针显微镜已发展成多种形式，如原子力显微镜的界面力模式、力调制模式、微黏弹性、相位模式、电化学模式等。利用这些模式可以在100nm分辨率内根据材料的物理性能来检测出复合材料界面微区组分的分布、形态等信息。还可利用原子力/微区热分析及原子力/微区热传导等功能的结合，表征界面微区的热行为特征。

（二）浸润性能与测量

增强材料与基体树脂要形成良好的界面粘接，首要条件是要求基体树脂对增强纤维表面具有良好的浸润性。增强纤维的浸润性可采用动态浸润性测定仪测试，即从浸润角与表面能热力学参数以及浸润速率与浸润过程活化能动力学参数表征其浸润性。

（三）表面化学性能与测试

纤维的表面化学性能主要是指纤维表面元素、表面官能团等，可以采用化学滴定、反色光谱、表面光电子能谱以及动态力学分析等方法表征。

1. X射线光电子能谱　X射线光电子能谱是分析增强纤维表面元素组成、表面官能团的有效方法。其基本原理是采用X射线照射样品，使样品中原子或分子的电子受激而发射出来，从而测量这些电子的能量分布，获得所需要的元素和结构方面的信息；通过测定内层电子能级谱的化学位移，还可以确定材料中原子结合状态和电子的分布状态。

2. 动态力学谱图分析　扭辫分析是在扭摆动态力学测量方法基础上发展起来的一种动态力学分析方法。它所采用的试样是复合试样，将纤维均匀地编织成三股、四股或六股的辫子，作为被检测高聚物的支承体，被测物浸渍附着在辫子上成为复合试样。那么，支承体和被测聚合物之间存在着界面，由于受到界面束缚的影响，聚合物的特性会发生不同的变化。一般情况下，这种影响表现为玻璃化转变峰的高温一侧出现一个肩膀峰，也称为界面峰。若界面粘接较强，则试样承受连续周期负荷时界面的能量耗散大，这个峰越明显。有时扭辫测试时界面峰被树脂的特征峰覆盖，但可观察到界面效应使树脂的玻璃化转变峰向高温一侧位移，即T_g升高，并且通常纤维表面活性越大，T_g上升越多。

实际测试时，扭辫分析的动态力学谱图反映的是材料的动态模量和力学损耗与温度的关系。在力学损耗曲线上，出现的最高峰为玻璃化转变峰，找出峰顶所对应的温度即为试样的玻璃化温度T_g。

二、界面黏合性能

界面强度的表征一直是复合材料领域里十分重要的问题。表征复合材料界面强度的方法可分为三类：复合材料宏观实验、微复合材料实验和复合材料原位（微观）实验等方法。

（一）宏观实验方法

该方法是以复合材料宏观性能来评价纤维与基体界面的应力状态，包括层间剪切（短梁剪切）法［图7-15（a）］、横向（或偏轴）拉伸法［图7-15（b）］、导槽剪切法［图7-15（c）］、Iosipesctu剪切法［图7-15（c）］。这些方法所测试的性能对界面结合强度都比较敏感。

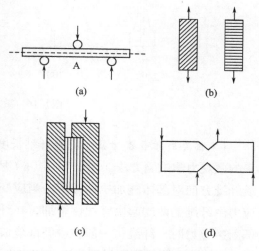

图7-15　宏观实验方法

1. **短梁剪切**　短梁剪切也称作层间剪切或三点弯曲，是最常用的宏观实验方法，其优点在于样品制备及测试过程都比较简单易行，因此，已成为目前工程上测定在平行于纤维方向受到切应力作用时的极限强度及评价界面黏合质量的重要手段。

在一定程度上正是由于界面的强度决定了复合材料的破坏形式，所以根据样品的层间剪切强度、破坏形式及断口的电镜分析可有效地评价界面剪切性能的优劣。

2. **横向（或45°）拉伸**　拉伸强度虽然受到很多因素的影响，但对界面黏合强度特别敏感，通常小于基体树脂的拉伸强度。尽管横向拉伸实验很难得到较稳定的数据，但仍是目前表征复合材料界面拉伸性能唯一有效的方法。实际工程中也可采用与纤维排列方向呈 $\pm 45°$ 进行拉伸剪切试验，所测得的数据要稳定些。

3. **导槽剪切**　导槽剪切是航空航天工业中应用得较为广泛的方法之一，当两块导槽做相对平移时，样品受到切应力作用而破坏。导槽剪切测试时样品中出现很大的复合应力，它将引起试样以一种尚不清楚的方式过早地破坏。不过，它仍然是一种简单、经济的测试方法。

4. **Iosipescu剪切测试**　由于在加载点处无明显的应力集中，所以目前该方法也被较多地采用以表征界面剪切性能。

除此而外，还有圆筒扭转试验和诺尔环（NOL环）测试。圆筒扭转试验可以根据测得的面内剪切性能来判断纤维与基体间界面的黏合性能。但该方法需要特殊制备样品，因此，不如短梁剪切法常用；诺尔环的拉伸及剪切测试方法不仅可以评价缠绕复合材料制品的界面黏合性能，而且还可以评价复合材料拉伸强度，所以，目前此方法也越来越多地被采用。

（二）微复合材料实验方法

微复合材料实验是对单根纤维包埋在基体中所构成的材料进行测试的方法。图7-16（a）为临界纤维长度，图7-16（b）为单纤维拔出和图7-16（c）为微脱粘试验等方法。

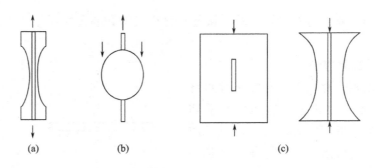

图7-16　微复合材料实验方法

1.　**临界纤维长度方法**　临界纤维长度方法是依靠剪滞法（Shear-lag method）发展起来的微观力学试验方法。如图7-16（a）所示，相对脆性碳纤维单丝包埋在塑性基体中，沿纤维方向对基体施加拉伸载荷。当应变逐步增加时，由基体通过界面传递给纤维的切应力由纤维的两端起由零线性增加，在纤维的中间部位达到最大。当纤维应力超过其局部断裂应力时，纤维将一般在中间部位成两段。当载荷继续增加时，纤维断头可能随之增加，直到断裂长度到界面传递的切应力不再使纤维继续断裂而达临界纤维长度L_0（或称剪切传递长度）为止，实际上，单纤维的断裂长度在$L_c/2 \sim L_c$，由L_c可计算出界面剪切强度。纤维的临界断裂长度可由光学测量确定，但只适用于透明的基体，对非透明的基体可采用声发射技术测定L_c。

该方法可用于纤维增强断裂应变较高的树脂、金属基体的界面剪切强度的测定。由于纤维沿其长度方向的强度分布较宽，该断裂长度将随之具有这样的分布，因此，测得的L_c是非常分散的。尽管如此，经过修正L_c的结果仍是十分有用的。碳纤维表面经过处理后，L_c为0.1 ~ 0.14mm，而未经处理的L_c为1.2mm，算得的界面剪切强度分别为47MPa和6MPa。

2.　**单纤维拔出方法**　单纤维拔出方法常用于表征界面的结合强度。该方法是20世纪60年代初提出的，至今一直在改进和完善之中。如图7-16（b）所示，单纤维包埋在基体中。固化后将单纤维从基体中拔出，记录拔出时所需的拉力，即可得到界面剪切强度。为了使单纤维从基体中拔出而不至于发生纤维断裂，必须使纤维埋入基体的长度变小，如碳纤维的最大埋置长度在0.05 ~ 0.3mm，这给样品的制作带来困难。可行的样品制备方法有：将单纤维夹持在框架中，然后使其周围的薄树脂层漂浮在水银上固化，这个技术是非常费时间的；或在纤维表面滴上树脂微珠，然后固化，可得到较小的埋置长度。此方法可用以表征研究玻璃纤维、碳纤维、芳纶、超高分子量聚乙烯纤维、PBO等纤维/树脂复合材料的界面强度。表面未经处理的高模、高强碳纤维界面剪切强度分别为5MPa和17MPa；而经过处理的分别为31MPa和57MPa。该方法的实验模型一般假定界面上的切力为均匀分布，因此，只能计算出界面处的平均剪切强度。

3.　**微脱粘方法**　微脱粘方法一般是指在单纤维的某一局部发生与基体的分离，如

图7-16（c）所示的矩形样品及曲颈样品实验。

矩形透明树脂块中心轴上包埋一根短纤维，当样品沿平行于纤维方向受压时，由于纤维和基体的弹性特性不同，纤维两端将产生切应力，分析纤维刚刚脱粘时的外加应力，即可得到界面剪切强度。

曲颈样品实验用来测定垂直于纤维方向的界面拉伸强度。当样品受压时，由于纤维和基体的泊松比不同，使得颈部纤维/基体界面产生拉伸应力而发生微脱粘。由纤维和基体的弹性模量、泊松比及压缩应力可算得界面拉伸强度。但这两种方法只能对具有一定压缩应变的纤维（如玻璃纤维）才能适用。对于碳纤维复合材料，在纤维与基体产生微脱粘之前，便发生了纤维破坏。

近年来，拉曼光谱方法也较多地被用来测定微复合材料的界面结合性能。激光拉曼光谱是表征复合材料界面结合强度的新技术，其原理是首先测定自由纤维的拉曼谱图，得到该纤维特征拉曼峰，再测定纤维在受不同拉伸应变情况下的拉曼峰的移动规律。然后按图7-17所示的那样，对包埋在树脂中的单纤维进行拔出，同时测

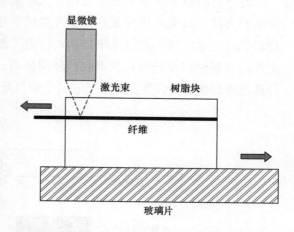

图7-17　单纤维拔出样品的激光拉曼光谱测量示意图

定沿纤维长度方向不同部位在不同的拉伸应变作用时的拉曼峰，进而得出此时纤维上不同部位的应变情况，再根据式（7-23）的微观力学分析模型。

$$\tau = \frac{F_{d}}{2\pi rL} = E_{f}\frac{rd\varepsilon}{2dL} \qquad (7-23)$$

计算出在不同外加拉力下包埋在树脂中的纤维各个部位所受界面切应力的作用。其中：r为纤维的半径；F_{d}为拔脱载荷；L为纤维的包埋位置；E_{f}为纤维的拉伸弹性模量；ε为某位置处纤维的应变。

该方法的优点在于它不仅可以测试单纤维拔出试样，而且还能对临界断裂长度试样及单纤维微复合材料顶出试样进行直接测试，从而计算出界面结合强度的定量信息。同时还可以给出界面切应力沿纤维长度方向的分布，甚至还能给出在微复合材料受力过程中界面切应力的分布和演化情况。这一点对于界面微观力学研究、分析界面破坏过程十分有益。但是该方法也存在着不足：第一，它只能测定结晶度较高的纤维，如碳纤维、芳纶、碳化硅纤维、硼纤维、超高分子量聚乙烯纤维等，而对于大量应用的玻璃纤维复合材料则不能直接测试，对于玻璃纤维复合材料，可在测试前将玻璃纤维表面涂以含有碳纳米管的浆料，将碳纳米管作为"传感器"能够实现拉曼光谱测试；第二，由于纤维之间的强烈干扰作用使得这种方法目前还只适合于单纤维复合材料样品体系，对于多纤维甚至层合板复合材料则无法表征；第三，由于拉曼光谱强度非常弱，因此，该方法目

前还只能对透明基体树脂微复合材料进行测试。

与复合材料宏观实验相比，微复合材料实验方法已能直接定量或半定量测出界面强度，并且有些实验值已被用于复合材料宏观设计和估算损伤残余刚度及寿命的研究等方面。但是由于样品制备及实验技术的复杂性和微观力学模型的简化等方面的因素，使得各种方法测得的界面强度值相差较大。

（三）复合材料原位实验方法

复合材料原位实验方法是直接对实际复合材料进行界面黏合性能测试的一种微观力学实验方法。其基本原理是在光学显微镜下借助于精密定位机构，由金刚石探针对复合材料试件中选定的单根纤维施加轴向压力（图7-18），得到受压纤维端部与周围基体发生界面微脱粘或单纤维被顶出时的轴向压力。根据微观力学模型，通过有限元方法分析计算出界面的剪切强度。实际上它属于宏观复合材料的微脱粘方法。

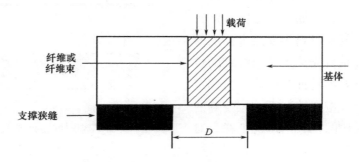

图7-18　界面原位顶出测试示意图

单纤维压脱（压出）方法可以用于测定碳纤维、玻璃纤维、部分芳纶、碳化硅纤维及硼纤维增强树脂、金属、玻璃及陶瓷基复合材料；通过测定受压纤维的载荷—位移关系还可以表征复合材料的界面滑动摩擦应力，但多半适用于金属基、陶瓷基及碳基复合材料。

复合材料的单纤维或纤维束顶出实验过程是界面逐渐破坏的过程，而且由顶出实验直接得到的是脱粘力值，若要得到界面剪切强度还需进一步的计算。利用有限元方法，对纤维在压力载荷作用下界面临界脱粘时的应力场和位移场进行计算。界面模型的基本思想是把破坏准则引入有限元分析中，以确定破坏在什么时候产生、什么地方产生。界面破坏过程采用逐渐破坏模型模拟，模拟过程采用逐步加载和迭代的方式进行。首先，将材料各组分性能和假定的界面剪切强度输入程序，有限元程序根据输入的信息构筑材料的整体性能，再根据选定的载荷/时间（或载荷/位移）试验曲线加载，在初始载荷为P_0时，进行应力分析，根据选定准则来检查界面区中是否有破坏单元出现，如果没有，则增加一个载荷ΔP，重新进行应力分析；如果有，则将这些单元的刚度特性进行退化，然后在相同的载荷下重新进行应力分析。重复上述过程，直到裂纹扩展到整个界面结构，然后需要将模拟出来的破坏过程与顶出曲线描述的破坏过程相对照，若两者不符，则需要调整输入的界面剪切强度，直到模拟出来的破坏过程与顶出曲线描述的破坏过程相一致，则最后输入的界面剪切强度即为最终的模拟结果。由上述模拟过程可以看出：所建立的有限元模拟是基于载荷/时间曲线并考虑到界面破坏过程的一种模拟方法，因此，模拟结果更能反映界面的真实性能。

由平均界面剪切强度来表征材料的界面性能是基于这样一个假设，即界面在顶出载荷达到最大的瞬间，整个界面同时脱粘，而实际上界面顶出破坏时裂纹是逐步扩展的，平均界面剪切强度是将使界面发生局部破坏的载荷在整个界面上平均得到的，因而样品厚度越大，发生破坏的部分在整个界面所占的比例越小，从而样品越厚，平均剪切强度越小。由平均界面剪切强度来表征界面性能，其真实性较差，有限元模拟则充分考虑到界面的逐步破坏过程，因此，它模拟出不同样品的界面剪切强度偏差较小。

与微复合材料实验方法相比，尽管界面脱粘目前还无法直接观察、分析受压纤维外围的应力状态也比较复杂，但它所需要的样品可从实际复合材料制件上直接切取，不需特殊制备。因此，测得的结果不仅可以指导复合材料工艺研究、评价复合材料制品性能，而且还可随时检测部件在使用过程中的性能。

三、界面残余应力

前面已经介绍，界面残余应力会对复合材料的综合性能带来很大的影响。因此，如何定量表征复合材料中界面处的残余应力，对于有目的地设计界面、优化复合材料的整体性能是非常重要的。对于纤维增强复合材料，由于纤维的形状相对简单，容易进行模型分析。但是复合材料中由于初始应力、局部应力等特殊作用，使得基体中的应力、增强相中的应力以及它们相互接触和相互作用部位的应力分布非常复杂，目前尚无法直接根据组分材料参数及工艺参数准确计算出界面的残余应力，所以必须采用实验测量的方法来表征。

残余应力的实验分析方法主要包括光弹性法、电阻应变片法、X射线衍射法、中子衍射法、电子衍射法、同步辐射连续X射线法、激光拉曼光谱法和扫描探针显微镜观察等方法。其中光弹性法、电阻应变片法、X射线衍射法较为常用。

（一）光弹性法

光弹性方法是实验力学分析中经常使用的方法。采用透明复合材料，并将它放在起偏镜和检偏镜之间的平面偏振场中，光源发出的光经起偏镜后成为偏振光，偏振光通过待测材料时由于双折射现象，使其沿主应力方向分解成相互垂直但传播速度不同的两束偏振光。若将起偏镜和检偏镜同时转动且始终保持两者的偏振轴相互垂直，当转过一定角度时，在屏幕上会得到一系列等倾线及等色线。等倾线给出了受力模型各点主应力的方向；利用等色线可以确定各主应力差，由此表征界面上的残余应力。

光弹性法是一种比较精确的方法，但是在计算应力过程中需要有边界条件或者其他辅助条件来确定主应力中的一个应力，这样才能完全确定各点的应力状态。另外，对分析材料有一定要求，即必须透光，从而限制了其应用范围。

（二）电阻应变片法

电阻应变片法是一种简单直观的分析应力的方法，这种方法的依据是金属电阻丝承受拉伸或压缩变形的同时，电阻也将发生变化。在一定应变范围内，电阻丝的电阻改变与应变成正比。测试时，将一根高灵敏的电阻应变丝嵌入树脂与增强材料的界面层内，树脂固化收缩产生的残余应力作用于这根电阻应变丝上，使之发生变形而进一步导致丝的电阻发生变化。经桥式电路，将电阻变化转换为电桥两端的不平衡电压信号，测量这个微小电压就可以推求界面层中残余应力。

电阻应变片法一般只适用于材料部件表面区的应变测量，嵌入复合材料内部应变片容易损坏，且由于应变片的加入使复合材料测量区域应力分布受到影响而使测量结果失真。

（三）X射线衍射法

近年来，人们采用X射线衍射和中子衍射技术成功地分析了金属基复合材料中的内应力及界面上的残余应力，对于碳纤维增强聚合物基复合材料也可以使用这种方法进行界面残余应力的表征。下面以碳纤维增强环氧树脂复合材料为例，介绍X射线衍射方法的测试原理与实验结果。

碳纤维是一种类石墨结构，晶体基本沿着纤维轴向排列，结晶度在80%以上。碳纤维复合材料界面处的残余应力使纤维晶体的晶面间距发生变化，这种变化可以通过X射线衍射峰的峰位变化而表现出来。根据布拉格衍射方程：

$$2d\sin\theta=\lambda \qquad (7-24)$$

通过测得的衍射角2θ可以计算出晶面间距d，然后根据弹性力学原理由应变计算出应力的大小。

假定碳纤维轴向为$[111]_z$方向，当在平行于晶体定向排列方向测量$\{111\}$衍射时，由该衍射峰位移得到的应变即是碳纤维Z方向的应变（ε_z）：

$$\varepsilon_{111z}=\varepsilon_z=\frac{d_{111}^z-d_{111}^0}{d_{111}^0} \qquad (7-25)$$

式中，d_{111}^z为平行于碳纤维方向测得的$\{111\}$衍射面间距，d_{111}^0为无应力碳纤维晶体$\{111\}$面的面间距（可由自由纤维测定）。

$\{220\}$晶面可分为两组，一组是碳纤维Z方向垂直的6个晶面，记为$\{220\}_r$，另外一组是与晶体长轴方向$\varphi=\pm\arccos(\sqrt{2/3})$的六个晶面。如果在垂直于晶体定向排列的方向测量$\{220\}$衍射，由此而得到的应变即是$\varepsilon_r$，且有：

$$\varepsilon_{220r}=\varepsilon_r=\frac{d_{220}^r-d_{220}^0}{d_{220}^0} \qquad (7-26)$$

由于碳纤维单丝的直径很小，而且具有较大的长径比，所以可将碳纤维受到的残余应力作为轴对称处理。因此，

$$\sigma_z=E\left[(1-v)\varepsilon_z+2v\varepsilon_r\right]/(1-v-2v^2) \qquad (7-27)$$

$$\sigma_r=E(\varepsilon_r+v\varepsilon_z)/(1-v-2v^2) \qquad (7-28)$$

式中，E为碳纤维的弹性模量；v为碳纤维的泊松比；将式（7-25）、式（7-26）代入

式（7-27）、式（7-28），即可得到碳纤维/基体界面在轴向和径向的残余应力σ_z和σ_r。

采用模压成形工艺制备碳纤维/环氧单向复合材料，将尺寸为25mm×6.5mm×2mm的试样放在X射线衍射仪的电子管筒内，转靶范围为38°~50°和15°~35°。衍射条件：Cu靶K_α衍射，用Ni滤波片滤波，操作电压50kV，电流25mA。用阶梯扫描方式测各衍射峰的峰形，步长为0.02°。使用铜靶K系数标识X射线谱中K_α辐射，进行残余应力分析。K_α辐射实际上是由波长差约0.0004nm的两条谱线组成，分别称为$K_{\alpha 1}$和$K_{\alpha 2}$，这两个峰可对应点的强度比为$K_{\alpha 1}$：$K_{\alpha 2}$=2：1。由于存在内应力的试样的衍射一般都比较漫散，不易测准其峰位，因此首先进行K_α双线分离。由布拉格方程可知$K_{\alpha 1}$和$K_{\alpha 2}$，衍射角度差为：

$$\Delta 2\theta = 2\tan\theta \cdot \Delta\lambda/\lambda \tag{7-29}$$

根据两峰的强度比，选择不同的拟合函数，使得误差（均方差）达到最小；再利用近似函数法进行线形分析，从而得到衍射峰峰位。

为验证X射线衍射方法表征碳纤维复合材料界面残余应力的可行性，在制备复合材料时，将膨胀单体与环氧树脂共聚以消除界面部分残余应力，测量了引入膨胀单体前后碳纤维复合材料界面的残余应力。随着引入膨胀单体的含量变化，峰位也发生变化。由式（7-25）、式（7-28）可分别计算出碳纤维复合材料界面处沿碳纤维轴向和径向的残余应力。由于前面所述膨胀单体的膨胀效应在本质上解决了环氧树脂在固化过程中的体积收缩问题，因此，它的引入使碳纤维复合材料界面处的残余应力减小。但当膨胀单体含量过高时（>15%），其膨胀效应就会在碳纤维复合材料界面处产生膨胀应力。X射线技术是分析界面残余应力的一种方便、有效的无损检测方法，对于指导界面改性，实现界面应力的控制，优化材料的整体性能很有帮助。但是X射线衍射和中子衍射一样，一般只能给出材料体系中表观的平均应力，难以精确测量残余应力的分布情况。

（四）其他方法

同步辐射连续X射线是最近提出的方法，具有很高的空间分辨率，可以测定界面附近的残余应变梯度，但成本较高。扫描隧道显微镜及原子力显微镜观察法是通过测量具有方向性共价键的长度变化来测量应变的方法。但一般只能测定自由表面样品的界面应力，常因受到样品截取对界面残余应力重新分布的影响而失真。激光拉曼光谱法是通过测量界面层相邻纤维的振动频率，根据纤维应变来确定界面层的残余应力，但只适用于单纤维复合材料的测定。目前应用最广的仍是传统的X射线衍射法。

第四节　复合材料的性能与测试

材料的力学性能检测方法和性能数据是实际工程中使用最广泛的参数。材料的性能包括四大基本性能（拉伸、压缩、弯曲、剪切）及其他力学性能（冲击、硬度、摩擦等）、物理性能（热性能、电性能等）。在复合材料的应用当中，主要是应用其纤维增强塑料/复合材料力学性能，包括拉伸、压缩、弯曲、剪切、冲击、硬度、疲劳等，这些性能数据的取得有赖于标准的（或共同的）试验方法的建立，因为试验方法、试验条件，诸如试样的制备、形状、尺寸，试验的温度、湿度、速度，试验机的规格种类等，直接影响测试结果的可比性和重复性。根据所用增强材料测试方法和成型工艺方法的不同，又分为定向纤维增强复合材料测试方法和织物增强复合材料测试方法，测得的材料性能数据是评价材料体系、工艺技术水平、结构设计的基础，层合板性能可通过这些基础数据经过理论分析确定。

纤维增强塑料性能试验方法总则已定为国家标准（GB 1446—2005），其中就其力学和物理性能测定的试样制备、外观检查、数量、测量精度、状态调节以及试验的标准环境条件、设备、结果、报告等内容作了详细规定。其中试样的标准环境条件为：温度23℃±2℃，相对湿度45%~55%。试样状态调节规定：试验前，试样在试验标准环境中至少放置24h。不具备标准条件者，试样可在干燥器内至少放置24h。试样数量：每项试验不能少于5个。

一、复合材料的基本力学性能

（一）拉伸

拉伸试验是一种基本的力学性能试验方法。它适用于测定纤维织物增强塑料板材和短切纤维增强塑料的拉伸性能，包括拉伸强度、弹性模量、泊松比、伸长率、应力—应变曲线等。

拉伸试验是指在规定的温度、湿度和试验速度下，在试样上沿纵轴方向施加拉伸载荷使其破坏。

（二）压缩

玻璃纤维增强塑料/复合材料压缩试验是基于常温下对标准试样的两端施加均匀的、连续的轴向静压缩载荷，直至破坏或达到最大载荷时，求得压缩性能的参数的一种试验方法。

玻璃纤维增强塑料压缩性能试验方法GB 1448—2005，适用于测定玻璃纤维织物增强塑料板材和短切玻璃纤维增强塑料的压缩强度和压缩弹性模量。

1. 压缩强度　在压缩试验中，试样直至破坏或达到最大载荷时所受的最大压缩应力。

$$\sigma_c = P/F \tag{7-30}$$

式中：σ_c为压缩强度（MPa）；P为破坏载荷或最大载荷（N）；F为试样横截面积（cm^2）。

2. 压缩弹性模量　压缩弹性模量是在比例极限范围内应力和应变之比。

$$E_c = L \times \Delta P / (b \times h \times \Delta L) \tag{7-31}$$

式中：E_c为压缩弹性模量（MPa）；ΔP为载荷—变形曲线上初始直线段的载荷增量（cm）；ΔL为与载荷增量ΔP对应的标距内的变形增量（cm）；L为仪表的标距（cm）；b、h为试样的宽度、厚度（cm）。

3. **长细比λ的概念**　在测试纤维增强塑料板材压缩性能时，其试样取正方棱柱体或矩形棱柱体。试样的高度根据试样截面积的长和宽来决定。从此引入一个长细比λ的概念。长细比是指等截面柱体的高度与其最小惯性半径之比。

$$\lambda = h/f \quad f = \sqrt{I/S} \tag{7-32}$$

式中：h为试样高度（cm）；f为最小惯性半径（cm）；截面的最小主惯性矩（cm⁴）；S为试样横截面积（cm²）。

（三）弯曲

复合材料弯曲试验中，试样的受力比较复杂，有拉力、压力、剪力、挤压力等，因而对成型工艺配方、试验条件等因素的敏感性较大。用弯曲试验作为筛选试验是简单易行的，也是比较适宜的。

纤维增强塑料弯曲性能试验方法（GB 1449—2005），适用于测定纤维、织物增强塑料板材和短切玻璃纤维增强塑料的弯曲性能，包括弯曲强度、弯曲弹性模量、规定挠度下的弯曲应力、弯曲载荷—挠度曲线。

（1）弯曲强度。弯曲试验一般采用三点加载简支梁，即将试样放在两支点上，在两支点间的试样上施加集中载荷，使试样变形直至破坏时的强度为弯曲强度。

$$\sigma_f = \frac{3pl}{2bh^2} \tag{7-33}$$

式中：σ_f为弯曲强度（或挠度为1.5倍试样厚度时的弯曲应力）（MPa）；p为破坏载荷（或最大载荷，或挠度为1.5倍试样厚度时的载荷）（N）；l为跨距（cm）；b、h为试样宽度、厚度（cm）。

（2）弯曲弹性模量。弯曲弹性模量是指在比例极限内应力与应变值间的关系。

$$E_f = \frac{l^3}{4bh^3} \times \frac{\Delta P}{\Delta f} \tag{7-34}$$

式中：E_f为弯曲弹性模量（MPa）；ΔP为载荷—挠度曲线上初始直线段的载荷增量（N）；Δf为与载荷增量ΔP对应的跨距中点处的挠度增量（cm）。

（3）某些试验由于特殊要求，可测定表观弯曲强度，即超过规定挠度时（如超过跨距的10%）载荷达到最大值时的弯曲应力。在此大挠度试验时，弯曲强度最好用下面的修正公式：

$$\sigma_f = \frac{3pl}{2bh^2}\left[1 + 4\left(\frac{f}{l}\right)^2\right] \tag{7-35}$$

式中：f为试样跨距中点处的挠度（cm）。

（四）剪切

剪切试验对于复合材料特别重要。复合材料的特点之一是层间剪切强度低，并且层间剪切形式复杂，有单面剪切、双面剪切、拉伸剪切、压缩剪切、弯曲剪切等。在受剪面上，往往受到的不是一个单纯的剪应力而是复合力。除了层间剪切之外，还有纵横剪切等。

1. **剪切强度**　试样在剪切力作用下破坏时，单位面积上所能承受的载荷值为剪切强度。

$$单面剪切强度：\tau_s = \frac{P_b}{bh} \tag{7-36}$$

$$双面剪切强度：\tau_s = \frac{P_b}{2bh} \tag{7-37}$$

式中：P_b为破坏载荷（N）；b、h为试样受剪面宽度、高度（cm）；τ_s为层间剪切强度（MPa）。

2. **层间剪切强度**　在层压材料中，沿层间单位面积上所能承受的最大剪切载荷值为层间剪切强度。

3. **断纹剪切强度**　沿垂直于板面的方向剪切的剪切强度为断纹剪切强度。

4. **纵横剪切强度**　沿着单向或正交纤维增强塑料平板的纵轴和横轴平行的剪切应力为纵横剪切强度。

5. **剪切弹性模量**　剪切弹性模量是指材料在比例极限内剪应力与剪应变之比。当剪应力沿单向纤维增强塑料的纤维方向和垂直于纤维方向作用时，测得的面内剪切弹性模量称为纵横剪切强度。

（五）冲击

冲击试验是用来衡量复合材料在经受高速冲击状态下的韧性或对断裂的抵抗能力的试验方法，对于研究各向异性复合材料在经受冲击载荷时的力学行为有一定的实际意义。材料的冲击性能一般用冲击韧性来表示。

冲击韧性是指材料抵抗冲击载荷的能力，按下式计算：

$$\alpha_k = A/bh \tag{7-38}$$

式中：α_k为冲击韧性（J/cm^2）；b为试样缺口处的宽度（cm）；A为冲断试样所消耗的功（J）；h为试样缺口下的厚度（cm）。

冲击韧性α_k值对于复合材料的品质、宏观缺陷和显微组织的差异十分敏感，因而α_k值可用来控制加工成型工艺、半成品或成品质量。不同温度下做冲击试验，可得到α_k值与温度的关系曲线。一般冲击试验分为以下三种：摆锤式冲击试验（包括简支梁型和悬臂梁型）、落球式冲击试验和高速拉伸冲击试验。

简支梁型冲击试验是摆锤打击简支梁试样的中央；悬臂梁法则是用摆锤打击有缺口的悬梁试样的自由端。摆锤式试验破坏试样所需的能量实际上无法测定，试验所测的除了产生裂缝所需的能量及使裂缝扩展到整个试样所需的能量以外，还要加上使材料发生永久变形的能量和把断裂的试样碎片抛出去的能量。把断裂试样碎片抛出的能量与材料的韧性完全无关，但它却占据了所测总能量中的一部分。试验证明，对同一跨度的试验，试样越厚消耗在碎片抛出的能量越大，所以，不同尺寸试样的试验结果不宜相互比较。但由于摆锤式试验方法简单方便，所以在材料质量控制、筛选等方面使用较多。

落球式冲击试验是把球、标准的重锤或投掷枪由已知高度落在试棒或试片上，测定使试棒或试片刚刚产生破裂所需能量的一种方法。这种方法与摆锤式试验相比，表现出与实地试验有很好的相关性，但缺点是如果想把某种材料与其他材料进行比较，或者需改变重球质量，或者改变落下高度，将会十分不方便。

评价材料冲击强度的最好试验方法是高速应力—应变试验。应力—应变曲线下方的面积与使材料破坏所需的能量成正比。如果试验是以相当高的速度进行，这个面积就变成与冲击强度相等。

二、复合材料的其他性能与测试

（一）热性能

在工业部门，往往采用马丁耐热或热变形温度来判断复合材料的耐热性，它们都是使试样在规定的外力作用下，置于箱内或槽内，按规定等速升温加热，以达到规定变形量的温度指标来表示其耐热性能。

1. **马丁耐热**　参阅GB 1035—1970，马丁耐热法规定试样在（10±2）℃/12 min的等速升温环境中，在一定的静弯曲力矩的作用下，使试样承受（5±0.02）MPa的弯曲应力，以弯曲变形达6mm时的温度表示耐热性。该方法不适用于耐热性低于60℃的塑料或纤维增强塑料。

2. **热变形温度**　参阅GB 1634—2004，热变形温度试验方法的基本原理与马丁耐热试验方法相类似。将试样浸在等速升温的硅油介质中，在简支梁式的静弯曲载荷作用下，试样弯曲变形达到规定值时的温度称为热变形温度。它适用于控制质量和作为鉴定新品种热性能的一个指标，并不代表其使用温度。

3. **试验方法对比**　马丁耐热与热变形温度试验方法比较见表7-4。

表7-4　马丁耐热与热变形温度试验方法比较

方法名称	马丁耐热	热变形温度
加载方式与应力大小	施加悬臂梁式弯曲载荷，试样弯曲应力为5MPa	施加简支梁式弯曲载荷（三点式弯曲），试样弯曲应力为1.82MPa或0.455MPa
试样变形值	240mm长的横杆末端指示器下降6mm	试样厚度为15mm时最大挠度值为0.21mm
试样尺寸	120mm×15mm×10mm	120mm×10mm×15mm
升温速度	50℃/h	120℃/h
加热介质	空气介质，烘箱内	硅油介质，浴槽内
传热效果	传热效果稍热	传热效果较好

4. **温度形变曲线**　马丁耐热试验和热变形温度试验是指试样在外力作用下，由于温度升高而产生变形达某一点的温度值，它们具有工程性质。温度形变曲线亦称热机械曲线或热机械分析（Thermo mechanical analysis，简称TMA），是在程序温度控制（等速升温、降温、恒温或循环温度）下，测量试样在受非振荡性负荷（如恒定负荷）时，所产生的随温度变化的形变曲线，它在一定的温度范围内，反映试样在外力作用下形变的全过程，这比指定某一变形量的温度值更合理、更全面，所以TMA被广泛应用于科学研究部门。

聚合物基复合材料的耐热性在很大程度上取决于聚合物基体材料的耐热性，它与聚合物的结构有着密切关系。利用热机械曲线的方法可以由少量的试样确定聚合物的物理机械状态、玻璃化温度 T_g 和黏流温度 T_f，从而了解其工艺性质和适用范围，即适用于做橡胶、塑料、纤维或其他。随着聚合物力学性能研究工作的进展，TMA的应用越来越广泛，已成为研究聚合物力学性能的重要工具之一。

（1）TMA的意义和适用范围大致有以下几点。

①测定相对分子质量。聚合物相对分子质量大小、分子链的长短与（T_f-T_g）有关。对于长链分子，当达到 T_g 时，可以以链段为单位自由转动，因此，实际上聚合物的 T_g 值与其相对分子质量无关；当达到 T_f 时，整个分子开始运动，因此，T_f 随着聚合物相对分子质量的增加而上升。这种测定相对分子质量的方法虽是经验式的，但因方法简便，不必将聚合物溶解，测定时间短，故仍有其应用价值，其在加工过程中用作控制的工具更为方便。

②研究热固性树脂的固化程度，判断聚合物材料耐热性能。对于固化不够完全的树脂，由于玻璃化区域以后，体系转变为黏流态时发生进一步固化，固化则伴随着树脂弹性模量增加，同时引起形变的减小，故在曲线上呈现出一个特征峰。固化较完全的树脂，其曲线基本与热塑性树脂的TMA曲线相类似，中间有高弹区域出现，固化剂类型、用量或固化时间的不同都影响其高弹形变值的大小和 T_g 值，最后，形变值的增加是树脂的破坏而不是开始的黏流态所致。

③由热机械曲线的形状定性地推测聚合物的本质。非晶态聚合物有明显的高弹区域。结晶态聚合物因各分子链间的作用力很大，链段无法自由转动，故不呈现高弹态，接近熔点时整个分子运动直接由玻璃态转变为黏流态。部分交联样品的 T_f 不显著，且多向高温方向移动；交联程度大的样品可以失去流动能力，在高弹态后曲线趋于平坦。同一聚合物如其相对分子质量比较均匀，即分散性较小，则相应的热机械曲线上 T_f 附近的转折比较陡；分散性较大的则 T_f 附近的转折比较平缓。

④聚合物各种变化过程的研究。老化过程能灵敏地反映在热机械曲线上。外部、内部增塑性对聚合物的影响在热机械曲线上体现出来。

（2）试验装置。热机械分析仪是在膨胀仪的基础上发展起来的，不仅可以代替膨胀仪，而且与膨胀仪相比具有如下特点。

①可改变试样中所受负荷的大小。使用热机械分析仪所测得的温度—形变曲线因所受负荷大小而异，负荷大小成为一个参数，若使该负荷大小与试样材料实际使用状态相近，这种温度—形变曲线就有应用价值。此外，改变负荷大小可以使温度—形变曲线更明朗化。

②备有各种不同的探头。热机械分析仪配有线膨胀、体膨胀、压缩、延伸、针入（即穿透）和弯曲等不同型式的探头。它们可以用来测定各种材料的膨胀系数、杨氏模量、软化点、收缩率、熔点、蠕变和应力松弛等。从而确定这些材料的玻璃化温度 T_g、黏流态温度 T_f、形态转变点、烧结过程和各种材料的热力学性能等。

（3）热机械分析仪的种类。热机械分析仪按机械结构型式可分为天平式和直统式两种。

①天平式热机械分析仪。该仪器的探头和外套管等可用石英、氧化铝瓷或钨等材料制成。石英膨胀系数小，故常被采用，但只适用于1000℃以下；氧化铝瓷膨胀系数比石英大，而且因质而异，在生产时难以控制，但使用温度高，可达1700℃；钨的膨胀系数稳定，介于石英和氧化铝瓷之间，适用于高温或超高温，约2500℃，但必须在真空或高纯惰性气体中工作。差动变压器把位移信号转变为电压信号后自动记录其变形量。加压砝码用以改变试样加压时预应力的大小。由于试样和炉子都在天平之上，所以炉子热量对天平的影响较小。

②直统式热机械分析仪。该仪器有上皿式和下皿式之分。下皿式可分为弹簧型、磁力型和浮子型三种，其优点是装样方便，因为试样位置与台子高度接近，它不会像天平式那样，在发生位移时带有微小的转动。弹簧型的弹簧把探头等运动部分托起，然后调节砝码大小，使探头与试样之间保持在无压力下膨胀。磁力型的磁拉力线圈和磁钢代替了弹簧型中的砝码和弹簧，向上的磁力将整个探头等运动部分托起。浮子型的浮子和悬浮液代替弹簧型中的弹簧，浮子一般采用密度远小于水的聚合物，悬浮液采用密度远比水大的氟氯硅油，这样产生的浮力大，向上的浮力用以克服探头等运动部分的重力。

（4）实验条件对结果的影响。实验条件包括升温速度、外力、环境压力三点。

（二）电阻系数

两个电极与试样接触或嵌入试样内，加于两电极上的直流电压和流经电极间的全部电流之比称为绝缘电阻。绝缘电阻是由试样的体积电阻和表面电阻两部分组成的。

将两电极嵌入一试样使其很好接触，施于两电极上的直流电压与流过它们之间试样体积内的电流之比称为体积电阻R_v。由R_v及电极和试样尺寸算出的电阻系数称为体积电阻系数ρ_v（$\Omega \cdot cm$）。

$$\rho_v = R_v \left(\frac{S}{d} \right)$$

式中：S为测量电极面积（cm^2）；d为试样厚度（cm）；R_v为体积电阻（Ω）。

在试样的一个面上放置两只电极，施于两电极间的直流电压与沿两电极间试样表面层上的电流之比称为表面电阻R_s。由R_s及表面上电极尺寸算出的电阻系数称为表面电阻系数ρ_s。

$$\rho_s = R_s \left(\frac{2\pi}{\ln \frac{D_2}{D_1}} \right)$$

式中：D_1为测量电极直径（cm）；D_2为环电极内径（cm）；R_s为表面电阻（Ω）。

1. 测试方法　通常在设备中有数个不同数量级的标准电阻，以适应测量不同数量级的需要。

（1）镜式检流计法。检流计法测量结果重复性好，但受电流常数所限，测试灵敏度并不高，能测量$10^{12}\Omega$以下的绝缘电阻。

（2）高阻计法。一般可检验10^{17}以下的绝缘电阻。

2. 试样与电极 根据测试材料的不同，可采用板状、管状或棒状等不同形状的试样和电极。电极是采用厚度不超过0.01mm的铝箔或锡箔，用少量精炼凡士林粘贴于试样表面作为接触电极，并以相同面积的铜电极作为辅助电极加于其上。此外，还有导电涂料电极和金属条形电极等，可参阅GB/T 1410—2006。要求试样平整均匀、无裂纹和机械杂质等缺陷；试样尺寸除另有要求外，其厚度、直径或壁厚均为材料的原始尺寸。测量表面电阻时试样厚度应不大于4mm。

3. 影响因素

（1）时间因素。聚合物基复合材料电介质在电场中被极化，引起介质吸收现象，流经试样的电流随时间的增加而迅速衰减，直至达到稳定值。不同的材料由于电介质分子结构不同，其极化过程的长短也不同。对于电阻系数小于$10\Omega \cdot cm$的材料，其稳定状态通常在1min内达到，因此，应经过此极化时间后测其电阻值。对于电阻系数较高的材料，其极化时间更长，可画出一种指定材料在试验条件下的电阻—时间曲线，以便作为选择极化时间的依据。

（2）环境因素。绝缘材料的电阻随着温度和湿度的升高而减小。水分子渗入玻璃纤维增强材料，使纤维中某些组分溶解，并不断向试样中心扩散，引起电阻系数大幅度降低。因此，测试时要在规定的温度和湿度条件下进行，特别是在夏季高温高湿情况下，更需注意环境因素的调节。

（3）测试电压。由试验可知，在施加电压远低于击穿电压时，ρ_{v}和ρ_{s}不随电压的变化而变化。一般选择电压范围为100～1000V。

（4）试样与电极。试样表面状态对表面电阻的测试影响较大。在测试时需用无腐蚀作用的无水乙醇等溶剂擦拭试样表面，尤其在电极测量间隙之间不得留有杂质，保持测量电极与环状电极边缘的清洁，不得存有针刺状电极边缘，要防止用绸布擦拭非极性试样表面时由于摩擦带来的静电效应。

当使用金属块状电极为辅助电极、金属箔为接触电极时，要使电极与试样接触良好。辅助电极应有一定高度，对试样表面施加一定的压力，但高度也不宜过高，以防止绝缘电阻较高时，电极间隙之间的泄漏电流超过通过试样本身的电流。

（三）摩擦磨损性能

在越来越多的工程应用中，摩擦与磨损已经成为不容忽视的问题。复合材料在不同摩擦领域的应用已经成为一种潮流。使用不同的特殊增强体和填充材料，再加上性能优异的树脂，使越来越多的复合材料被用来作为摩擦材料，以替代传统使用的金属材料。

磨损试验是测定材料抵抗磨损能力的一种材料试验。通过这种试验可以比较材料的耐磨性优劣。

磨损试验比常规的材料试验要复杂。首先需要考虑机件的具体工作条件并确定磨损形式，然后选定合适的试验方法，以便得到正确的试验结果。

磨损试验方法可分为零件磨损试验和试样磨损试验两类。前者是以实际零件在机器实际工作条件下进行试验，这种试验具有真实性和可靠性；后者是将试验的材料加工成试样，在规定的试验条件下进行试验，它一般多用于研究性试验，其优点是可以针对产生磨损的某一具体因素进行研究，以探讨磨损机制及其影响规律，并且具有时间短、成本低、易控制等优点，缺点是试验结果常常不能直接反映实际情况。在实际研究中，往往兼用这两种方法。

1. **磨损试验机**　磨损试验机种类很多，图7-19所示的是常见的几种磨损验机工作原理示意图。图7-19（a）所示为圆盘—销式磨损试验机，是将试样加上载荷压紧在旋转圆盘上，该方法摩擦速度可调，试验精度较高，在抛光机上加一个夹持装置和加载系统即可制成此种试验机；图7-19（b）所示为销筒式磨损试验机；图7-19（c）所示为往复运动式磨损试验机，试件在静止平面上做往复运动，适用于试验导轨、缸套、活塞环等做往复运动的零件的耐磨性；图7-19（d）所示为双滚式（MM式）磨损试验机，可用来测定金属材料在滑动摩擦、滚动摩擦、滚动—滑动复合摩擦及间歇接触摩擦情况下的磨损量，以比较各种材料的耐磨性能；图7-19（e）所示为砂纸磨损试验机原理图，与圆盘—销式磨损试验机类似，只是对磨材料为砂纸；图7-19（f）所示为切入式磨损试验机，能较快地评定材料的组织和性能及处理工艺对耐磨性的影响。

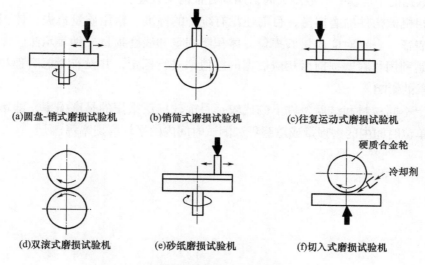

图7-19　常见磨损试验机的工作原理示意图

2. **磨损量的测量与评定**　磨损量的测定通常有称重法、尺寸法、刻痕法、表面形貌测定法及铁谱法等。

（1）称重法是根据试样在试验前后的质量变化，用精密分析天平测量来确定磨损量。称重法适用于形状规则和尺寸较小的试样以及在摩擦过程中不发生较大塑性变形的材料。称重前需对试样进行清洗和干燥。这种方法灵敏度不高，测量精度为0.1mg。

（2）尺寸法是根据表面法向尺寸在试验前后的变化来确定磨损量。这种方法主要用于磨损量较大，用称重法难以实现的情况。

（3）在要求较高精度或某些特殊情况下，可以使用刻痕法。刻痕法是采用专门的金刚石压头，在磨损零件或试样表面上预先刻上压痕，测量磨损前后刻痕尺寸的变化，以此确定磨损量。如可以用维氏硬度的压头预先压出压痕，然后测量磨损前后压痕对角线的变化，换算成深度变化，以表示磨损量。

（4）表面形貌测定法常用于磨损量非常小的超硬材料的磨损量测定。表面形貌测定法是利用触针式表画形貌测量仪测量磨损前后机件表面粗糙度的变化来标定磨损量。

（5）铁谱分析法是一种越来越受人们重视的新的磨损量测量方法。铁谱分析法可以很方便地确定磨屑的形状、尺寸、数量以及材料成分，用以判别表面磨损类型和程度。其工作原理如图7-19所示，它是先将磨屑分离出来，然后借助显微镜对磨屑进行研究。工作时，先用泵将油样低速输送到处理过的透明衬底（磁性滑块）上，磨屑即在衬底上沉积下来。磁铁能在孔附近形成高密度的磁场。沉淀在衬底上的磨屑近似按尺寸大小分布。然后借助于光学显微镜观察，如果磨屑数量保持稳定，则可断定机器运转正常，磨损缓慢；如果磨屑数量或尺寸有很大变化，则表明机器开始剧烈磨损。

3. **磨损量的表示方法**　磨损试验结果分散性很大，所以试验试样数量要足够，一般试验需要有4～5对摩擦副，数据分散度大时还应酌情增加。处理试验结果时，一般情况下取试验数据的平均值；分散度大时需用均方根值来处理。

材料相机械构件的磨损量，目前还没有统一的标准，常用质量损失、体积损失或尺寸损失来表征，分别对应质量磨损量、体积磨损量和线磨损量三种表示法。以上三种磨损量，都是利用材料磨损前后相应数据的差值来进行标定，并没有考虑磨程和摩擦磨损时间等因素的影响。

为便于不同材料和试验条件下的比较，目前较广泛采用的是磨损率，即单位磨程的磨损量或单位时间内的磨损量或总磨程和测试时间内的平均磨损率等。

参考文献

［1］于伟东.纺织材料学［M］.北京：中国纺织出版社，2006.

［2］赵渠深.先进复合材料手册［M］.北京：机械工业出版社，2003.

［3］益小苏，杜善义，张立同.复合材料手册［M］.北京：化学工业出版社，2009.

［4］大卫R·萨利姆.聚合物纤维结构的形成［M］.高绪珊，译.北京：化学工业出版社，2004.

［5］董纪震，赵耀明，陈雪英，等.合成纤维生产工艺学［M］.2版.北京：中国纺织出版社，1994.

［6］王依民，潘鼎，胡祖明，等.高技术纤维［M］.北京：兵器工业出版社，2010.

［7］王曙中.高科技纤维概论［M］.上海：中国纺织大学出版社，1999.

［8］王善元，张汝光，等.纺织复合材料［M］.上海：东华大学出版社，2003.

［9］Edie D D, McHugh J J. High Performance Carbon Fibers［M］. Carbon Materials for Advanced Technologies. 1 Edition. Elsevier Science，1999.

［10］Shindo A. Polyacrylonitrile（PAN）–Based Carbon Fibers［M］. Comprehensive Composite Materials，Pergamon Press，2003.

［11］Yang H H. Aramid fibers，Comprehensive Composite Materials［M］. Pergamon Press，2003.

［12］赵稼祥，姚海文，丁光安.芳纶14、芳纶1414和Kevlar49的结构鉴定和性能分析研究［J］.宇航材料工艺，1987（2）：28–33.

［13］杜艳欣.PBO纤维的国内外研究状况及应用前景［J］.现代纺织技术，2007（3）：53–57.

［14］Deopura B L, Padaki N V. Synthetic Textile Fibres：Polyamide，Polyester and Aramid Fibres，Textiles and Fashion Materials，Design and Technology［M］. A volume in Woodhead Publishing Series in Textiles，2015.

［15］Johannes K F. Aramids，High Performance Polymers［M］. 2 Edition. A volume in Plastics Design Library，2014.

［16］Denchev Z, Dencheva N. Manufacturing and Properties of Aramid Reinforced Composites［J］. Synthetic Polymer–Polymer Composites，2012：251–280.

［17］Grujicic M, Arakere G, He T, et al. A Ballistic Material Model for Cross–Plied Unidirectional Ultra–high Molecular–Weight Polyethylene Fiber–Reinforced Armor–Grade Composites［J］. Materials Science and Engineering：A，2008，498（1–2）20：231–241.

［18］倪礼忠，周权.高性能树脂基复合材料［M］.上海：华东理工大学出版社，2010.

［19］孙晋良，吕伟元.纤维新材料［M］.上海：上海大学出版社，2007.

［20］姜肇中.关于我国玻纤工业发展的讨论［J］.玻璃纤维，2003（5）：10–14.

［21］DiBenedetto A T. Tailoring of Interfaces in Glass Fiber Reinforced Polymer Composites：a review［J］. Materials Science and Engineering，2001，302（1）：74–82.

［22］冯春祥，范小林.21世纪高性能纤维的发展前景及其挑战：Ⅱ含铝氧化物陶瓷纤维［J］.高科技

纤维与应用，1999，24（6）：17-21.

［23］阳永显.浅谈陶瓷纤维及其应用［J］.纺织导报，2000（2）：10-12.

［24］赵家祥.碳化硅纤维及其复合材料［J］.高科技纤维与应用，2002，27（4）：1-6.

［25］薛金根，等.碳化硅纤维制备技术研究进展［J］.合成纤维工业，2001，24（3）：41-44.

［26］冯春祥，薛金根，等.SiC纤维研究进展［J］.高科技纤维与应用，2003，28（1）：15-19.

［27］王小雅，曹云峰.新型纤维材料——陶瓷纤维［J］.纤维素科学与技术，2012，19（1）：79-85.

［28］曹勇，合田公一，陈鹤梅.绿色复合材料的研究进展［J］.材料研究学报，2007，21（2）：119-125.

［29］刁均艳，潘志娟.黄麻、苎麻及棕榈纤维的聚集态结构及性能［J］.苏州大学学报，2008，28（6）：39-43.

［30］范雅君.天然植物纤维绿色复合材料的开发及性能改良［J］.印染，2010，36（5）：50-53.

［31］李新功，吴义强，秦志永，等.竹纤维/可生物降解塑料绿色复合材料制备的关键问题［J］.竹子研究汇刊，2010，29（2）：37-41.

［32］宋亚男，陈绍状，候丽华，等.植物纤维增强聚乳酸可降解复合材料的研究［J］.高分子通报，2011，（9）：111-120.

［33］Ward I M. Handbook of Textile Fibre Structure：Fundamentals and Manufactured Polymer Fibres［M］. Woodhead Publishing Series in Textiles，2009，1：352-393.

［34］Azwa Z N，Yousif B F，Manalo A C，et al. A review on the Degradability of Polymeric Composites Based on Natural fibres，Materials & Design，2013，47：424-442.

［35］Du Y，Yan N，Kortschot M T. Biofiber Reinforcements in Composite Materials［M］.2015.

［36］王德中.环氧树脂生产与应用［M］.北京：化学工业出版社，2001.

［37］Chou T W，Ko F K. Textile Structure Composites［M］.New York：Elsevier，1989.

［38］道德锟，吴以心，李兴国.立体织物与复合材料［M］.上海：中国纺织大学出版社，1998.

［39］Dexter H B. Development of Textile Reinforced Composites for Aircraft Structures［C］.The Proceedings of 4th International Symposium for Textile Composites，Kyoto，Japan，October 12-14，1998.

［40］林智育，许希武.复合材料层板冲击损伤特性及冲击后压缩强度研究［J］.航空材料学报，2011，31（1）：73-80.

［41］Donadon M V，Lannucci L，Falzon B G，et al. A Progressive Failure Model for Composites Laminates Subjected to Low Velocity Impact Damage［J］.Composite Structures，2008，1232-1252.

［42］Byun J H，Whitney T J，Du G W，et al. Analytical Characterization of Two-step Braided Composites［J］. Journal of Composite Materials，1991，25：1599-1618.

［43］Fujita A，Hamada H，Maekawa Z. Tensile Properties of Carbon Fiber Triaxial Woven Fabric Composites［J］.Journal of composite Materials，1993，27：1428-1442.

［44］S. 阿达纳.威灵顿产业用纺织品手册［M］.徐朴，叶奕梁，童步章，译.北京：中国纺织出版社，2000.

［45］顾平.织物组织与结构学［M］.上海：东华大学出版社，2010.

［46］宋广礼，杨昆.针织原理［M］.北京：中国纺织出版社，2013.

［47］Du G W. Ko F K. Analysis of Multiaxial Warp-knit Performs for Composite Reinforcement［J］. Composites Science and Technology，1996，56：253-260.

［48］马文锁，冯伟.二维编织复合材料几何结构的平面群分析［J］.北京科技大学学报，2007，29（2）：226-231.

［49］李嘉禄，孙颖.二步法方型三维编织预制件编织结构参数与工艺参数［J］.复合材料学报，2003，20（2）：81-87.

［50］刘文隆.二维编织物纤维构造设计之概述［J］.工业材料，1982，（82）：69-74.

［51］柯勤飞，靳向煜.非织造学［M］.上海：东华大学出版社，2004.

［52］曹海建，钱坤，盛东晓.2.5维机织复合材料的几何结构模型与验证［J］.纺织学报，2009，30（5）：58-62.

［53］陆倩倩，李炜.经编轴向针织物线圈结构模型的研究［J］.玻璃钢/复合材料，2013，（1）：84-89.

［54］李炜，冯勋伟.衬纬经编坯布的几何结构［J］.国外纺织技术，1996，（3）：20-23.

［55］皮秀标，钱坤，曹海建，俞科静，陈红霞.三维全五向编织复合材料的细观结构分析［J］.宇航材料工艺，2011，（6）：39-43.

［56］吴涛，曹海建，钱坤，等.新型三维多层管状编织复合材料的制备及压缩性能研究［J］.玻璃钢/复合材料，2012，（3）：18-21.

［57］黄发荣，周燕.先进树脂基复合材料［M］.北京：化学工业出版社，2008.

［58］代少俊.高性能纤维复合材料［M］.上海：华东理工大学出版社，2013.

［59］王汝敏，郑水蓉，郑亚萍.聚合物基复合材料［M］.北京：科学出版社，2011.

［60］梁基照.聚合物基复合材料设计与加工［M］.北京：机械工业出版社，2011.

［61］陈宇飞，郭艳宏，戴亚杰.聚合物基复合材料［M］.北京：化学工业出版社，2010.

［62］梁基照.聚合物复合材料增强增韧理论［M］.广州：华南理工大学出版社，2012.